CAD/CAM/CAE 微视频讲解大系

AutoCAD 机械设计 200 例

（微课视频版）

2272 分钟同步微视频讲解　200 个实例案例分析

☑疑难问题集　☑应用技巧集　☑典型练习题　☑认证考题　☑常用图块集　☑大型图纸案例及视频

天工在线　编著

中国水利水电出版社

www.waterpub.com.cn

·北京·

内 容 提 要

《AutoCAD 机械设计 200 例（微课视频版）》以 AutoCAD 2020 软件为操作平台，通过精选的 200 个机械设计的经典实例，详细且系统地介绍了各种机械零件的绘制过程和应用到的相关设计知识。全书共 14 章，包括简单二维绘图命令、精确绘制图形、复杂二维图形绘制、简单二维图形编辑、复杂二维图形编辑、机械制图表达方法、文本与表格、尺寸标注、辅助绘图工具、零件图、装配图、三维实体造型绘制、三维特征编辑和三维实体编辑等内容。

全书严格按照一个完全讲解实例搭配一个相关知识点的练习提高实例的写作模式展开，让读者通过完全讲解实例掌握 AutoCAD 制图软件的强大机械制图功能，通过练习提高实例巩固知识要点，提高实际操作技能。

《AutoCAD 机械设计 200 例（微课视频版）》配有极为丰富的学习资源，其中配套资源包括：① 191 集同步微视频讲解，扫描二维码，可以随时随地看视频，超方便；② 全书实例的源文件和初始文件，可以直接调用、查看和对比学习，效率更高。附赠资源包括：① AutoCAD 疑难问题集、AutoCAD 应用技巧集、AutoCAD 常用图块集、AutoCAD 常用填充图案集、AutoCAD 快捷命令速查手册、AutoCAD 快捷键速查手册、AutoCAD 常用工具按钮速查手册等；② 6 套 AutoCAD 大型设计图纸源文件及同步视频讲解；③ AutoCAD 认证考试大纲和认证考试样题库。

《AutoCAD 机械设计 200 例（微课视频版）》基本涵盖了机械工程中常用的标准件和非标准件，是广大机械专业人员的学习参考用书。

图书在版编目（CIP）数据

AutoCAD机械设计200例：微课视频版 / 天工在线编
著. -- 北京：中国水利水电出版社, 2021.12
　　ISBN 978-7-5170-9741-9

　　I. ①A... II. ①天... III. ①机械设计－计算机辅助
设计－AutoCAD软件 IV. ①TH122

　　中国版本图书馆 CIP 数据核字(2021)第 137944 号

书　　名	AutoCAD 机械设计 200 例（微课视频版） AutoCAD JIXIE SHEJI 200 LI
作　　者	天工在线　编著
出版发行	中国水利水电出版社 （北京市海淀区玉渊潭南路 1 号 D 座　100038） 网址：www.waterpub.com.cn E-mail：zhiboshangshu@163.com 电话：（010）62572966-2205/2266/2201（营销中心）
经　　售	北京科水图书销售中心（零售） 电话：（010）88383994、63202643、68545874 全国各地新华书店和相关出版物销售网点
排　　版	北京智博尚书文化传媒有限公司
印　　刷	涿州市新华印刷有限公司
规　　格	190mm×235mm　16 开本　26.25 印张　650 千字
版　　次	2021 年 12 月第 1 版　2021 年 12 月第 1 次印刷
印　　数	0001—3000 册
定　　价	89.80 元

前 言

Preface

    AutoCAD 是美国 Autodesk 公司推出的，集二维绘图、三维设计、渲染及通用数据库管理和互联网通信功能为一体的计算机辅助绘图软件包。自 1982 年推出，AutoCAD 从初期的 1.0 版本，经过多次版本更新和性能完善，不仅在机械、电子和建筑等工程设计领域得到了大规模的应用，而且在地理、气象和航海等领域特殊图形的绘制方面，以及乐谱、灯光和广告等其他领域也得到了广泛的应用。目前 AutoCAD 已经成为计算机 CAD 系统中应用最为广泛和普及的图形软件。

    本书以 AutoCAD 2020 为软件平台，通过精选的 200 个经典实例，详细且系统地介绍了各种机械零件的绘制过程。全书共 14 章，包括简单二维绘图命令、精确绘制图形、复杂二维图形绘制、简单二维图形编辑、复杂二维图形编辑、机械制图表达方法、文本与表格、尺寸标注、辅助绘图工具、零件图、装配图、三维实体造型绘制、三维特征编辑和三维实体编辑等内容。

本书特点

↘ 内容合理，适合自学

    本书定位以初学者为主，并充分考虑到初学者的特点，内容讲解由浅入深，循序渐进，能引领读者快速入门。在知识点上不求面面俱到，但求够用，学好本书，能满足机械设计工作中需要的所有重点技术。

↘ 内容全面，针对性强

    本书围绕 AutoCAD 软件功能应用和机械设计知识覆盖两条主线交错展开，内容上包含了 AutoCAD 所有的功能应用，并重点突出新功能的实例应用讲解；同时全书实例覆盖了 AutoCAD 机械设计工程应用的各个方面，包括机械设计中各种结构类型的零件，如轴杆类零件、螺纹类零件、盘盖类零件、叉架类零件、齿轮类零件、箱体类零件等，以及机械设计中的各种设计表达形式，如剖视图、辅助视图、立体图、零件图和装配图等。通过学习本书，读者既可以掌握 AutoCAD 的全部绘图功能，又可以全景式地掌握机械设计中各种基本方法和技巧。

↘ 实例设置，别具一格

    本书采用纯实例的写作方式，通过实例带动读者掌握 AutoCAD 机械制图功能。全书总共 200 个实例，两两分组，严格按照每一个完全讲解实例配一个相同知识点的练习提高实例的写作模式展开。让读者通过完全讲解实例牢固掌握 AutoCAD 制图软件的强大机械制图功能，通过练习提高实例快速巩固知识要点，做到融会贯通。

❧　**视频讲解，通俗易懂**

为了提高学习效率，本书中的所有实例都录制了教学视频。视频录制时采用模仿实际授课的形式，在各知识点的关键处给出解释、提醒和注意事项，专业知识和经验的提炼，让你高效学习的同时，更多地体会绘图的乐趣。

本书显著特色

❧　**体验好，随时随地学习**

二维码扫一扫，随时随地看视频。书中所有实例都提供了二维码，读者朋友可以通过手机微信扫一扫，随时随地观看相关的教学视频（若个别视频用手机不能播放，请参考前言中的"本书学习资源列表及获取方式"，下载后在计算机上观看）。

❧　**资源多，全方位辅助学习**

从配套到拓展，资源库一应俱全。本书提供了所有实例的配套视频和源文件。此外，还提供了应用技巧精选、疑难问题精选、常用图块集、全套工程图纸案例、各种快捷命令速查手册、认证考试练习题等，学习资源一网打尽！

❧　**实例多，用实例学习更高效**

案例丰富详尽，边做边学更快捷。跟着大量实例去学习，边学边做，从做中学，可以使学习更深入、更高效。

❧　**入门易，全力为初学者着想**

遵循学习规律，入门与实践相结合。编写模式采用纯实例的形式，通过实例带动软件功能讲解，由浅入深，循序渐进，入门与实践相结合。

❧　**服务快，让你学习无后顾之忧**

提供 QQ 群在线服务，随时随地可交流。提供公众号资源下载、QQ 群交流学习等多渠道贴心服务。

本书学习资源列表及获取方式

为让读者朋友在最短时间学会并精通 AutoCAD 辅助机械绘图技术，本书提供了极为丰富的学习配套资源。具体如下：

❧　**配套资源**

（1）为方便读者学习，本书所有实例均录制了视频讲解文件，共 191 集（可扫描二维码直接观看或通过下述方法下载后观看）。

（2）用实例学习更专业，本书包含中小实例共 200 个（素材和源文件可通过下述方法下载后参考和使用）。

❧　**拓展学习资源**

（1）AutoCAD 应用技巧精选（99 条）

（2）AutoCAD 疑难问题精选（180 问）

（3）AutoCAD 认证考试练习题（256 道）

（4）AutoCAD 常用图块集（600 个）

（5）AutoCAD 常用填充图案集（671 个）

（6）AutoCAD 大型设计图纸视频及源文件（6 套）

（7）AutoCAD 常用快捷命令速查手册（1 部）

（8）AutoCAD 快捷键速查手册（1 部）

（9）AutoCAD 常用工具按钮速查手册（1 部）

（10）AutoCAD 2020 工程师认证考试大纲（2 部）

以上资源的获取及联系方式（注意：本书不配带光盘，以上提到的所有资源均需通过下面的方法下载后使用）

（1）读者使用手机微信"扫一扫"功能扫描下面的二维码，或在微信公众号中搜索"设计指北"，关注后输入 CAD09741 并发送到公众号后台，获取本书资源下载链接。将该链接复制到计算机浏览器的地址栏中，根据提示下载即可。

（2）读者可加入 QQ 群 652736596，与其他读者交流学习，作者不定时在线答疑。

（3）如果在图书写作上有好的建议或者意见，可将您的意见或建议发送至邮箱 zhiboshangshu@163.com，我们将在后续图书中酌情进行调整，以便读者更好地学习。

特别说明（新手必读）

在学习本书或按照书中的实例进行操作之前，请先在计算机中安装 AutoCAD 2020 中文版软件。您可以在 Autodesk 官网下载该软件试用版（或购买正版），也可以在当地电脑城、软件经销商处购买安装软件。

关于作者

本书由天工在线组织编写。天工在线是一个 CAD/CAM/CAE 技术研讨、工程开发、培训咨询和图书创作的工程技术人员协作联盟，拥有 40 多位专职和众多兼职 CAD/CAM/CAE 工程技术专家。

天工在线负责人由 Autodesk 中国认证考试中心首席专家（全面负责 Autodesk 中国官方认证

考试大纲制定、题库建设、技术咨询和师资力量培训工作）担任，成员精通 Autodesk 系列软件。其创作的很多教材成为国内具有引导性的旗帜作品，在国内相关专业方向图书创作领域具有举足轻重的地位。

　　本书具体编写人员有张亭、井晓翠、解江坤、毛瑢、王玮、王艳池、王培合、王义发、王玉秋、张红松、张俊生、王敏等，对他们的付出表示真诚的感谢。

致谢

　　本书能够顺利出版，是作者、编辑和所有审校人员共同努力的结果，在此深表谢意。同时，祝福所有读者在通往优秀设计师的道路上一帆风顺。

编　者

目　录

Contents

第1章　简单二维绘图命令

内容简介

本章介绍简单二维绘图的基本知识。了解直线类、圆类、点类、平面图形命令，通过一些典型实例，将读者带入绘图知识的殿堂。

1.1　直　线　命　令

直线是 AutoCAD 2020 绘图中最简单、最基本的一种图形单元，连续的直线可以组成折线，直线与圆弧的组合又可以组成多段线。直线在机械制图中常用于表达物体棱边或平面的投影，在建筑制图中则常用于建筑平面投影。本节通过两个实例来介绍直线命令的使用方法。其执行方式如下。

- 命令行：LINE（快捷命令：L）。
- 菜单栏：选择菜单栏中的"绘图"→"直线"命令。
- 工具栏：单击"绘图"工具栏中的"直线"按钮 ╱。
- 功能区：单击"默认"选项卡"绘图"面板中的"直线"按钮 ╱。

完全讲解　实例001——绘制螺栓

如图 1-1 所示，本实例主要执行"直线"命令，由于图形中出现了两种不同的线型，所以需要设置图层来管理线型。整个图形都是由线段构成的，所以只需要利用 LINE 命令就能绘制图形。

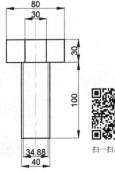

扫一扫，看视频

图 1-1　螺栓

操作步骤：

1. 设置图层

（1）在命令行中输入 LAYER 命令或者单击"默认"选项卡"图层"面板中的"图层特性"按钮 ,系统打开"图层特性管理器"选项板，如图 1-2 所示。

（2）单击"新建图层"按钮 ,创建一个新图层，把该图层的名字由默认的"图层 1"改为"中心线"，如图 1-3 所示。

（3）单击"中心线"图层对应的"颜色"选项，打开"选择颜色"对话框，选择红色为该层颜色，如图 1-4 所示。单击"确定"按钮返回"图层特性管理器"选项板。

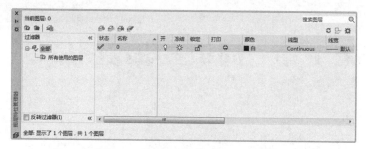

图 1-2　"图层特性管理器"选项板

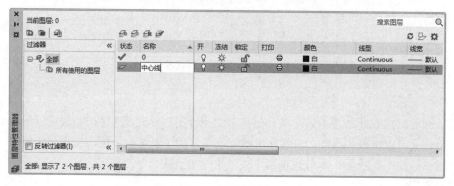

图 1-3　更改图层名

（4）单击"中心线"图层对应的"线型"选项，打开"选择线型"对话框，如图 1-5 所示。

图 1-4　"选择颜色"对话框

图 1-5　"选择线型"对话框

（5）在"选择线型"对话框中单击"加载"按钮，系统打开"加载或重载线型"对话框，选择 CENTER 线型，如图 1-6 所示。单击"确定"按钮返回"选择线型"对话框。

（6）在"选择线型"对话框中选择 CENTER（点划线）为该层线型，确认返回"图层特性管理器"选项板。

（7）单击"中心线"图层对应的"线宽"选项，打开"线宽"对话框，选择 0.09mm 线宽，如图 1-7 所示。单击"确定"按钮返回"图层特性管理器"选项板。

图 1-6 加载新线型

图 1-7 选择线宽

（8）采用相同的方法再建立两个新图层，分别命名为"轮廓线"和"细实线"。"轮廓线"图层的颜色设置为黑色，线型为 Continuous（实线），线宽为 0.30mm；"细实线"图层的颜色设置为蓝色，线型为 Continuous（实线），线宽为 0.09mm。同时让两个图层均处于打开、解冻和解锁状态，各项设置如图 1-8 所示。

（9）选择"中心线"图层，单击"置为当前"按钮✍，将其设置为当前图层，然后单击"确定"按钮关闭"图层特性管理器"选项板。

2. 绘制中心线

单击状态栏中的"动态输入"按钮，关闭动态输入。单击"默认"选项卡"绘图"面板中的"直线"按钮✎。命令行提示与操作如下（按 Ctrl+9 快捷键可调出或关闭命令行）：

```
命令: _line
指定第一个点: 40,25✓
指定下一点或 [放弃(U)]: 40,-145✓
```

📢 注意：

（1）一般每个命令有 4 种执行方式，这里只给出了命令行执行方式，其他三种执行方式的操作方法与命令行执行方式相同。

（2）命令前加一个下划线表示采用非命令行输入方式执行命令，其效果与命令行输入方式一样。

（3）坐标中的逗号必须在英文状态下输入，否则会出错。

3. 绘制螺帽外框

将"轮廓线"图层设置为当前图层。单击"默认"选项卡"绘图"面板中的"直线"按钮✎，绘制螺帽的一条轮廓线。命令行提示与操作如下：

```
命令: _line
指定第一个点: 0,0✓
指定下一点或 [放弃(U)]: @80,0✓
指定下一点或 [退出(E)/放弃(U)]: @0,-30✓
指定下一点或 [关闭(C)/退出(X)/放弃(U)]: @80<180✓
指定下一点或 [关闭(C)/退出(X)/放弃(U)]: C✓
```

结果如图 1-9 所示。

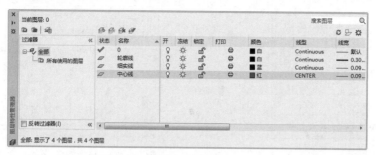

图 1-8　设置图层

图 1-9　绘制螺帽外框

☞ **知识详解——数据的输入方法**

在 AutoCAD 中，点的坐标可以用直角坐标、极坐标、球面坐标和柱面坐标表示，每一种坐标又分别具有两种坐标输入方式：绝对坐标和相对坐标。其中，直角坐标和极坐标最为常用，下面主要介绍它们的输入方法。

（1）直角坐标法：用点的 X、Y 坐标值表示的坐标。

例如，在命令行中输入点的坐标提示下，输入"15,18"，则表示输入一个 X、Y 的坐标值分别为 15、18 的点，此为绝对坐标输入方式，表示该点的坐标是相对于当前坐标原点的坐标值，如图 1-10（a）所示。如果输入"@10,20"，则为相对坐标输入方式，表示该点的坐标是相对于前一点的坐标值，如图 1-10（b）所示。

（2）极坐标法：用长度和角度表示的坐标，只能用来表示二维点的坐标。

在绝对坐标输入方式下，表示为"长度<角度"，如"25<50"，其中长度为该点到坐标原点的距离，角度为该点至原点的连线与 X 轴正向的夹角，如图 1-10（c）所示。

在相对坐标输入方式下，表示为"@长度<角度"，如"@25<45"，其中长度为该点到前一点的距离，角度为该点至前一点的连线与 X 轴正向的夹角，如图 1-10（d）所示。

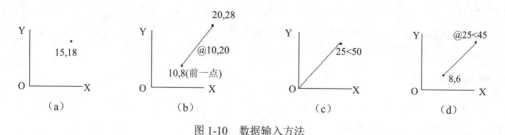

图 1-10　数据输入方法

4. 完成螺帽绘制

单击"默认"选项卡"绘图"面板中的"直线"按钮 ╱，绘制另外两条线段，端点分别为{（25,0），（@0,-30）}{（55,0），（@0,-30）}。命令行提示与操作如下：

```
命令: _line
```

```
指定第一个点: 25,0↙
指定下一点或 [放弃(U)]: @0,-30↙
指定下一点或 [退出(E)/放弃(U)]:↙
命令: _line↙
指定第一个点: 55,0↙
指定下一点或 [放弃(U)]: @0,-30↙
指定下一点或 [退出(E)/放弃(U)]: ↙
```

结果如图 1-11 所示。

5. 绘制螺杆

单击"默认"选项卡"绘图"面板中的"直线"按钮╱。命令行提示与操作如下：

```
命令: _line
指定第一个点: 20,-30↙
指定下一点或 [放弃(U)]: @0,-100↙
指定下一点或 [退出(E)/放弃(U)]: @40,0↙
指定下一点或 [关闭(C)/退出(X)/放弃(U)]: @0,100↙
指定下一点或 [关闭(C)/退出(X)/放弃(U)]: ↙
```

结果如图 1-12 所示。

6. 绘制螺纹

将"细实线"图层设置为当前图层。单击"默认"选项卡"绘图"面板中的"直线"按钮╱，绘制螺纹，端点分别为{（22.56,-30），（@0,-100）}{（57.44,-30），（@0,-100）}。命令行提示与操作如下：

```
命令: _line
指定第一个点: 22.56,-30↙
指定下一点或 [放弃(U)]: @0,-100↙
指定下一点或 [退出(E)/放弃(U)]: ↙
命令: _line
指定第一个点: 57.44,-30↙
指定下一点或 [放弃(U)]: @0,-100↙
```

7. 显示线宽

单击状态栏上的"显示/隐藏线宽"按钮▤，显示线宽。结果如图 1-13 所示。

图 1-11　绘制直线　　　　图 1-12　绘制螺杆　　　　图 1-13　绘制螺纹

☞ **知识详解——菜单栏的打开方法**

在 AutoCAD 中，默认界面是不显示菜单栏的，为了操作方便，可以单击软件界面最上面一行右边的下拉按钮，在打开的下拉菜单中选择"显示菜单栏"命令，如图 1-14 所示。

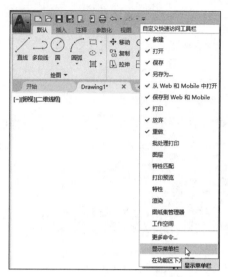

图 1-14　打开菜单栏方法

📢 **注意：**

在 AutoCAD 中通常有两种输入数据的方法，即输入坐标值或用鼠标在屏幕上指定。输入坐标值很精确，但比较麻烦；鼠标指定不太精确，但比较快捷。用户可以根据需要进行选择。例如，本例所绘制的螺栓是对称的，最好用输入坐标值的方法输入数据。

扫一扫，看视频

练习提高　实例 002——绘制表面结构图形符号

利用"直线"命令绘制表面结构图形符号，其流程如图 1-15 所示。

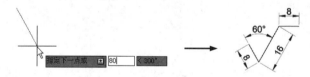

图 1-15　表面结构图形符号

📋 **思路点拨：**

为了做到准确无误，要求通过坐标值的输入指定直线的相关点，从而使读者灵活掌握直线的绘制方法。

1.2 圆 命 令

圆是最简单的封闭曲线，也是绘制工程图形时经常用到的图形单元。其执行方式如下。

- 命令行：CIRCLE（快捷命令：C）。
- 菜单栏：选择菜单栏中的"绘图"→"圆"命令。
- 工具栏：单击"绘图"工具栏中的"圆"按钮⊙。
- 功能区：在"默认"选项卡"绘图"面板中打开"圆"下拉菜单，从中选择一种创建圆的方式。

扫一扫，看视频

完全讲解 实例 003——绘制定距环

定距环是机械零件中的一种典型的辅助轴向定位零件，绘制比较简单。前视图呈圆环状，利用"圆"命令绘制；俯视图呈矩形状，利用"直线"命令绘制；中心线利用"直线"命令绘制。绘制的定距环如图 1-16 所示。

图 1-16 定距环

操作步骤：

1. 设置图层

在命令行输入命令 LAYER，或者选择菜单栏中的"格式"→"图层"命令，或者单击"默认"选项卡"图层"面板中的"图层特性"按钮，打开"图层特性管理器"选项板。设置图层如图 1-17 所示。

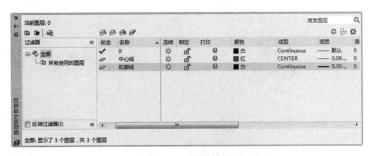

图 1-17 设置图层

2. 绘制中心线

（1）绘制中心线：选择中心线图层，将其设置为当前图层。单击"默认"选项卡"绘图"面板中的"直线"按钮，或者在命令行中输入 LINE 命令后按 Enter 键。命令行提示与操作如下：

```
命令: _line
指定第一个点: 150,92↙
指定下一点或 [放弃(U)]: 150,120 ↙
指定下一点或 [退出(E)/放弃(U)]: ↙
```

（2）使用同样的方法绘制另外两条中心线{(100,200),(200,200)}和{(150,150),(150,250)}。结果如图 1-18 所示。

📢 提示：

> {}中的坐标值表示执行一次命令输入的所有坐标值。

3. 绘制定距环主视图

（1）切换图层：单击"默认"选项卡"图层"面板中"图层"下拉按钮▼，弹出下拉窗口，如图 1-19 所示。在其中选择轮廓线图层，单击即可。

（2）绘制主视图：选择菜单栏中的"绘图"→"圆"→"圆心、半径"命令，或者单击"默认"选项卡"绘图"面板中的"圆"按钮⊙。命令行提示与操作如下：

```
命令: _circle
指定圆的圆心或 [三点(3P)/两点(2P)/ 切点、切点、半径(T)]: 150,200 ✓
指定圆的半径或 [直径(D)] : 27.5 ✓
```

使用同样的方法绘制另一个圆：圆心点为（150,200），半径为 32。结果如图 1-20 所示。

图 1-18　绘制中心线　　　　　图 1-19　切换图层　　　　　图 1-20　绘制主视图

4. 绘制定距环俯视图

选择菜单栏中的"绘图"→"直线"命令，或者单击"默认"选项卡"绘图"面板中的"直线"按钮╱。命令行提示与操作如下：

```
命令: _line
指定第一个点: 118,100✓
指定下一点或 [放弃(U)]: 118,112 ✓
指定下一点或 [退出(E)/放弃(U)]: 182,112 ✓
指定下一点或 [关闭(C)/退出(X)/放弃(U)]: 182,100 ✓
指定下一点或 [关闭(C)/退出(X)/放弃(U)]: C✓
```

最终结果如图 1-16 所示。

练习提高　实例 004——绘制挡圈

利用"圆"命令绘制挡圈，其流程如图 1-21 所示。

扫一扫，看视频

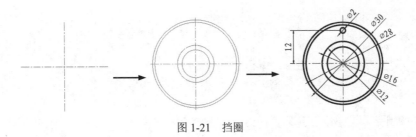

图 1-21　挡圈

思路点拨：

先设置图层，然后利用"直线"命令绘制中心线，再利用"圆"命令绘制轮廓。

1.3　圆 弧 命 令

圆弧是圆的一部分。在工程造型中，圆弧的使用比圆更普遍。其执行方式如下。
- 命令行：ARC（快捷命令：A）。
- 菜单栏：选择菜单栏中的"绘图"→"圆弧"命令。
- 工具栏：单击"绘图"工具栏中的"圆弧"按钮 ⌒。
- 功能区：在"默认"选项卡"绘图"面板中打开"圆弧"下拉菜单，从中选择一种创建圆弧的方式。

扫一扫，看视频

完全讲解　实例 005——绘制圆头平键

本实例绘制如图 1-22 所示的圆头平键，主要利用"圆弧""直线"命令。

图 1-22　圆头平键

操作步骤：

（1）单击"默认"选项卡"绘图"面板中的"直线"按钮 ∕，绘制两条直线，端点坐标值为 {（100,130），（150,130）}{（100,100），（150,100）}。结果如图 1-23 所示。

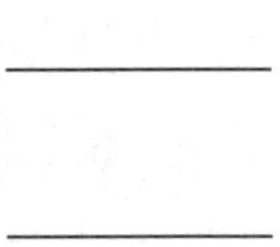

（2）单击"默认"选项卡"绘图"面板中的"圆弧"按钮 ⌒，绘制圆头部分的圆弧。命令行提示与操作如下：

图 1-23　绘制平行线

```
命令：ARC
指定圆弧的起点或 [圆心(C)]：<打开对象捕捉>（指定起点为上面水平线左端点）
指定圆弧的第二个点或 [圆心(C)/端点(E)]：E
指定圆弧的端点：（指定端点为下面水平线左端点）
指定圆弧的中心点(按住 Ctrl 键以切换方向)或 [角度(A)/方向(D)/半径(R)]：R
指定圆弧的半径(按住 Ctrl 键以切换方向)：15
```

（3）重复"圆弧"命令绘制另一段圆弧。命令行提示与操作如下：

```
命令：ARC
指定圆弧的起点或 [圆心(C)]：（指定起点为上面水平线右端点）
指定圆弧的第二个点或 [圆心(C)/端点(E)]：E
指定圆弧的端点：（指定端点为下面水平线右端点）
指定圆弧的中心点(按住 Ctrl 键以切换方向)或 [角度(A)/方向(D)/半径(R)]：A
指定夹角(按住 Ctrl 键以切换方向)：-180
```

扫一扫，看视频

最终结果如图 1-22 所示。

练习提高　实例006——绘制定位销

利用"圆弧"命令绘制定位销，其流程如图 1-24 所示。

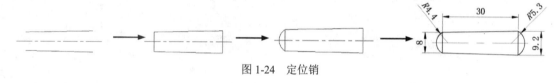
图 1-24　定位销

思路点拨：

　　先设置图层，然后利用"直线"命令绘制中心线和销主体，再利用"圆弧"命令绘制两端。

1.4　矩　形　命　令

正矩形是最简单的封闭直线图形，在机械制图中常用来表示平行投影平面的面。其执行方式如下。

- 命令行：RECTANG（快捷命令：REC）。
- 菜单栏：选择菜单栏中的"绘图"→"矩形"命令。
- 工具栏：单击"绘图"工具栏中的"矩形"按钮 □。
- 功能区：单击"默认"选项卡"绘图"面板中的"矩形"按钮 □。

扫一扫，看视频

完全讲解　实例007——绘制方头平键

绘制如图 1-25 所示的方头平键。本实例通过应用绘图面板中的直线、构造线、矩形命令来完成方头平键轮廓的创建。

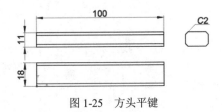

图 1-25　方头平键

操作步骤：

1．绘制主视图外形

（1）单击"默认"选项卡"绘图"面板中的"矩形"按钮▢。命令行提示与操作如下：

```
命令：_rectang
指定第一个角点或 [倒角(C)/标高(E)/圆角(F)/厚度(T)/宽度(W)]：0,30↙
指定另一个角点或 [面积(A)/尺寸(D)/旋转(R)]：@100,11↙
```

结果如图 1-26 所示。

（2）单击"默认"选项卡"绘图"面板中的"直线"按钮／，绘制主视图两条棱线。一条棱线端点的坐标值为（0,32）和（@100,0），另一条棱线端点的坐标值为（0,39）和（@100,0）。结果如图 1-27 所示。

2．绘制构造线

单击"默认"选项卡"绘图"面板中的"构造线"按钮✓。命令行提示与操作如下：

```
命令：_xline
指定点或 [水平(H)/垂直(V)/角度(A)/二等分(B)/偏移(O)]：（指定主视图左边竖线上一点）
指定通过点：（指定竖直位置上一点）
指定通过点：↙
```

使用同样方法绘制右边竖直构造线，如图 1-28 所示。

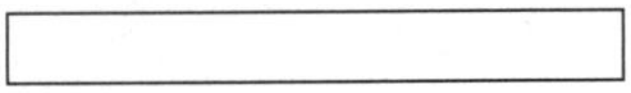

图 1-26　绘制主视图外形 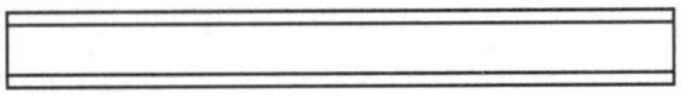　　　　图 1-27　绘制主视图棱线 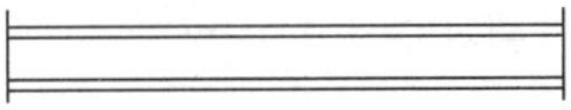　　　　图 1-28　绘制竖直构造线

3．绘制俯视图

（1）单击"默认"选项卡"绘图"面板中的"直线"按钮／和"矩形"按钮▢。命令行提示与操作如下：

```
命令：_rectang
指定第一个角点或 [倒角(C)/标高(E)/圆角(F)/厚度(T)/宽度(W)]：0,0↙
指定另一个角点或 [面积(A)/尺寸(D)/旋转(R)]：@100,18↙
```

（2）绘制两条直线，端点分别为{（0,2），（@100,0）}和{（0,16），（@100,0）}。结果如图 1-29 所示。

4．绘制左视图构造线

单击"默认"选项卡"绘图"面板中的"构造线"按钮 ✐。命令行提示与操作如下：

```
命令：_xline
指定点或 [水平(H)/垂直(V)/角度(A)/二等分(B)/偏移(O)]：H✓
指定通过点：（指定主视图上右上端点）
指定通过点：（指定主视图上右下端点）
指定通过点：（捕捉俯视图上右上端点）
指定通过点：（捕捉俯视图上右下端点）
指定通过点：
命令：✓  XLINE（按 Enter 键表示重复"构造线"命令）
指定点或 [水平(H)/垂直(V)/角度(A)/二等分(B)/偏移(O)]：A✓
输入构造线的角度 (0) 或 [参照(R)]：-45✓
指定通过点：（任意指定一点）
指定通过点：✓
命令：_xline
指定点或 [水平(H)/垂直(V)/角度(A)/二等分(B)/偏移(O)]：V✓
指定通过点：（指定斜线与第三条水平线的交点）
指定通过点：（指定斜线与第四条水平线的交点）
```

结果如图 1-30 所示。

5．绘制左视图

单击"默认"选项卡"绘图"面板中的"矩形"按钮 ▭，设置矩形两个倒角距离为 2。命令行提示与操作如下：

```
命令：_rectang
指定第一个角点或 [倒角(C)/标高(E)/圆角(F)/厚度(T)/宽度(W)]：C✓
指定矩形的第一个倒角距离 <0.0000>：2
指定矩形的第二个倒角距离 <2.0000>：✓
指定第一个角点或 [倒角(C)/标高(E)/圆角(F)/厚度(T)/宽度(W)]：（选择点 1）
指定另一个角点或 [面积(A)/尺寸(D)/旋转(R)]：（选择点 2）
```

结果如图 1-31 所示。

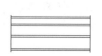

图 1-29　绘制俯视图

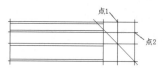

图 1-30　绘制左视图构造线

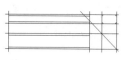

图 1-31　绘制左视图

6．删除构造线

删除构造线。最终结果如图 1-25 所示。

练习提高　实例 008——绘制螺杆头部

利用"矩形"命令绘制如图 1-32 所示的螺杆头部。

扫一扫，看视频

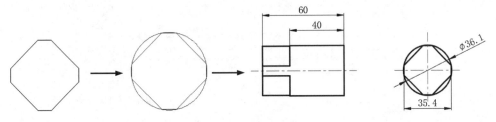

图 1-32　螺杆头部

📋 **思路点拨：**

先利用"矩形""圆"命令绘制左视图，再利用"构造线""直线"命令绘制主视图。

1.5　正多边形命令

正多边形是相对复杂的一种平面图形，人类曾经为准确地找到手工绘制正多边形的方法而长期求索，现在利用 AutoCAD 可以轻松地绘制任意边的正多边形。其执行方式如下。

- 命令行：POLYGON（快捷命令：POL）。
- 菜单栏：选择菜单栏中的"绘图"→"多边形"命令。
- 工具栏：单击"绘图"工具栏中的"多边形"按钮⬡。
- 功能区：单击"默认"选项卡"绘图"面板中的"多边形"按钮⬠。

完全讲解　实例 009——绘制螺母

本实例绘制的螺母主视图主要利用"多边形""圆""直线"命令，如图 1-33 所示。

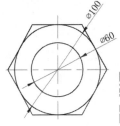

图 1-33　螺母

扫一扫，看视频

🪑 **操作步骤：**

1. 设置图层

单击"默认"选项卡"图层"面板中的"图层特性"按钮🗂，打开"图层特性管理器"选项框。新建"中心线""轮廓线"两个图层，如图 1-34 所示。

2. 绘制中心线

将当前图层设置为"中心线"层，单击"默认"选项卡"绘图"面板中的"直线"按钮╱，绘制中心线，端点坐标值为{（90,150），（210,150）}{（150,90），（150,210）}。

3. 绘制螺母轮廓

将当前图层设置为"轮廓线"层。

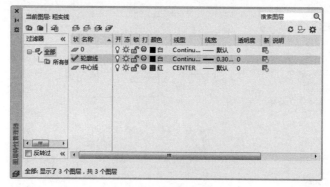

图 1-34　图层设置

（1）单击"默认"选项卡"绘图"面板中的"圆"按钮☉，以（150,150）为中心，以50为半径绘制一个圆。结果如图 1-35 所示。

（2）单击"默认"选项卡"绘图"面板中的"多边形"按钮⬡，绘制正六边形。命令行提示与操作如下：

```
命令: _polygon
输入侧面数[4]: 6↙
指定正多边形的中心点或 [边(E)]: 150,150↙
输入选项 [内接于圆(I)/外切于圆(C)] <I>: c↙
指定圆的半径: 50↙
```

结果如图 1-36 所示。

图 1-35　绘制圆

图 1-36　绘制正六边形

（3）同样以（150,150）为中心，以30mm 为半径绘制另一个圆。结果如图 1-33 所示。

练习提高　实例 010——绘制六角形扳手

利用"矩形"命令绘制如图 1-37 所示的六角形扳手。

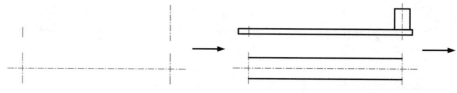

图 1-37　六角形扳手

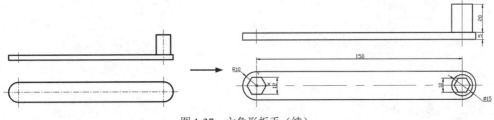

图 1-37　六角形扳手（续）

思路点拨：

先设置图层，然后利用"直线"命令绘制轴线，再利用"圆弧""直线"命令绘制基本轮廓，最后利用"圆""正多边形"命令绘制扳手孔。

1.6　点　命　令

通常认为，点是最简单的图形单元。在工程图形中，点通常用来标定某个特殊的坐标位置，或者作为某个绘制步骤的起点和基础。为了使点更加明显，AutoCAD 为点设置了各种样式，用户可以根据需要来选择。其执行方式如下。

- 命令行：POINT（快捷命令：PO）。
- 菜单栏：选择菜单栏中的"绘图"→"点"命令。
- 工具栏：单击"绘图"工具栏中的"点"按钮 ⠿。
- 功能区：单击"默认"选项卡中"绘图"面板中的"多点"按钮 ⠿。

与"点"命令相关的命令还有"定数等分"和"定距等分"两个命令。其执行方式如下。

- 命令行：DIVIDE（快捷命令：DIV）或者 MEASURE（快捷命令：ME）。
- 菜单栏：选择菜单栏中的"绘图"→"点"→"定数等分"（或"定距等分"）命令。
- 功能区：单击"默认"选项卡"绘图"面板中的"定数等分"按钮 ⠿（或"定距等分"按钮 ⠿）。

完全讲解　实例 011——绘制外六角头螺栓

本实例绘制如图 1-38 所示的外六角头螺栓，主要利用"定数等分""点样式""圆弧""直线"命令。

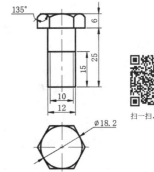

扫一扫，看视频

操作步骤：

图 1-38　绘制外六角头螺栓

（1）单击"默认"选项卡"图层"面板中的"图层特性"按钮 ⠿，打开"图层特性管理器"选项板，新建两个图层，分别为"中心线"图层和"粗实线"图层，各个图层属性如图 1-39 所示。

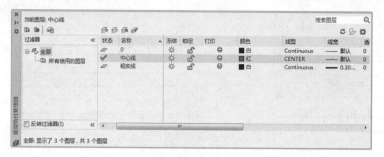

图 1-39　"图层特性管理器"选项板

（2）将"中心线"图层设置为当前图层。单击"默认"选项卡"绘图"面板中的"直线"按钮 ╱，指定直线的坐标为（0,8）和（0,-27），作为竖直的中心线。

（3）将"粗实线"图层设置为当前图层。单击"默认"选项卡"绘图"面板中的"直线"按钮 ╱，指定直线的坐标分别为 {（-10.5,0），（10.5,0），（10.5,4.5），（9,6），（-9,6），（-10.5,4.5），（-10.5,0），C}{（-10.5,4.5），（10.5,4.5）}，绘制螺栓上半部分图形，如图 1-40 所示。

（4）选择菜单栏中的"格式"→"点样式"命令，打开如图 1-41 所示的对话框，将点的样式设置为"×"形样式，单击"确定"按钮，返回绘图状态。

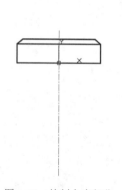

图 1-40　绘制上半部分

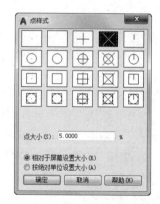

图 1-41　"点样式"对话框

（5）单击"默认"选项卡"绘图"面板中的"定数等分"按钮，选择水平直线，将直线等分为 4 段。结果如图 1-42 所示。命令行提示与操作如下：

```
命令：_divide
选择要定数等分的对象：（选择水平直线）
输入线段数目或 [块(B)]：4↙
```

使用相同的方法，将另外一条水平直线也进行定数等分。

（6）单击"默认"选项卡"绘图"面板中的"圆弧"按钮，指定圆弧的三点，绘制圆弧，如图 1-43 所示。命令行提示与操作如下：

```
命令：_arc
指定圆弧的起点或 [圆心(C)]：（捕捉最左侧竖直直线和斜向直线的交点）
```

指定圆弧的第二个点或 [圆心(C)/端点(E)]：E↙
指定圆弧的端点：(捕捉水平直线的第一个等分点)
指定圆弧的中心点(按住 Ctrl 键以切换方向)或 [角度(A)/方向(D)/半径(R)]：(按住 Ctrl 键，指定圆弧上的点)
命令：_arc
指定圆弧的起点或 [圆心(C)]：(捕捉水平指点的第一个等分点)
指定圆弧的第二个点或 [圆心(C)/端点(E)]：(捕捉竖直中心线和最上侧水平直线的交点)
指定圆弧的端点：(水平直线的第三个等分点)
命令：_arc
指定圆弧的起点或 [圆心(C)]：(捕捉水平指点的第三个等分点)
指定圆弧的第二个点或 [圆心(C)/端点(E)]：E↙
指定圆弧的端点：(捕捉最右侧竖直直线和斜向直线的交点)
指定圆弧的中心点(按住 Ctrl 键以切换方向)或 [角度(A)/方向(D)/半径(R)]：(按住 Ctrl 键，指定圆弧上的点)

图 1-42　等分直线　　　　　　　　图 1-43　绘制圆弧

（7）选择菜单栏中的"格式"→"点样式"命令，打开如图 1-44 所示的"点样式"对话框，将点样式设置为第一行的第二种，单击"确定"按钮，返回绘图状态。

（8）单击"默认"选项卡"绘图"面板中的"直线"按钮╱，指定直线的坐标分别为{（6,0），（@0,-25），（@-12,0），（@0, 25）}{（-6,-10），（6,-10）}，绘制螺栓下半部分图形，如图 1-45 所示。

（9）将"粗实线"图层设置为当前的图层。单击"默认"选项卡"绘图"面板中的"直线"按钮╱，指定直线的坐标分别为{（-5,-10），（-5,-25）}{（5,-10），（5,-25）}，绘制两条直线，补全螺栓的下半部分。

（10）选择上面第二条水平线，按下 Delete 键，删除该直线。最终结果如图 1-38 所示。

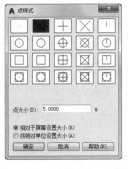

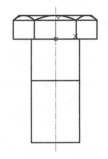

图 1-44　"点样式"对话框　　　　　　图 1-45　绘制下半部分

扫一扫，看视频

练习提高　实例 012——绘制棘轮

绘制如图 1-46 所示的棘轮。

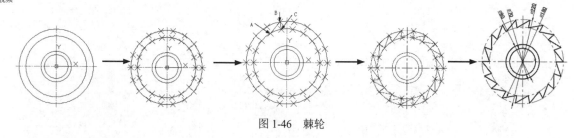

图 1-46　棘轮

思路点拨：

> 利用"圆"命令及"定数等分"绘制棘轮图形，从而使读者灵活掌握定数等分的使用方法。

1.7　圆 环 命 令

圆环可以看作是两个同心圆，利用"圆环"命令可以快速完成同心圆的绘制。其执行方式如下。

- 命令行：DONUT（快捷命令：DO）。
- 菜单栏：选择菜单栏中的"绘图"→"圆环"命令。
- 功能区：单击"默认"选项卡"绘图"面板中的"圆环"按钮◎。

扫一扫，看视频

完全讲解　实例 013——绘制汽车简易造型

本实例绘制的汽车简易造型如图 1-47 所示。绘制的大体顺序是先绘制两个车轮，从而确定汽车的大体尺寸和位置，然后绘制车体轮廓，最后绘制车窗。绘制过程中要用到直线、圆、圆弧、多段线、圆环、矩形和正多边形等命令。

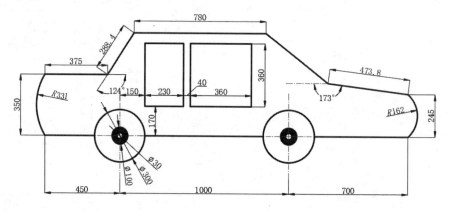

图 1-47　汽车简易造型

🪑**操作步骤：**

（1）单击"快速访问"工具栏中的"新建"按钮，新建一个空白图形文件。

（2）单击"默认"选项卡"绘图"面板中的"圆"按钮⊙，分别以（1500,200）和（500,200）为圆心，绘制半径为 150 的车轮。结果如图 1-48 所示。

（3）单击"默认"选项卡"绘图"面板中的"圆环"按钮◎，捕捉步骤（2）中所绘圆的圆心，设置内径为 30，外径为 100。结果如图 1-49 所示。命令行提示与操作如下：

```
命令:DONUT↙
指定圆环的内径<默认值>:30↙
指定圆环的外径 <默认值>:100↙
指定圆环的中心点或 <退出>:(指定步骤（2）中绘制圆的圆心，这里可以大概确定圆心位置)
指定圆环的中心点或 <退出>:(用 Enter 键、空格键或右击结束命令)
```

图 1-48 绘制车轮外圈　　　　　　　图 1-49 绘制车轮内圈

（4）单击"默认"选项卡"绘图"面板中的"直线"按钮／，指定直线的坐标为{（50,200），（350,200）}{（650,200），（1350,200）}{（1650,200），（2200,200）}，绘制车底轮廓。结果如图 1-50 所示。

（5）单击"默认"选项卡"绘图"面板中的"圆弧"按钮╭，绘制坐标为（50,200）、（0,380）、（50,550）的圆弧。

（6）单击"默认"选项卡"绘图"面板中的"直线"按钮／，绘制车体外轮廓，端点坐标分别为（50,550）、（@375,0）、（@160,240）、（@780,0）、（@365,285）和（@470,-60）。

（7）单击"默认"选项卡"绘图"面板中的"圆弧"按钮╭，指定圆弧的坐标为{（2200,200），（2256,322），（2200,445）}，绘制圆弧段。结果如图 1-51 所示。

图 1-50 绘制底板　　　　　　　　图 1-51 绘制车体外轮廓

（8）单击"默认"选项卡"绘图"面板中的"矩形"按钮▭，绘制角点为{（650,730），（880,370）}{（920,730），（1350,370）}的车窗。最终结果如图 1-47 所示。

练习提高　实例 014——绘制奥迪汽车标志

绘制如图 1-52 所示的奥迪汽车标志。

图 1-52　奥迪汽车标志

思路点拨：

利用"圆环"命令完成绘制。

第2章 精确绘制图形

内容简介

本章通过实例学习关于精确绘图的相关知识。了解正交、栅格、对象捕捉、自动追踪、参数化设计等工具的妙用并熟练掌握，并将各工具应用到图形绘制过程中。

2.1 对象捕捉

在利用 AutoCAD 绘图时经常要用到一些特殊点，如圆心、切点、线段或圆弧的端点、中点等，如果只利用光标在图形上选择，要准确地找到这些点是十分困难的。因此，AutoCAD 提供了一些识别这些点的工具，通过这些工具即可轻松地构造新几何体，精确地绘制图形，其结果比传统手工绘图更精确且更容易维护。在 AutoCAD 中，这种功能被称为对象捕捉功能。其执行方式如下。

- 命令行：DDOSNAP。
- 菜单栏：选择菜单栏中的"工具"→"绘图设置"命令。
- 工具栏：单击"对象捕捉"工具栏中的"对象捕捉设置"按钮🔲。
- 状态栏：单击状态栏中的"对象捕捉"按钮🔲（仅限于打开与关闭）。
- 快捷键：F3（仅限于打开与关闭）。
- 快捷菜单：按 Shift 键并右击鼠标，在弹出的快捷菜单中选择"对象捕捉设置"命令。

完全讲解 实例015——绘制盘盖

本实例利用对象捕捉功能，依次绘制不同半径、不同位置的圆。绘制的盘盖如图 2-1 所示。

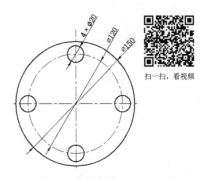

扫一扫，看视频

图 2-1 绘制盘盖

📐操作步骤：

（1）单击"默认"选项卡"图层"面板中的"图层特性"按钮🗂，设置图层，如图 2-2 所示。

（2）绘制中心线。将"中心线"图层设置为当前图层，单击"默认"选项卡"绘图"面板中的"直线"按钮╱，绘制垂直中心线。

（3）绘制辅助线。单击"默认"选项卡"绘图"面板中的"圆"按钮⊙，绘制圆形中心线。在指定圆心时，捕捉垂直中心线的交点，如图 2-3 所示。结果如图 2-4 所示。

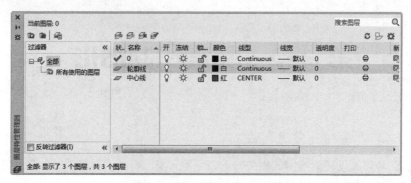

图 2-2 设置图层

（4）绘制外圆和内孔。切换到"轮廓线"图层，单击"默认"选项卡"绘图"面板中的"圆"按钮⊙，绘制两个同心圆。在指定圆心时，捕捉已绘制的圆的圆心，如图 2-5 所示。结果如图 2-6 所示。

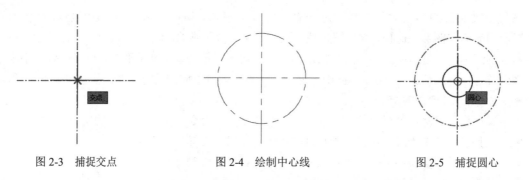

| 图 2-3 捕捉交点 | 图 2-4 绘制中心线 | 图 2-5 捕捉圆心 |

（5）绘制螺孔。单击"默认"选项卡"绘图"面板中的"圆"按钮⊙，绘制侧边小圆。在指定圆心时，捕捉圆形中心线与水平中心线或垂直中心线的交点，如图 2-7 所示。结果如图 2-8 所示。

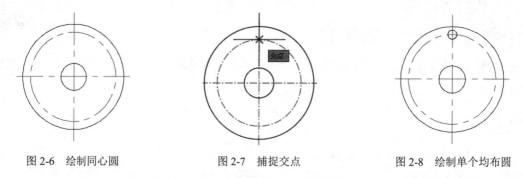

| 图 2-6 绘制同心圆 | 图 2-7 捕捉交点 | 图 2-8 绘制单个均布圆 |

（6）绘制其余螺孔。使用同样的方法绘制其他 3 个螺孔。最终结果如图 2-1 所示。

练习提高 实例 016——绘制水龙头

扫一扫，看视频

利用"直线"命令绘制如图 2-9 所示的水龙头。

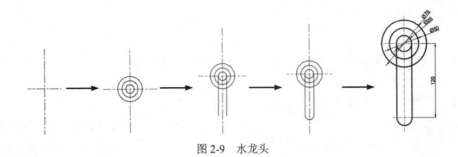

图 2-9 水龙头

思路点拨:

> 为了做到准确无误,要求通过坐标值的输入指定直线的相关点,从而使读者灵活掌握直线的绘制方法。

2.2 自 动 追 踪

自动追踪是指按指定角度或与其他对象建立指定关系绘制对象。利用自动追踪功能,可以对齐路径,有助于以精确的位置和角度创建对象。自动追踪包括"极轴追踪"和"对象捕捉追踪"两种方式。"极轴追踪"是指按指定的极轴角或极轴角的倍数对齐要指定点的路径;"对象捕捉追踪"是指以捕捉到的特殊位置点为基点,按指定的极轴角或极轴角的倍数对齐要指定点的路径。其执行方式如下。

- 命令行:DDOSNAP。
- 菜单栏:选择菜单栏中的"工具"→"绘图设置"命令。
- 工具栏:单击"对象捕捉"工具栏中的"对象捕捉设置"按钮。
- 状态栏:单击状态栏中的"对象捕捉"按钮口和"对象捕捉追踪"按钮∠(或"极轴追踪"按钮)。

完全讲解 实例 017——补全三视图

本实例利用对象捕捉追踪功能补全如图 2-10 所示的三视图。

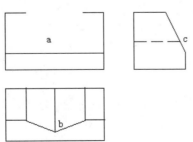

图 2-10 待补全三视图

🪑 操作步骤：

（1）首先打开"源文件\第 2 章\实例 017 补全三视图"，在状态栏上同时打开"对象捕捉"和"对象捕捉追踪"功能。

（2）单击"默认"选项卡"绘图"面板中的"点"按钮 ∘ 。

（3）将光标移至 b 点，显示为"十"字形状，b 点成为追踪点，向上沿垂直追踪参照线移动。

（4）将光标移至 c 点，获得第二个追踪点。

（5）沿着从 c 点出发的水平参照线向左移动光标。

（6）当光标移动到和 b 点垂直处时，显示从 b 点出发的垂直追踪参照线，在两条线的交点处单击，即可确定 a 点位置，如图 2-11 所示。

（7）单击"默认"选项卡"绘图"面板中的"直线"按钮 ╱ ，绘制两条线段，分别连接 a 点与最上面两条水平线段断开端点。结果如图 2-12 所示。

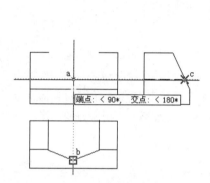

图 2-11　对象捕捉追踪

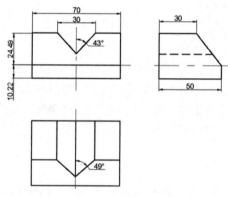

图 2-12　补全三视图结果

练习提高　实例 018——绘制方头平键

利用"矩形"命令绘制方头平键，其流程如图 2-13 所示。

图 2-13　方头平键

📋 思路点拨：

　　利用"矩形""构造线"命令绘制三视图，并利用"极轴追踪"命令辅助保持三视图之间对应的尺寸关系。

2.3 参数化设计

通过几何约束和尺寸约束，能够精确地控制和改变图形对象的几何参数和尺寸参数。可以通过如图 2-14 所示的"参数化"功能区面板相关选项进行操作。

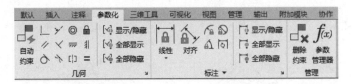

图 2-14 "参数化"功能区面板

扫一扫，看视频

完全讲解 实例 019——绘制泵轴

本实例绘制如图 2-15 所示的泵轴，主要利用"圆弧""圆""直线"命令结合尺寸约束和几何约束功能实现。

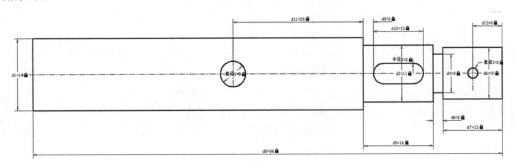

图 2-15 泵轴

操作步骤：

1. 利用"图层"命令设置图层

"中心线"图层：线型为 CENTER，颜色为红色，其余属性默认；"轮廓线"图层：线宽为 0.30mm，其余属性默认；"尺寸线"图层：颜色为蓝色，其余属性默认。

2. 绘制中心线

将当前图层设置为"中心线"图层。单击"默认"选项卡"绘图"面板中的"直线"按钮∕，绘制泵轴的水平中心线。

3. 绘制泵轴的外轮廓线

将当前图层设置为"轮廓线"图层。单击"默认"选项卡"绘图"面板中的"直线"按钮∕，绘制如图 2-16 所示的泵轴外轮廓线，尺寸无须精确。

图 2-16　泵轴的外轮廓线

4.添加约束

（1）单击"参数化"选项卡"几何"面板中的"固定"按钮🔒，添加水平中心线的固定约束。命令行提示与操作如下：

```
命令：_GcFix
选择点或 [对象(O)] <对象>：选取水平中心线
```

结果如图 2-17 所示。

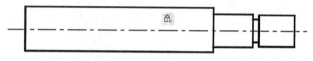

图 2-17　添加固定约束

（2）单击"参数化"选项卡"几何"面板中的"重合"按钮」，选取左端竖直线的上端点和最上端水平直线的左端点添加重合约束。命令行提示与操作如下：

```
命令：_GcCoincident
选择第一个点或 [对象(O)/自动约束(A)] <对象>：选取左端竖直线的上端点
选择第二个点或 [对象(O)] <对象>：选取最上端水平直线的左端点
```

采用相同的方法，添加各个端点之间的重合约束，如图 2-18 所示。

（3）单击"参数化"选项卡"几何"面板中的"共线"按钮✓，添加轴肩竖直之间的共线约束。结果如图 2-19 所示。

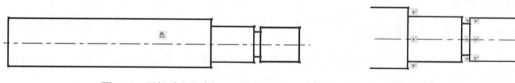

图 2-18　添加重合约束　　　　　　　　图 2-19　添加共线约束

（4）单击"参数化"选项卡"标注"面板中的"竖直"按钮🔟，选择左侧第一条竖直线的两端点进行尺寸约束。命令行提示与操作如下：

```
命令：_DcVertical
指定第一个约束点或 [对象(O)] <对象>：选取竖直线的上端点
指定第二个约束点：选取竖直线的下端点
指定尺寸线位置：指定尺寸线的位置
标注文字 = 19
```

更改尺寸值为 14,直线的长度根据尺寸进行变化。采用相同的方法,对其他线段进行竖直约束。结果如图 2-20 所示。

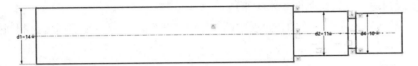

图 2-20　添加竖直尺寸约束

（5）单击"参数化"选项卡"几何"面板中的"水平"按钮，对泵轴外轮廓尺寸进行约束设置。命令行提示与操作如下：

```
命令：_DcHorizontal
指定第一个约束点或 [对象(O)] <对象>:指定第一个约束点
指定第二个约束点：指定第二个约束点
指定尺寸线位置：指定尺寸线的位置
标注文字 = 12.56
```

更改尺寸值为 12,直线的长度根据尺寸进行变化。采用相同的方法,对其他线段进行水平约束。结果如图 2-21 所示。

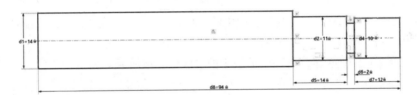

图 2-21　　添加水平尺寸约束

（6）在命令行中输入 GCSYMMETRIC 或者单击"参数化"选项卡"几何"面板中的"对称"按钮，添加上下两条水平直线相对于水平中心线的对称约束关系。命令行提示与操作如下：

```
命令：_GcSymmetric
选择第一个对象或 [两点(2P)] <两点>:选取右侧上端水平直线
选择第二个对象：选取右侧下端水平直线
选择对称直线:选取水平中心线
```

采用相同的方法，添加其他三个轴段相对于水平中心线的对称约束关系。结果如图 2-22 所示。

图 2-22　　添加竖直尺寸约束

5. 绘制泵轴的键槽

（1）将当前图层设置为"轮廓线"图层。单击"默认"选项卡"绘图"面板中的"直线"按钮／，在第二轴段内适当位置绘制两条水平直线。

（2）单击"默认"选项卡"绘图"面板中的"圆弧"按钮 ⌒，在直线的两端绘制圆弧，结果如图 2-23 所示。

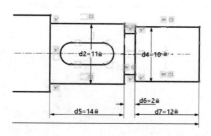

图 2-23　绘制键槽轮廓

（3）单击"参数化"选项卡"几何"面板中的"重合"按钮 └，分别添加直线端点与圆弧端点的重合约束关系。

（4）单击"参数化"选项卡"几何"面板中的"对称"按钮 [l]，添加键槽上下两条水平直线相对于水平中心线的对称约束关系。

（5）单击"参数化"选项卡"几何"面板中的"相切"按钮 ○，添加直线与圆弧之间的相切约束关系。结果如图 2-24 所示。

（6）单击"参数化"选项卡"标注"面板中的"线性"按钮 ［ll］，对键槽进行线性尺寸约束。

（7）单击"参数化"选项卡"标注"面板中的"半径"按钮 ⌐，更改半径尺寸为 2。结果如图 2-25 所示。

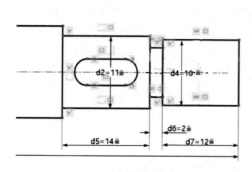

图 2-24　添加键槽的几何约束

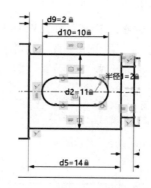

图 2-25　添加键槽的尺寸约束

6. 绘制孔

（1）将当前图层设置为"中心线"图层。单击"默认"选项卡"绘图"面板中的"直线"按钮／，在第一轴段和最后一轴段适当位置绘制竖直中心线。

（2）单击"参数化"选项卡"标注"面板中的"线性"按钮🔒，对竖直中心线进行线性尺寸约束，如图 2-26 所示。

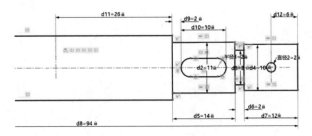

图 2-26 添加尺寸约束

（3）将当前图层设置为"轮廓线"图层。单击"默认"选项卡"绘图"面板中的"圆"按钮⊙，在竖直中心线和水平中心线的交点处绘制圆，如图 2-27 所示。

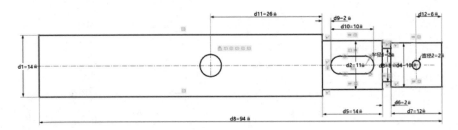

图 2-27 绘制圆

（4）单击"参数化"选项卡"标注"面板中的"直径"按钮⌀，对圆的直径进行尺寸约束，如图 2-28 所示。

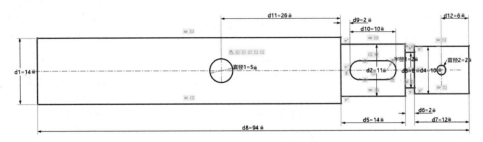

图 2-28 标注直径尺寸

📢 注意：

在进行几何约束和尺寸约束时，注意约束顺序。如果约束出错可以根据需求适当地添加几何约束。

练习提高 实例 020——绘制端盖

绘制如图 2-29 所示的端盖。

扫一扫，看视频

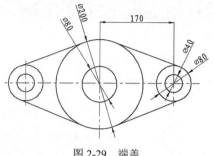

图 2-29 端盖

思路点拨：

　　首先设置图层，并绘制中心线，绘制中心线时，设置相应的几何约束；然后绘制一系列圆并设置相应的几何约束；最后绘制直线并设置相应的几何约束。

第 3 章 复杂二维图形绘制

内容简介

本章通过实例学习复杂二维几何元素，包括多段线、样条曲线和多线相关命令以及面域、图案填充等功能，熟练掌握用 AutoCAD 绘制复杂图案的方法。

3.1 图案填充命令

当用户需要用一个重复的图案填充一个区域时，可以使用 BHATCH 命令，创建一个相关联的填充阴影对象，即所谓的图案填充。其执行方式如下。

● 命令行：BHATCH（快捷命令：H）。
● 菜单栏：选择菜单栏中的"绘图"→"图案填充"命令。
● 工具栏：单击"绘图"工具栏中的"图案填充"按钮▨。
● 功能区：单击"默认"选项卡"绘图"面板中的"图案填充"按钮▨。

完全讲解　实例 021——绘制弯头截面

本实例绘制如图 3-1 所示的弯头截面。通过本实例，主要掌握"图案填充"相关命令并灵活应用。

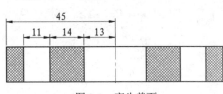

图 3-1　弯头截面

扫一扫，看视频

操作步骤：

（1）单击"默认"选项卡"图层"面板中的"图层特性"按钮▤，弹出"图层特性管理器"选项板，新建如下三个图层。

① 第一个图层命名为"轮廓线"图层，线宽为 0.30mm，其余属性默认。

② 第二个图层命名为"剖面线"图层，颜色为蓝色，其余属性默认。

③ 第三个图层命名为"中心线"图层，颜色为红色，线型为 CENTER，其余属性默认。结果如图 3-2 所示。

（2）将"中心线"图层设置为当前图层。单击"默认"选项卡"绘图"面板中的"直线"按钮╱，绘制一条中心线，端点坐标分别为（0,-3）和（0,17），如图 3-3 所示。

（3）将"轮廓线"图层设置为当前图层。单击"默认"选项卡"绘图"面板中的"矩形"按钮▢，绘制一个角点坐标分别为（-45,14）和（45,0）的矩形，如图 3-4 所示。

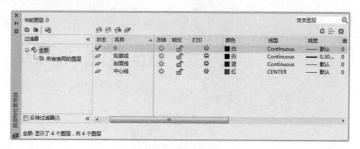

图 3-2　图层设置

（4）单击"默认"选项卡"绘图"面板中的"直线"按钮 ╱，绘制 6 条直线，直线的坐标分别为 {（-38,0），（-38,14）}{（-27,0），（-27,14）}{（-13,0），（-13,14）}{（13,0），（13,14）}{（27,0），（27,14）}{（38,0），（38,14）}。结果如图 3-5 所示。

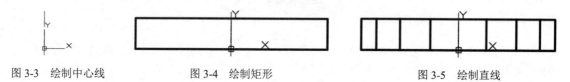

图 3-3　绘制中心线　　　　图 3-4　绘制矩形　　　　图 3-5　绘制直线

（5）将"剖面线"图层设置为当前图层。单击"默认"选项卡"绘图"面板中的"图案填充"按钮 ▦，打开如图 3-6 所示的"图案填充创建"选项卡，在"图案填充图案"下拉列表中选择 ANSI37 图案，填充图案比例设置为 0.25，选择图案填充的区域。最终结果如图 3-1 所示。

图 3-6　"图案填充创建"选项卡

练习提高　实例 022——绘制滚花轴头

利用"直线"命令绘制如图 3-7 所示的滚花轴头。

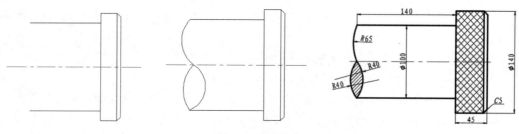

图 3-7　滚花轴头

思路点拨：

> 　首先设置图层，然后利用"直线""矩形""圆弧"等命令绘制初步轮廓，最后利用"图案填充"命令进行两处图案填充。

3.2　多段线命令

多段线是作为单个对象创建的相互连接的线段组合图形。该组合线段作为一个整体，可以由直线段、圆弧或两者的组合线段组成，并且是可以任意开放或封闭的图形。其执行方式如下。

● 命令行：PLINE（快捷命令：PL）。
● 菜单栏：选择菜单栏中的"绘图"→"多段线"命令。
● 工具栏：单击"绘图"工具栏中的"多段线"按钮⎯。
● 功能区：单击"默认"选项卡"绘图"面板中的"多段线"按钮⎯。

完全讲解　实例 023——绘制电磁管密封圈

本例绘制如图 3-8 所示的电磁管密封圈，主要练习使用"多段线"命令。

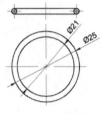

图 3-8　绘制电磁管密封圈　扫一扫，看视频

操作步骤：

1. 创建图层

单击"默认"选项卡"图层"面板中的"图层特性"按钮⎯，创建三个图层，分别为中心线、实体线和剖面线，其中中心线的颜色设置为红色，线型为 CENTER，线宽为默认；实体线的颜色设置为白色，线型为实线，线宽为 0.30mm，剖面线为软件默认的属性，如图 3-9 所示。

2. 绘制中心线

（1）切换图层：将"中心线"图层设置为当前图层。

（2）绘制中心线：单击"默认"选项卡"绘图"面板中的"直线"按钮╱，绘制长度为 30 的水平和竖直直线，水平直线坐标分别为（-15,0）和（15,0），竖直直线的坐标为（0,15）和（0,-15），其中点在坐标原点。结果如图 3-10 所示。

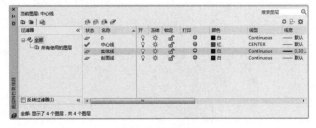

图 3-9　设置图层

图 3-10　绘制中心线

3. 绘制电磁管密封圈

（1）切换图层：将"实体线"图层设置为当前图层。

（2）绘制实体线：单击"默认"选项卡"绘图"面板中的"圆"按钮⊙，单击圆心在十字交叉线的中点（即坐标原点），绘制半径为 10.5 和 13.5 的同心圆。结果如图 3-11 所示。

（3）切换图层：将"中心线"图层设置为当前图层。

4. 绘制直线

单击"默认"选项卡"绘图"面板中的"直线"按钮／，绘制直线，直线的坐标为{（0, 16.6），（0,23.6）}{（-11.5, 17.1），（-11.5,23.1）}{（-14, 19.6），（-9,19.6）}{（11.5, 17.1），（11.5,23.1）}{（14, 19.6），（9,19.6）}，如图 3-12 所示。

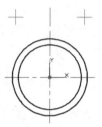

图 3-11　绘制同心圆　　　　　图 3-12　绘制中心线

5. 绘制多段线

（1）切换图层：将"实体线"图层设置为当前图层。

（2）单击"默认"选项卡"绘图"面板中的"多段线"按钮 ⊃，绘制多段线，如图 3-13 所示。命令行提示与操作如下：

```
命令: _pline
指定起点: -11.5,18.6↙
当前线宽为 0.0000
指定下一个点或 [圆弧(A)/半宽(H)/长度(L)/放弃(U)/宽度(W)]: 11.5,18.6↙
指定下一点或 [圆弧(A)/闭合(C)/半宽(H)/长度(L)/放弃(U)/宽度(W)]: A↙
指定圆弧的端点(按住 Ctrl 键以切换方向)或[角度(A)/圆心(CE)/闭合(CL)/方向(D)/半宽(H)/直线
(L)/半径(R)/第二个点(S)/放弃(U)/宽度(W)]: S↙
指定圆弧上的第二个点: 13.5,19.6↙
指定圆弧的端点: 11.5,20.6↙
指定圆弧的端点(按住 Ctrl 键以切换方向)或[角度(A)/圆心(CE)/闭合(CL)/方向(D)/半宽(H)/直线
(L)/半径(R)/第二个点(S)/放弃(U)/宽度(W)]: L↙
指定下一点或 [圆弧(A)/闭合(C)/半宽(H)/长度(L)/放弃(U)/宽度(W)]: -11.5,20.6↙
指定下一点或 [圆弧(A)/闭合(C)/半宽(H)/长度(L)/放弃(U)/宽度(W)]: A↙
指定圆弧的端点(按住 Ctrl 键以切换方向)或
[角度(A)/圆心(CE)/闭合(CL)/方向(D)/半宽(H)/直线(L)/半径(R)/第二个点(S)/放弃(U)/宽度(W)]: S↙
指定圆弧上的第二个点: -13.5,19.6↙
指定圆弧的端点: -11.5,18.6↙
```

```
指定圆弧的端点(按住 Ctrl 键以切换方向)或[角度(A)/圆心(CE)/闭合(CL)/方向(D)/半宽(H)/直线
(L)/半径(R)/第二个点(S)/放弃(U)/宽度(W)]: ↙
```

6. 绘制半圆弧

单击"默认"选项卡"绘图"面板中的"圆弧"按钮 ，绘制半圆弧，如图 3-14 所示。命令行提示与操作如下：

```
命令: _arc
指定圆弧的起点或 [圆心(C)]:（多段线的起点）
指定圆弧的第二个点或 [圆心(C)/端点(E)]: C
指定圆弧的圆心:（水平和竖直中心线的交点）
指定圆弧的端点(按住 Ctrl 键以切换方向) 或 [角度(A)/弦长(L)]:（竖直中心线和多段线的交点）
```

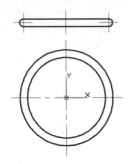

图 3-13　绘制多段线

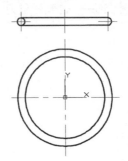

图 3-14　绘制圆弧

使用相同方法绘制右侧的圆弧。

7. 图案填充

将"剖面线"图层设置为当前图层。单击"默认"选项卡"绘图"面板中的"图案填充"按钮 ，打开"图案填充创建"选项卡，如图 3-15 所示，选择 ANSI37 图案，填充的比例为 0.2，单击"拾取点"按钮 ，进行填充操作。最终结果如图 3-8 所示。

图 3-15　"图案填充创建"选项卡

练习提高　实例 024——绘制带轮截面

利用"多段线"命令绘制如图 3-16 所示的带轮截面。

思路点拨：

本例主要利用"多段线"命令完成绘制。

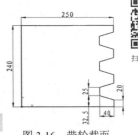

扫一扫，看视频

图 3-16　带轮截面

3.3 样条曲线命令

样条曲线可用于创建形状不规则的曲线。其执行方式如下。

- 命令行：SPLINE。
- 菜单栏：选择菜单栏中的"绘图"→"样条曲线"命令。
- 工具栏：单击"绘图"工具栏中的"样条曲线"按钮～。
- 功能区：单击"默认"选项卡"绘图"面板中的"样条曲线拟合"按钮～或"样条曲线控制点"按钮～。

完全讲解 实例025——绘制螺丝刀

本实例利用"矩形""直线""样条曲线""多段线"命令，绘制如图 3-17 所示的螺丝刀平面图。

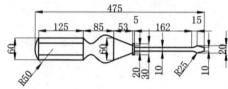

图 3-17 螺丝刀

操作步骤：

1. 绘制螺钉旋具左部把手

（1）单击"默认"选项卡"绘图"面板中的"矩形"按钮 □，指定两个角点坐标为（45,180）和（170,120），绘制矩形。

（2）单击"默认"选项卡"绘图"面板中的"直线"按钮／，绘制两条直线，端点坐标为{（45,166），（@125<0）}{（45,134），（@125<0）}。

（3）单击"默认"选项卡"绘图"面板中的"圆弧"按钮／，绘制圆弧，圆弧的 3 个端点坐标为（45,180）、（35,150）和（45,120）。绘制的图形如图 3-18 所示。

2. 绘制螺钉旋具的中间部分

（1）单击"默认"选项卡"绘图"面板中的"样条曲线拟合"按钮～和"直线"按钮／。命令行提示与操作如下：

```
命令：_SPLINE（绘制样条曲线）
当前设置：方式=拟合    节点=弦
指定第一个点或 [方式(M)/节点(K)/对象(O)]：_M
输入样条曲线创建方式 [拟合(F)/控制点(CV)] <拟合>：_FIT
当前设置：方式=拟合    节点=弦
指定第一个点或 [方式(M)/节点(K)/对象(O)]：170,180↙（给出样条曲线第一点的坐标值）
输入下一个点或 [起点切向(T)/公差(L)]：192,165↙（给出样条曲线第二点的坐标值）
输入下一个点或 [端点相切(T)/公差(L)/放弃(U)]：225,187↙（给出样条曲线第三点的坐标值）
输入下一个点或 [端点相切(T)/公差(L)/放弃(U)/闭合(C)]：255,180↙（给出样条曲线第四点的坐标值）
输入下一个点或 [端点相切(T)/公差(L)/放弃(U)/闭合(C)]::↙
命令：_SPLINE
```

当前设置：方式=拟合　节点=弦
指定第一个点或 [方式(M)/节点(K)/对象(O)]：_M
输入样条曲线创建方式 [拟合(F)/控制点(CV)] <拟合>：_FIT
当前设置：方式=拟合　节点=弦
指定第一个点或 [方式(M)/节点(K)/对象(O)]：170,120✓
输入下一个点或 [起点切向(T)/公差(L)]：192,135✓
输入下一个点或 [端点相切(T)/公差(L)/放弃(U)]：225,113✓
输入下一个点或 [端点相切(T)/公差(L)/放弃(U)/闭合(C)]：255,120✓
输入下一个点或 [端点相切(T)/公差(L)/放弃(U)/闭合(C)]：✓

（2）单击"默认"选项卡"绘图"面板中的"直线"按钮╱，绘制连续线段，端点坐标分别是
（255,180）、（308,160）、（@5<90）、（@5<0）、（@30<-90）、（@5<-180）、（@5<90）、（255,120）、
（255,180），接着单击"默认"选项卡"绘图"面板中的"直线"按钮╱，绘制另一线段，端点坐标
分别是（308,160）、（@20<-90）。结果如图 3-19 所示。

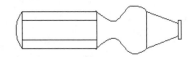

图 3-18　绘制螺钉旋具左部把手　　　　图 3-19　绘制完螺钉旋具中间部分后的图形

3．绘制螺钉旋具的右部

单击"默认"选项卡"绘图"面板中的"多段线"按钮╍。命令行提示与操作如下：

```
命令：_pline（绘制多段线）
指定起点：313,155✓（给出多段线起点的坐标值）
当前线宽为 0.0000
指定下一个点或 [圆弧(A)/半宽(H)/长度(L)/放弃(U)/宽度(W)]：@162<0✓（用相对极坐标给出多段线
下一点的坐标值）
指定下一点或 [圆弧(A)/闭合(C)/半宽(H)/长度(L)/放弃(U)/宽度(W)]：a✓（转为画圆弧的方式）
指定圆弧的端点(按住 Ctrl 键以切换方向)或[角度(A)/圆心(CE)/闭合(CL)/方向(D)/半宽(H)/直线
(L)/半径(R)/第二个点(S)/放弃(U)/宽度(W)]：490,160✓（给出圆弧的端点坐标值）
指定圆弧的端点(按住 Ctrl 键以切换方向)或[角度(A)/圆心(CE)/闭合(CL)/方向(D)/半宽(H)/直线
(L)/半径(R)/第二个点(S)/放弃(U)/宽度(W)]：✓（退出）
命令：_pline
指定起点：313,145✓
当前线宽为 0.0000
指定下一个点或 [圆弧(A)/半宽(H)/长度(L)/放弃(U)/宽度(W)]：@162<0✓
指定下一点或 [圆弧(A)/闭合(C)/半宽(H)/长度(L)/放弃(U)/宽度(W)]：a✓
指定圆弧的端点(按住 Ctrl 键以切换方向)或[角度(A)/圆心(CE)/闭合(CL)/方向(D)/半宽(H)/直线
(L)/半径(R)/第二个点(S)/放弃(U)/宽度(W)]：490,140✓
指定圆弧的端点(按住 Ctrl 键以切换方向)或[角度(A)/圆心(CE)/闭合(CL)/方向(D)/半宽(H)/直线
(L)/半径(R)/第二个点(S)/放弃(U)/宽度(W)]：l✓（转为直线方式）
指定下一点或 [圆弧(A)/闭合(C)/半宽(H)/长度(L)/放弃(U)/宽度(W)]：510,145✓
指定下一点或 [圆弧(A)/闭合(C)/半宽(H)/长度(L)/放弃(U)/宽度(W)]：@10<90✓
指定下一点或 [圆弧(A)/闭合(C)/半宽(H)/长度(L)/放弃(U)/宽度(W)]：490,160✓
指定下一点或 [圆弧(A)/闭合(C)/半宽(H)/长度(L)/放弃(U)/宽度(W)]：✓
```

最终结果如图 3-17 所示。

练习提高　实例 026——绘制凸轮轮廓

利用"圆"命令绘制凸轮轮廓，流程如图 3-20 所示。

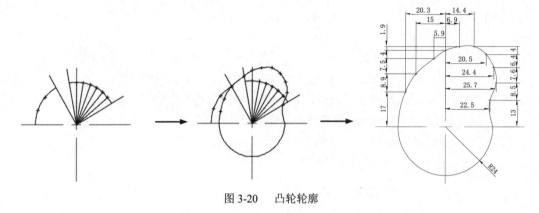

图 3-20　凸轮轮廓

思路点拨：

> 首先设置图层，然后利用点的等分来控制样条曲线的范围，最后利用样条曲线绘制凸轮轮廓。

3.4　面 域 命 令

用户可以将由某些对象围成的封闭区域转变为面域，然后结合布尔运算完成某些操作。其执行方式如下。

- 命令行：REGION（快捷命令：REG）。
- 菜单栏：选择菜单栏中的"绘图"→"面域"命令。
- 工具栏：单击"绘图"工具栏中的"面域"按钮 ◎ 。
- 功能区：单击"默认"选项卡"绘图"面板中的"面域"按钮◎。

完全讲解　实例 027——绘制扳手

本实例绘制如图 3-21 所示的扳手，主要利用"面域""布尔运算"命令来实现。

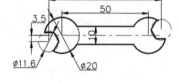

图 3-21　扳手平面图

操作步骤：

（1）单击"默认"选项卡"绘图"面板中的"矩形"按钮□，绘制矩形。两个角点的坐标为（50,50）和（100,40）。结果如图 3-22 所示。

（2）单击"默认"选项卡"绘图"面板上的"圆"下拉菜单中的"圆心，半径"按钮⊙，绘制圆心坐标为（50,45），半径为 10 的圆。同样以（100,45）为圆心，以 10 为半径绘制另一个圆。结果如图 3-23 所示。

图 3-22　绘制矩形　　　　　　　　　　　　　　　图 3-23　绘制圆

（3）单击"默认"选项卡"绘图"面板中的"多边形"按钮⬠，绘制正六边形。命令行提示与操作如下：

```
命令: polygon↙
输入侧面数 <6>:↙
指定正多边形的中心点或 [边(E)]:42.5,41.5↙
输入选项 [内接于圆(I)/外切于圆(C)] <I>:↙
指定圆的半径:5.8↙
```

同样以（107.4,48.2）为多边形中心，以 5.8 为半径绘制另一个正六边形。结果如图 3-24 所示。

（4）单击"默认"选项卡"绘图"面板中的"面域"按钮⬡，将所有图形转换成面域。命令行提示与操作如下：

```
命令: _region↙
选择对象:（依次选择矩形、多边形和圆）
……
找到 5 个
选择对象:↙
已提取 5 个环
已创建 5 个面域
```

（5）在命令行中输入 UNION 命令，将矩形分别与两个圆进行并集处理。命令行提示与操作如下：

```
命令: UNION↙
选择对象:（选择矩形）
选择对象:（选择一个圆）
选择对象:（选择另一个圆）
选择对象:↙
```

并集处理结果如图 3-25 所示。

图 3-24　绘制正多边形　　　　　　　　　　　　图 3-25　并集处理

（6）在命令行中输入 SUBTRACT 命令，以并集对象为主体对象，正多边形为参照体，进行差集处理。命令行提示与操作如下：

```
命令：SUBTRACT
选择要从中减去的实体、曲面和面域...
选择对象：（选择并集对象）
找到 1 个
选择对象：↙
选择要从中减去的实体、曲面和面域...
选择对象：（选择一个正多边形）
选择对象：（选择另一个正多边形）
选择对象：↙
```

最终结果如图 3-21 所示。

练习提高　实例 028——绘制法兰盘

绘制法兰盘，其流程如图 3-26 所示。

扫一扫，看视频

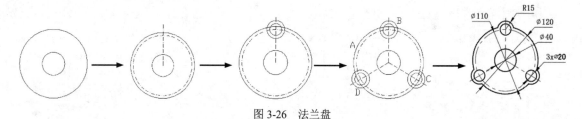

图 3-26　法兰盘

📋 **思路点拨：**

　　首先设置图层，绘制中心线；然后绘制一系列圆；再将大同心圆和三个小同心圆分别生成面域，最后进行并集运算。

第4章　简单二维图形编辑

内容简介

二维图形的编辑操作配合绘图命令的使用可以进一步完成复杂图形对象的绘制工作，并且可以使用户合理安排和组织图形，减少重复操作，保证绘图准确。本章将通过实例初步介绍一些简单二维图形编辑命令的使用方法。

4.1　镜像命令

"镜像"命令用于把选择的对象以一条镜像线为轴进行对称复制。其执行方式如下。

- 命令行：MIRROR。
- 菜单栏：选择菜单栏中的"修改"→"镜像"命令。
- 工具栏：单击"修改"工具栏中的"镜像"按钮⚠。
- 功能区：单击"默认"选项卡"修改"面板中的"镜像"按钮⚠。

扫一扫，看视频

完全讲解　实例029——绘制阀杆

本实例绘制如图 4-1 所示的阀杆。通过本实例，主要掌握"镜像"命令的灵活应用。

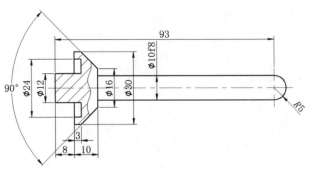

图 4-1　阀杆

操作步骤：

1. 创建图层

单击"默认"选项卡"图层"面板中的"图层特性"按钮🖳，打开"图层特性管理器"选项板，设置图层。

（1）中心线：颜色为红色，线型为 CENTER，线宽为 0.15mm。

（2）粗实线：颜色为白色，线型为 Continuous，线宽为 0.30mm。

（3）细实线：颜色为白色，线型为 Continuous，线宽为 0.15mm。

（4）尺寸标注：颜色为白色，线型为 Continuous，线宽为默认。

（5）文字说明：颜色为白色，线型为 Continuous，线宽为默认。

2．绘制中心线

将"中心线"图层设置为当前图层。单击"默认"选项卡"绘图"面板中的"直线"按钮 ╱，以坐标点{（125,150），（233,150）}{（223,160），（223,140）}绘制中心线。结果如图 4-2 所示。

3．绘制直线

将"粗实线"图层设置为当前图层。单击"默认"选项卡"绘图"面板中的"直线"按钮 ╱，以下列坐标点{（130,150），（130,156），（138,156），（138,165）}{（141,165），（148,158），（148,150）}{（148,155），（223,155）}{（138,156），（141,156），（141,162），（138,162）}依次绘制线段。结果如图 4-3 所示。

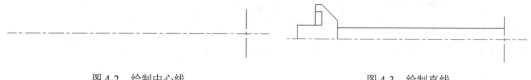

图 4-2　绘制中心线　　　　　　　　　　　图 4-3　绘制直线

4．镜像处理

单击"默认"选项卡"修改"面板中的"镜像"按钮 ⚎，以水平中心线为轴镜像。命令行提示与操作如下：

```
命令：mirror↙
选择对象：（选择刚绘制的实线）
选择对象：↙
指定镜像线的第一点：（在水平中心线上选取一点）
指定镜像线的第二点：（在水平中心线上选取另一点）
要删除源对象吗？[是(Y)/否(N)] <N>：↙
```

结果如图 4-4 所示。

5．绘制圆弧

单击"默认"选项卡"绘图"面板中的"圆弧"按钮 ╭，以中心线交点为圆心，以上下水平实线最右端两个端点为圆弧的两个端点，绘制圆弧。结果如图 4-5 所示。

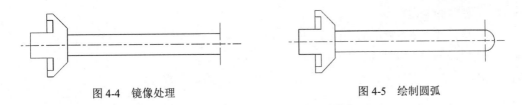

图 4-4　镜像处理　　　　　　　　　图 4-5　绘制圆弧

6. 绘制局部剖切线

单击"默认"选项卡"绘图"面板中的"样条曲线拟合"按钮，绘制局部剖切线。结果如图 4-6 所示。

7. 绘制剖面线

将"细实线"图层设置为当前图层。单击"默认"选项卡"绘图"面板中的"图案填充"按钮，设置填充图案为 ANST31，角度为 0，比例为 1，打开状态栏上的"线宽"按钮。结果如图 4-7 所示。

图 4-6　绘制局部剖切线　　　　　　图 4-7　阀杆图案填充

扫一扫，看视频

练习提高　实例 030——绘制压盖

利用"镜像"命令绘制压盖，其流程如图 4-8 所示。

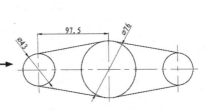

图 4-8　压盖

📋 **思路点拨：**

（1）用"直线""圆"命令绘制中间和左边基本图形轮廓。
（2）用"镜像"命令绘制右边图形轮廓。

4.2　偏　移　命　令

"偏移"命令用于保持所选择对象的形状，在不同的位置以不同的尺寸大小新建一个对象。其执行方式如下。

- 命令行：OFFSET。
- 菜单栏：选择菜单栏中的"修改"→"偏移"命令。
- 工具栏：单击"修改"工具栏中的"偏移"按钮⊆。
- 功能区：单击"默认"选项卡"修改"面板中的"偏移"按钮⊆。

完全讲解　实例 031——绘制角钢

本实例绘制如图 4-9 所示的角钢，主要练习"偏移"命令。

操作步骤：

（1）单击"默认"选项卡"图层"面板中的"图层特性"按钮鲁，新建以下两个图层。

① 第一个图层命名为"轮廓线"图层，线宽为 0.30mm，其余属性默认。

② 第二个图层命名为"剖面线"图层，属性默认。

（2）将"轮廓线"图层设置为当前图层。单击"默认"选项卡"绘图"面板中的"直线"按钮／，绘制长度为 30 的水平直线和竖直直线，如图 4-10 所示。

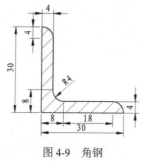

图 4-9　角钢

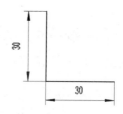

图 4-10　绘制直线

（3）单击"默认"选项卡"修改"面板中的"偏移"按钮⊆，将水平直线向上侧偏移 4、4 和 18，将竖直直线向右偏移 4、4 和 18，如图 4-11 所示。命令行提示与操作如下：

```
命令: _offset
当前设置: 删除源=否  图层=源  OFFSETGAPTYPE=0
指定偏移距离或 [通过(T)/删除(E)/图层(L)] <4.0000>: 4↙
选择要偏移的对象, 或 [退出(E)/放弃(U)] <退出>:（选择水平直线）
指定要偏移的那一侧上的点, 或 [退出(E)/多个(M)/放弃(U)] <退出>:（在直线的右侧点取一点）
选择要偏移的对象, 或 [退出(E)/放弃(U)] <退出>:（选择偏移后的竖直直线）
指定要偏移的那一侧上的点, 或 [退出(E)/多个(M)/放弃(U)] <退出>:（在偏移后的直线的右侧点取一点）
选择要偏移的对象, 或 [退出(E)/放弃(U)] <退出>:↙
命令: _offset
当前设置: 删除源=否  图层=源  OFFSETGAPTYPE=0
指定偏移距离或 [通过(T)/删除(E)/图层(L)] <4.0000>: 18↙
选择要偏移的对象, 或 [退出(E)/放弃(U)] <退出>:（选择第二次偏移得到的竖直直线）
指定要偏移的那一侧上的点, 或 [退出(E)/多个(M)/放弃(U)] <退出>:（在偏移后的直线的右侧点取一点）
……
```

（4）单击"默认"选项卡"绘图"面板中的"圆弧"按钮 ⌒，利用三点（起点、圆心和端点，按 Ctrl 键，可以切换绘制的圆弧的方向）画弧的方式，绘制如图 4-12 所示的三段圆弧。

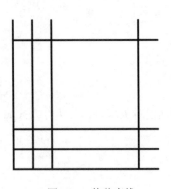

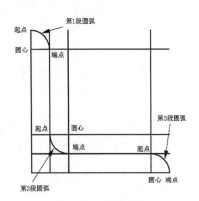

图 4-11　偏移直线　　　　　　　　　　　　　图 4-12　绘制圆弧

（5）利用"删除"命令删除多余的图线，利用钳夹功能缩短相关图线到圆弧端点位置，如图 4-13 所示。

（6）将"剖面线"图层设置为当前图层。单击"默认"选项卡"绘图"面板中的"图案填充"按钮 ▨，选择 ANSI31 的填充图案，填充比例设置为 1，进行填充，如图 4-14 所示。最终结果如图 4-9 所示。

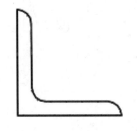

图 4-13　删除并缩短线段　　　　　　　　　　图 4-14　"图案填充创建"选项卡

练习提高　实例 032——绘制挡圈一

利用"偏移"命令绘制挡圈一，其流程如图 4-15 所示。

扫一扫，看视频

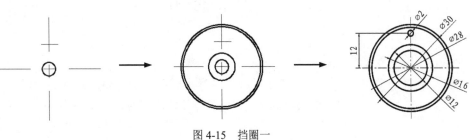

图 4-15　挡圈一

📋 **思路点拨：**

（1）用"直线""圆"命令绘制基本图形轮廓。

（2）用"偏移"命令绘制同心圆。

4.3 复制命令

使用"复制"命令，可以从原对象以指定的角度和方向创建对象副本。其执行方式如下。

- 命令行：COPY。
- 菜单栏：选择菜单栏中的"修改"→"复制"命令。
- 工具栏：单击"修改"工具栏中的"复制"按钮 ⊙。
- 功能区：单击"默认"选项卡"修改"面板中的"复制"按钮 ⊙。
- 快捷菜单：选择要复制的对象，在绘图区右击，在弹出的快捷菜单中选择"复制选择"命令。

扫一扫，看视频

完全讲解 实例 033——绘制弹簧

弹簧作为机械设计中的常见零件，其样式及画法多种多样，本实例绘制的弹簧主要利用"圆""直线"命令，绘制单个部分，并利用 4.2 节介绍的"复制"命令简单绘制如图 4-16 所示的弹簧。

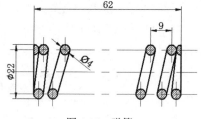

图 4-16 弹簧

🛠 **操作步骤：**

1. 创建图层

单击"默认"选项卡"图层"面板中的"图层特性"按钮 ，打开"图层特性管理器"选项板，设置图层。

（1）中心线：颜色为红色，线型为 CENTER，线宽为 0.15mm，颜色为红色。

（2）粗实线：颜色为白色，线型为 Continuous，线宽为 0.30mm。

（3）细实线：颜色为白色，线型为 Continuous，线宽为 0.15mm。

2. 绘制中心线

将"中心线"图层设置为当前图层。

单击"默认"选项卡"绘图"面板中的"直线"按钮 ，以坐标点{（150,150），（230,150）}{（160,164），（160,154）}{（162,146），（162,136）}绘制中心线，修改线型比例为 0.5。结果如图 4-17 所示。

3. 偏移中心线

单击"默认"选项卡"修改"面板中的"偏移"按钮⊜，将绘制的水平中心线向上、下两侧偏移，偏移距离为9；将图 4-17 中的竖直中心线 A 向右偏移，偏移距离为 4、9、36、9、4；将图 4-17 中的竖直中心线 B 向右偏移，偏移距离为 6、37、9、6。结果如图 4-18 所示。

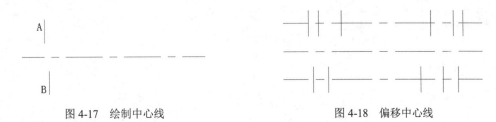

图 4-17　绘制中心线　　　　　　　　　图 4-18　偏移中心线

4. 绘制圆

将"粗实线"图层设置为当前图层。

单击"默认"选项卡"绘图"面板中的"圆"按钮⊙，以最上边的水平中心线与左边第 2 根竖直中心线交点为圆心，绘制半径为 2 的圆。结果如图 4-19 所示。

5. 复制圆

单击"默认"选项卡"修改"面板中的"复制"按钮❀。命令行提示与操作如下：

```
命令：_copy
选择对象：（选择刚绘制的圆）
选择对象：↙
当前设置：复制模式 = 多个
指定基点或 [位移(D)/模式(O)] <位移>：（选择圆心）
指定第二个点或 [阵列(A)] <使用第一个点作为位移>：（分别选择竖直中心线与水平中心线的交点）
指定第二个点或 [阵列(A)/退出(E)/放弃(U)] <退出>：↙
```

结果如图 4-20 所示。

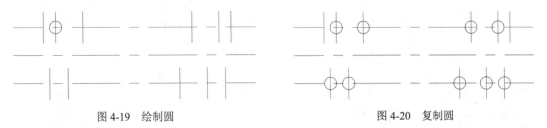

图 4-19　绘制圆　　　　　　　　　　　图 4-20　复制圆

6. 绘制圆弧

单击"默认"选项卡"绘图"面板中的"圆弧"按钮⌒。命令行提示与操作如下：

```
命令：_arc
指定圆弧的起点或 [圆心(C)]：c↙
```

指定圆弧的圆心：（指定最左边竖直中心线与最上水平中心线交点）
指定圆弧的起点：@0,-2↙
指定圆弧的端点或 [角度(A)/弦长(L)]：@0,4↙

使用相同方法绘制另一段圆弧，命令行提示与操作如下：

命令：_arc
指定圆弧的起点或 [圆心(C)]：c 指定圆弧的圆心：
指定圆弧的起点：@0,2
指定圆弧的端点或 [角度(A)/弦长(L)]：@0,-4

结果如图 4-21 所示。

7. 绘制连接线

单击"默认"选项卡"绘图"面板中的"直线"按钮 ╱，绘制连接线。结果如图 4-22 所示。

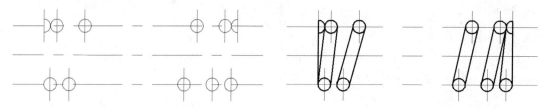

图 4-21　绘制圆弧　　　　　　　　　　图 4-22　绘制连接线

8. 绘制剖面线

将"细实线"图层设置为当前图层。

单击"默认"选项卡"绘图"面板中的"图案填充"按钮▨，设置填充图案为 ANSI31，角度为 0，比例为 0.2，打开状态栏上的"线宽"按钮▤。结果如图 4-23 所示。

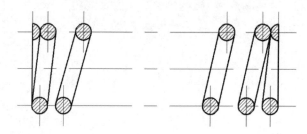

图 4-23　弹簧图案填充

扫一扫，看视频

练习提高　实例 034——绘制槽钢

利用"复制"命令绘制槽钢，其流程如图 4-24 所示。

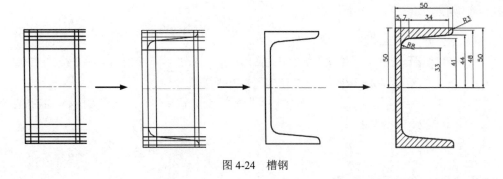

图 4-24　槽钢

💼 **思路点拨：**

> 首先设置图层，然后利用"复制"命令来控制基本轮廓，再利用"圆弧"命令连接过渡的地方，并删除多余图线，最后进行图案填充。

4.4　阵 列 命 令

阵列是指多次重复选择对象并把这些副本按矩形或环形排列。其执行方式如下。

- 命令行：ARRAY。
- 菜单栏：选择菜单栏中的"修改"→"阵列"命令。
- 工具栏：单击"修改"工具栏中的"矩形阵列"按钮 🎛/"路径阵列"按钮 ⚇/"环形阵列"按钮 ⚙。
- 功能区：单击"默认"选项卡"修改"面板中的"矩形阵列"按钮 🎛/"路径阵列"按钮 ⚇/"环形阵列"按钮 ⚙。

完全讲解　实例 035——绘制密封垫

本实例绘制如图 4-25 所示的密封垫，主要利用"阵列"命令来实现。

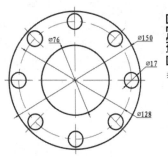

扫一扫，看视频

🔧 **操作步骤：**

1. 创建图层

图 4-25　密封垫

单击"默认"选项卡"图层"面板中的"图层特性"按钮 🖼，新建三个图层。

（1）"粗实线"图层，线宽 0.50mm，其余属性默认。

（2）"细实线"图层，线宽 0.30mm，所有属性默认。

（3）"中心线"图层，线宽 0.15mm，颜色为红色，线型为 CENTER，其余属性默认。

2. 绘制中心线

将线宽显示打开。将当前图层设置为"中心线"图层。

（1）单击"默认"选项卡"绘图"面板中的 "直线"按钮 ∕，绘制相交中心线{（120,180），（280,180）}{（200,260），（200,100）}。结果如图 4-26 所示。

（2）单击"默认"选项卡"绘图"面板中的"圆"按钮 ⊙，捕捉中心线交点为圆心，绘制直径为 128 的圆。命令行提示与操作如下：

```
命令：_circle
指定圆的圆心或 [三点(3P)/两点(2P)/切点、切点、半径(T)]： （捕捉中心线交点）
指定圆的半径或 [直径(D)]: d
指定圆的直径: 128
```

结果如图 4-27 所示。

图 4-26　绘制中心线　　　　　　　图 4-27　绘制圆

将当前图层设置为"粗实线"图层。

（3）单击"默认"选项卡"绘图"面板中的"圆"按钮 ⊙，捕捉中心线交点为圆心，绘制直径为 150 和 76 的同心圆。结果如图 4-28 所示。

（4）单击"默认"选项卡"绘图"面板中的"圆"按钮 ⊙，捕捉中心线与圆上交点为圆心，绘制直径为 17 的圆。结果如图 4-29 所示。

将当前图层设置为"中心线"图层。

（5）单击"默认"选项卡"绘图"面板中的 "直线"按钮 ∕，捕捉辅助直线适当点绘制中心线。结果如图 4-30 所示。

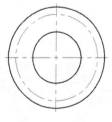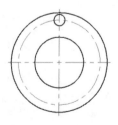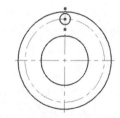

图 4-28　绘制圆　　　　　图 4-29　绘制同心圆　　　　图 4-30　删除辅助线

（6）单击"默认"选项卡"修改"面板中的"环形阵列"按钮 ⊙，项目数设置为 8，填充角度设置为 360。命令行提示与操作如下：

```
命令: _arraypolar
选择对象: 找到 1 个
选择对象: 找到 1 个, 总计 2 个        (选择小圆)
选择对象:
类型 = 极轴  关联 = 是
指定阵列的中心点或 [基点(B)/旋转轴(A)]:       (捕捉中心线圆的圆心)
选择夹点以编辑阵列或  [关联(AS)/基点(B)/项目(I)/项目间角度(A)/填充角度(F)/行(ROW)/层(L)/旋
转项目(ROT)/退出(X)] <退出>: i
输入阵列中的项目数或 [表达式(E)] <6>: 8
选择夹点以编辑阵列或  [关联(AS)/基点(B)/项目(I)/项目间角度(A)/填充角度(F)/行(ROW)/层(L)/旋
转项目(ROT)/退出(X)] <退出>:
```

最终结果如图 4-25 所示。

练习提高　实例 036——绘制连接盘

绘制连接盘, 其流程如图 4-31 所示。

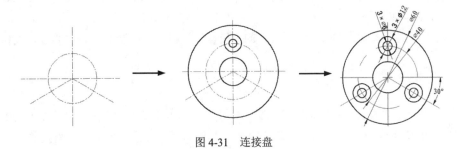

图 4-31　连接盘

4.5　旋　转　命　令

"旋转"命令用于在保持原形状不变的情况下以一定点为中心, 以一定角度为旋转角度, 旋转
得到图形。其执行方式如下。

- 命令行: ROTATE。
- 菜单栏: 选择菜单栏中的"修改"→"旋转"命令。
- 快捷菜单: 选择要旋转的对象, 在绘图区右击, 在弹出的快捷菜单中选择"旋转"命令。
- 工具栏: 单击"修改"工具栏中的"旋转"按钮 ⟳。
- 功能区: 单击"默认"选项卡"修改"面板中的"旋
  转"按钮 ⟳。

完全讲解　实例 037——绘制曲柄主视图

本实例绘制如图 4-32 所示的曲柄, 主要利用"旋转"命令
来实现。

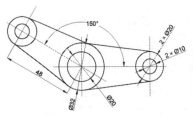

图 4-32　曲柄

📋 **思路点拨：**

首先设置图层，并绘制中心线；然后绘制一系列圆；再进行阵列处理。

🖐 **操作步骤：**

1. 设置图层

单击"默认"选项卡"图层"面板中的"图层特性"按钮🗐，打开"图层特性管理器"选项板。在该选项板中依次创建两个图层："中心线"图层，线型为 CENTER，其余属性默认；"粗实线"图层，线宽为 0.30mm，其余属性默认。

2. 绘制中心线

（1）将"中心线"图层设置为当前图层，然后单击"默认"选项卡"绘图"面板中的"直线"按钮／，分别沿水平和垂直方向绘制中心线，坐标分别为{（100,100），（180,100）}{（120,120），（120,80）}，如图 4-33 所示。

（2）单击"默认"选项卡"修改"面板中的"偏移"按钮⬰，绘制另一条中心线，偏移距离为 48，如图 4-34 所示。

3. 绘制轴孔

切换到"粗实线"图层，单击"默认"选项卡"绘图"面板中的"圆"按钮⊙，以水平中心线与左边竖直中心线的交点为圆心，以 32 和 20 为直径绘制同心圆；以水平中心线与右边竖直中心线的交点为圆心，以 20 和 10 为直径绘制同心圆。结果如图 4-35 所示。

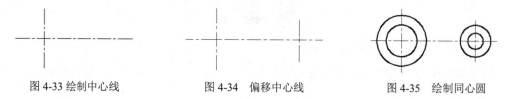

图 4-33 绘制中心线　　　　图 4-34 偏移中心线　　　　图 4-35 绘制同心圆

4. 绘制连接板

单击"默认"选项卡"绘图"面板中的"直线"按钮／，分别捕捉左、右外圆的切点为端点，绘制上、下两条连接线（即切线）。结果如图 4-36 所示。

5. 旋转轴孔及连接板

单击"默认"选项卡"修改"面板中的"旋转"按钮↻，将所绘制的图形进行复制旋转。命令行提示与操作如下：

```
命令: _rotate
UCS 当前的正角方向: ANGDIR=逆时针  ANGBASE=0
选择对象:（如图 4-37 所示，选择图形中要旋转的部分）
```

找到 1 个，总计 6 个
选择对象：↙
指定基点：_int 于（捕捉左边中心线的交点）
指定旋转角度，或 [复制(C)/参照(R)] <0.00>：C↙
旋转一组选定对象。
指定旋转角度，或 [复制(C)/参照(R)] <0.00>：150↙

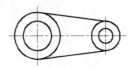

图 4-36　绘制切线

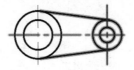

图 4-37　选择复制对象

最终结果如图 4-32 所示。

练习提高　实例 038——绘制挡圈二

绘制挡圈二，其流程如图 4-38 所示。

扫一扫，看视频

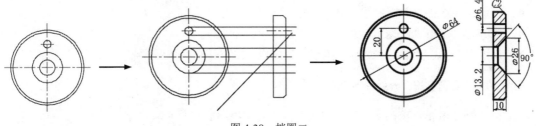

图 4-38　挡圈二

 思路点拨：

首先绘制挡圈主视图；再绘制左视图外部轮廓；然后绘制斜孔面；最后进行图案填充。

第5章 复杂二维图形编辑

内容简介

本章和第 4 章的内容同属二维图形编辑命令范畴，只不过本章所涉及的命令相对复杂。本章将通过实例深入介绍一些复杂二维图形编辑命令的使用方法。

5.1 修 剪 命 令

"镜像"命令用于把选择的对象以一条镜像线为轴进行对称复制。其执行方式如下。

- 命令行：MIRROR。
- 菜单栏：选择菜单栏中的"修改"→"镜像"命令。
- 工具栏：单击"修改"工具栏中的"镜像"按钮△。
- 功能区：单击"默认"选项卡"修改"面板中的"镜像"按钮△。

完全讲解 实例 039——绘制卡盘

本实例绘制如图 5-1 所示的卡盘。通过本例，主要掌握"修剪"命令的灵活应用。

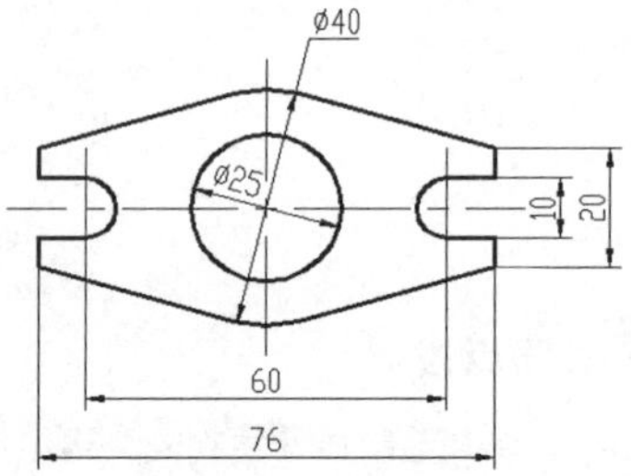

图 5-1 卡盘

操作步骤：

1. 设置图层

单击"默认"选项卡"图层"面板中的"图层特性"按钮，打开"图层特性管理器"选项板，新建以下两个新图层。

（1）"粗实线"图层：线宽为 0.30mm，其余属性默认。

（2）"中心线"图层：颜色为红色，线型为 CENTER，其余属性默认。

2. 绘制中心线

设置"中心线"图层为当前图层。单击"默认"选项卡"绘图"面板中的"直线"按钮，绘制图形的对称中心线。

3. 绘制图形

（1）设置"粗实线"图层为当前图层。单击"默认"选项卡"绘图"面板中的"圆"按钮⊙和

"多段线"按钮 ⟶⟍，绘制图形右上部分，如图 5-2 所示。

（2）单击"默认"选项卡"修改"面板中的"镜像"按钮 ⚎，分别以水平中心线和竖直中心线为对称轴镜像所绘制的图形。

（3）单击"默认"选项卡"修改"面板中的"修剪"按钮 ⚒，修剪所绘制的图形。命令行提示与操作如下：

```
命令：_trim
当前设置：投影=UCS，边=无　选择剪切边...
选择对象：（选择 4 条多段线，如图 5-3 所示）
……总计 4 个
选择对象：↙
选择要修剪的对象，或按住 Shift 键选择要延伸的对象，或[栏选(F)/窗交(C)/投影(P)/边(E)/删除
(R)/放弃(U)]:（分别选择中间大圆的左右段）
```

图 5-2　绘制右上部分

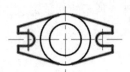

图 5-3　选择对象

最终结果如图 5-1 所示。

练习提高　实例 040——绘制绞套

绘制绞套的流程如图 5-4 所示，主要练习"修剪"命令的使用方法。

扫一扫，看视频

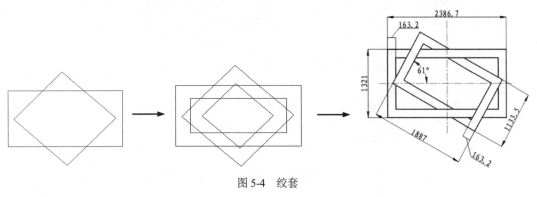

图 5-4　绞套

📋 **思路点拨：**

（1）用"矩形""偏移"命令绘制基本图形轮廓。

（2）用"修剪"命令绘制图形轮廓细节。

5.2　延伸命令

延伸命令用于延伸一个对象直至另一个对象的边界线。其执行方式如下。

- 命令行：EXTEND。
- 菜单栏：选择菜单栏中的"修改"→"延伸"命令。
- 工具栏：单击"修改"工具栏中的"延伸"按钮 →|。
- 功能区：单击"默认"选项卡"修改"面板中的"延伸"按钮 →|。

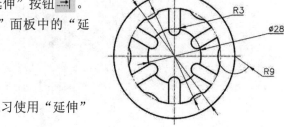

图 5-5　间歇轮

完全讲解　实例 041——绘制间歇轮

本实例绘制如图 5-5 所示的间歇轮，主要练习使用"延伸"命令。

扫一扫，看视频

操作步骤：

（1）单击"默认"选项卡"图层"面板中的"图层特性"按钮 🗐，打开"图层特性管理器"选项板，然后新建两个图层，分别是中心线图层和实线层图层，将中心线图层设置为当前图层，如图 5-6 所示。

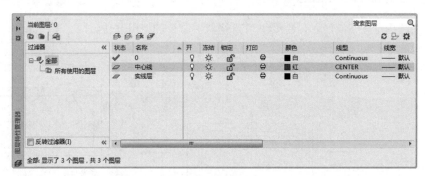

图 5-6　设置图层

（2）单击"默认"选项卡"绘图"面板中的"直线"按钮 ╱，绘制十字交叉的直线。结果如图 5-7 所示。

（3）单击"默认"选项卡"绘图"面板中的"圆"按钮 ⊙，绘制半径为 32 的圆。结果如图 5-8 所示。

（4）重复步骤（3），绘制其余的圆，圆的半径分别为 14、26.5、9 和 3。结果如图 5-9 所示。

（5）单击"默认"选项卡"绘图"面板中的"直线"按钮 ╱，捕捉半径为 3 和半径为 14 的圆的交点为直线的起点，绘制两条竖直直线，其中直线的长度不超出半径为 26.5 的圆。结果如图 5-10 所示。

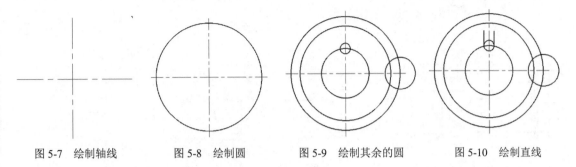

图 5-7　绘制轴线　　　图 5-8　绘制圆　　　图 5-9　绘制其余的圆　　　图 5-10　绘制直线

（6）单击"默认"选项卡"修改"面板中的"延伸"按钮→|，延伸直线直至圆的边缘。结果如图 5-11 所示。命令行提示与操作如下：

```
命令：_extend
当前设置：投影=UCS，边=无
选择边界的边...
选择对象或 <全部选择>：选择半径为 26.5 的圆
选择对象：↙
选择要延伸的对象，或按住 Shift 键选择要修剪的对象，或[栏选(F)/窗交(C)/投影(P)/边(E)/放弃(U)]：选择竖直直线
```

（7）单击"默认"选项卡"修改"面板中的"修剪"按钮ˇ，修剪多余的圆弧。结果如图 5-12 所示。

（8）单击"默认"选项卡"修改"面板中的"环形阵列"按钮ᵒᵒᵒ，将圆弧和直线进行环形阵列，阵列的项目数为 6，以水平和竖直直线的交点为圆心，阵列的角度为 360°。结果如图 5-13 所示。

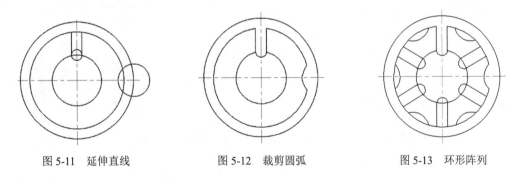

图 5-11　延伸直线　　　图 5-12　裁剪圆弧　　　图 5-13　环形阵列

（9）单击"默认"选项卡"修改"面板中的"修剪"按钮ˇ，修剪多余的圆弧。最终结果如图 5-5 所示。

练习提高　实例 042——绘制螺钉

利用"偏移命令"绘制螺钉，其流程如图 5-14 所示。

扫一扫，看视频

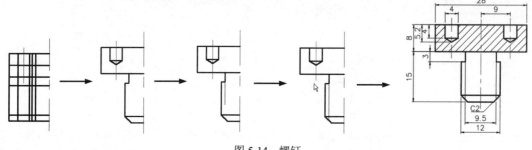

图 5-14　螺钉

📋 **思路点拨：**

（1）用"直线""圆"命令绘制基本图形轮廓。
（2）用"偏移"命令绘制同心圆。

5.3　移 动 命 令

"移动"命令用于将对象重定位，即在指定方向上按指定距离移动对象，对象的位置发生了改变，但方向和大小不改变。其执行方式如下。

- 命令行：MOVE。
- 菜单栏：选择菜单栏中的"修改"→"移动"命令。
- 快捷菜单：选择要复制的对象，在绘图区右击，在弹出的快捷菜单中选择"移动"命令。
- 工具栏：单击"修改"工具栏中的"移动"按钮 ✛。
- 功能区：单击"默认"选项卡"修改"面板中的"移动"按钮 ✛。

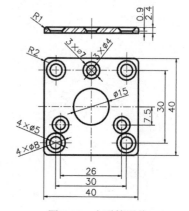

图 5-15　电磁管压盖

扫一扫，看视频

完全讲解　实例 043——绘制电磁管压盖

本实例绘制如图 5-15 所示的电磁管压盖，主要练习使用"移动"命令。

🔧 **操作步骤：**

（1）单击"默认"选项卡"图层"面板中的"图层特性"按钮 🔲，创建三个图层，分别为中心线图层、实体线图层和剖面线图层，其中中心线图层的颜色为红色，线型为 CENTER，线宽为默认；实体线的颜色为白色，线型为实线，线宽为 0.30mm，剖面线图层为软件默认的属性，如图 5-16 所示。

（2）绘制中心线。

① 切换图层：将"中心线"图层设置为当前图层。

② 绘制中心线：单击"默认"选项卡"绘图"面板中的"直线"按钮 ╱，绘制长度为 45 的水平和竖直直线，如图 5-17 所示。

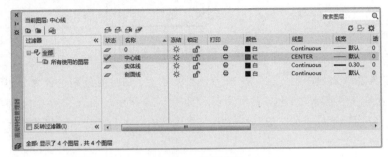

图 5-16　设置图层

图 5-17　绘制中心线

（3）绘制电磁管压盖。

① 切换图层：将"实体线"图层设置为当前图层。

② 绘制实体线：单击"默认"选项卡"绘图"面板中的"矩形"按钮 ▭，绘制圆角半径为 2，尺寸为 40×40 的矩形，如图 5-18 所示。

（4）单击"默认"选项卡"修改"面板中的"移动"按钮 ✛，将矩形进行移动，如图 5-19 所示。命令行提示与操作如下：

```
命令： _move
选择对象：（选择矩形）
选择对象：↙
指定基点或 [位移(D)] <位移>：（在绘图区点取一点为基点）
指定第二个点或 <使用第一个点作为位移>：@-20,20↙
```

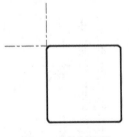

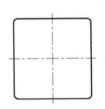

图 5-18　绘制矩形

图 5-19　移动矩形

（5）单击"默认"选项卡"修改"面板中的"偏移"按钮 ⊂，将水平直线向上偏移 15，向下偏移 7.5 和 7.5，将竖直直线向左偏移 13，向右偏移 2，如图 5-20 所示。

（6）单击"默认"选项卡"修改"面板中的"打断"按钮 ⌐，调整中心线的长度，如图 5-21 所示。

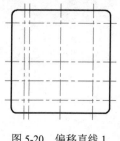

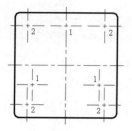

图 5-20 偏移直线 1　　　　　　　　　　图 5-21 调整直线的长度

（7）单击"默认"选项卡"绘图"面板中的"圆"按钮⊙，在编号为 1 的位置绘制半径为 2 和 3.5 的同心圆，在编号为 2 的位置绘制半径为 2.5 和 4 的同心圆，如图 5-22 所示。

（8）单击"默认"选项卡"绘图"面板中的"圆"按钮⊙，在水平中心线和竖直中心线的交点绘制半径为 7.5 的圆，如图 5-23 所示。

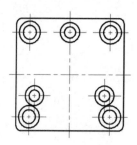

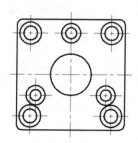

图 5-22 绘制同心圆　　　　　　　　　　图 5-23 绘制圆

（9）将"中心线"图层设置为当前图层，然后单击"默认"选项卡"绘图"面板中的"直线"按钮／，在竖直中心线的追踪线上绘制一条长度为 8.5 的竖直直线，如图 5-24 所示。

（10）单击"默认"选项卡"绘图"面板中的"构造线"按钮↗，连接矩形的竖直边和同心圆的象限点绘制竖直构造线，如图 5-25 所示。

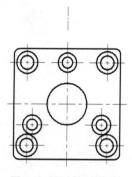

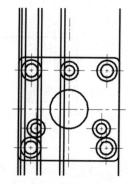

图 5-24 绘制竖直直线　　　　　　　　　　图 5-25 绘制竖直构造线

（11）单击"默认"选项卡"绘图"面板中的"直线"按钮／，以最左侧和最右侧的竖直构造线为边界，绘制一条水平直线，如图 5-26 所示。

（12）单击"默认"选项卡"修改"面板中的"偏移"按钮 ⊆，将步骤（1）绘制的水平直线向上偏移 0.9 和 2.4，如图 5-27 所示。

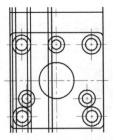

图 5-26 绘制水平直线

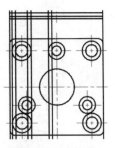

图 5-27 偏移直线 2

（13）单击"默认"选项卡"绘图"面板中的"直线"按钮 ∕，绘制多条斜直线，如图 5-28 所示。

（14）单击"默认"选项卡"修改"面板中的"修剪"按钮 ↖ 和"删除"按钮 ✄，修剪和删除多余的直线，如图 5-29 所示。

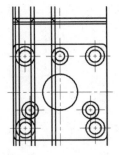

图 5-28 绘制斜直线

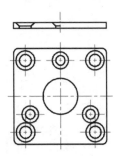

图 5-29 修剪和删除直线

（15）单击"默认"选项卡"修改"面板中的"镜像"按钮 ⚠，以竖直的中心线为镜像线，将步骤（14）修剪得到的图形进行镜像，如图 5-30 所示。

（16）单击"默认"选项卡"修改"面板中的"圆角"按钮 ⌐，设置圆角半径为 1，对图 5-30 中标出的位置进行圆角处理，如图 5-31 所示。

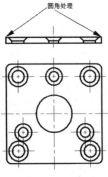

图 5-30 镜像图形

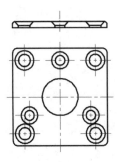

图 5-31 圆角处理

（17）将"剖面线"图层设置为当前图层，单击"默认"选项卡"绘图"面板中的"图案填充"按钮 ▨，打开"图案填充创建"选项卡，如图 5-32 所示，选择 ANSI32 图案，填充的比例为 0.5，单击"拾取点"按钮 ▣，进行填充操作。最终结果如图 5-15 所示。

图 5-32　"图案填充创建"选项卡

扫一扫，看视频

练习提高　实例 044——绘制油标尺

利用"复制"命令绘制油标尺，其流程如图 5-33 所示。

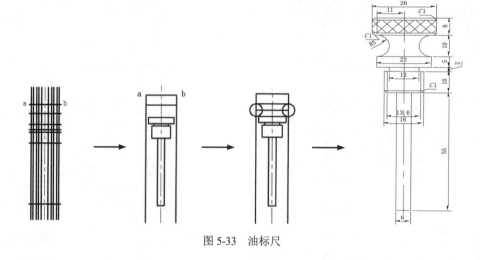

图 5-33　油标尺

📋 **思路点拨：**

> 首先设置图层，然后利用"偏移""修剪"命令绘制基本轮廓，再利用"移动""偏移""修剪"命令绘制细节，最后进行图案填充。

5.4　拉伸命令

使用"拉伸"命令可以拖拉选择的对象，且对象的形状发生改变。其执行方式如下。

- 命令行：STRETCH。
- 菜单栏：选择菜单栏中的"修改"→"拉伸"命令。
- 工具栏：单击"修改"工具栏中的"拉伸"按钮 ▣。
- 功能区：单击"默认"选项卡"修改"面板中的"拉伸"按钮 ▣。

完全讲解　实例 045——绘制螺栓

本实例主要利用"拉伸"命令拉伸图形，绘制如图 5-34 所示的螺栓零件图。

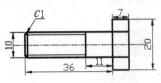

图 5-34　螺栓

扫一扫，看视频

操作步骤：

（1）图层设置。单击"默认"选项卡"图层"面板中的"图层特性"按钮，新建三个图层，名称及属性如下。

① "粗实线"图层，线宽为 0.30mm，其余属性默认。

② "细实线"图层，线宽为 0.15mm，所有属性默认。

③ "中心线"图层，线宽为 0.15mm，线型为 CENTER，颜色为红色，其余属性默认。

（2）绘制中心线。将"中心线"图层设置为当前图层。

单击"默认"选项卡"绘图"面板中的"直线"按钮，绘制坐标点为（-5,0）和（@30,0）的中心线。

（3）绘制初步轮廓线。将"粗实线"图层设置为当前图层。

单击"默认"选项卡"绘图"面板中的"直线"按钮，绘制 4 条线段或连续线段，端点坐标分别为{(0,0),(@0,5),(@20,0)}{(20,0),(@0,10),(@-7,0),(@0,-10)}{(10,0),(@0,5)}{(1,0),(@0,5)}。

（4）绘制螺纹牙底线。将"细实线"图层设置为当前图层。

单击"默认"选项卡"绘图"面板中的"直线"按钮，绘制线段，端点坐标为{(0,4),(@10,0)}。结果如图 5-35 所示。

（5）倒角处理。单击"默认"选项卡"修改"面板中的"倒角"按钮，倒角距离为 1，对图 5-35 中 A 点处的两条直线进行倒角处理。结果如图 5-36 所示。

（6）镜像处理。单击"默认"选项卡"修改"面板中的"镜像"按钮，对所有绘制的对象进行镜像，镜像轴为螺栓的中心线。结果如图 5-37 所示。

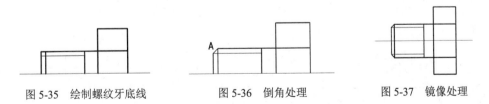

图 5-35　绘制螺纹牙底线　　　图 5-36　倒角处理　　　图 5-37　镜像处理

（7）拉伸处理。单击"默认"选项卡"修改"面板中的"拉伸"按钮，拉伸步骤（6）绘制的图形。命令行提示与操作如下：

```
命令：_stretch
以交叉窗口或交叉多边形选择要拉伸的对象...
选择对象：C✓
选择对象：（选择如图 5-38 所示的虚框所显示的范围）
```

指定对角点：找到 13 个
选择对象：✓
指定基点或 [位移(D)] <位移>:指定图中任意一点）
指定第二个点或 <使用第一个点作为位移>: @-8,0✓

结果如图 5-39 所示。

按"空格"键继续执行"拉伸"操作。命令行提示与操作如下：

命令: STRETCH
以交叉窗口或交叉多边形选择要拉伸的对象...
选择对象：（选择如图 5-40 所示的虚框所显示的范围）
指定对角点：找到 13 个
选择对象：✓
指定基点或 [位移(D)] <位移>:指定图中任意一点）
指定第二个点或 <使用第一个点作为位移>:@-15,0✓

结果如图 5-41 所示。

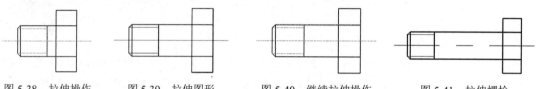

图 5-38　拉伸操作　　图 5-39　拉伸图形　　图 5-40　继续拉伸操作　　图 5-41　拉伸螺栓

（8）保存文件。单击"快速访问"工具栏中的"保存"按钮 💾。最终结果如图 5-34 所示。

练习提高　实例 046——绘制手柄

绘制手柄，其流程如图 5-42 所示。

扫一扫，看视频

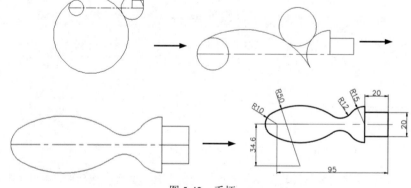

图 5-42　手柄

📋 **思路点拨：**

　　首先设置图层，并绘制中心线；然后绘制一系列圆与直线；再进行修剪和镜像处理，最后将面进行拉伸。

5.5　圆 角 命 令

圆角是指用指定半径决定的一段平滑的圆弧连接两个对象。其执行方式如下。

- 命令行：FILLET。
- 菜单栏：选择菜单栏中的"修改"→"圆角"命令。
- 工具栏：单击"修改"工具栏中的"圆角"按钮 。
- 功能区：单击"默认"选项卡"修改"面板中的"圆角"按钮 。

扫一扫，看视频

完全讲解　实例 047——绘制挂轮架

本实例绘制如图 5-43 所示的挂轮架，主要利用"圆角""拉长"命令来实现。

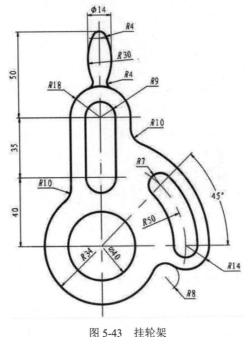

图 5-43　挂轮架

操作步骤：

1．设置绘图环境

（1）利用 LIMITS 命令设置图幅：297×210。

（2）单击"默认"选项卡"图层"面板中的"图层特性"按钮 ，设置 CSX 图层的线型为实线，线宽为 0.30mm，其余默认；XDHX 图层的线型为 CENTER，线宽为 0.09mm，其余默认。

2．绘制对称中心线

将 XDHX 图层设置为当前图层。

（1）单击"默认"选项卡"绘图"面板中的"直线"按钮 ╱，绘制端点坐标为（80,70）和（210,70）的水平对称中心线。

重复"直线"命令绘制另两条线段，端点分别为{（140,210），（140,12）}、{（中心线的交点），（@70<45）}。

（2）单击"默认"选项卡"修改"面板中的"偏移"按钮 ⊜，将水平中心线分别向上偏移 40、35、50、4，依次以偏移形成的水平对称中心线为偏移对象。

（3）单击"默认"选项卡"绘图"面板中的"圆"按钮 ⊙，以下部中心线的交点为圆心绘制半径为 50 的中心线圆。

（4）单击"默认"选项卡"修改"面板中的"修剪"按钮 ✂，修剪中心线圆。结果如图 5-44 所示。

3．绘制挂轮架中部

将 CSX 图层设置为当前图层。

（1）单击"默认"选项卡"绘图"面板中的"圆"按钮 ⊙，以下部中心线的交点为圆心，分别绘制半径为 20 和 34 的同心圆。

（2）单击"默认"选项卡"修改"面板中的"偏移"按钮 ⊜，将竖直中心线分别向两侧偏移 9、18。

（3）单击"默认"选项卡"绘图"面板中的"直线"按钮 ╱，分别捕捉竖直中心线与水平中心线的交点并绘制 4 条竖直线。

（4）单击"默认"选项卡"修改"面板中的"删除"按钮 ✎，删除偏移的竖直对称中心线。结果如图 5-45 所示。

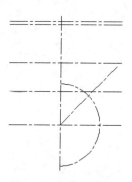

图 5-44　修剪后的图形

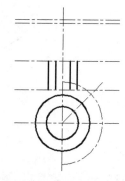

图 5-45　绘制中间的竖直线

（5）单击"默认"选项卡"绘图"面板中的"圆弧"按钮 ╱，在偏移的中心线上方绘制圆弧。命令行提示与操作如下：

```
命令：_arc（绘制半径为 18 的圆弧）
指定圆弧的起点或 [圆心(C)]：C↙
指定圆弧的圆心：(捕捉中心线的交点)
指定圆弧的起点：(捕捉左侧中心线的交点)
指定圆弧的端点(按住 Ctrl 键以切换方向) 或 [角度(A)/弦长(L)]：A↙
指定夹角(按住 Ctrl 键以切换方向)：-180↙
命令：_arc （"圆弧"命令，绘制上部半径为 9 的圆弧）
指定圆弧的起点或 [圆心(C)]：C↙
指定圆弧的圆心：
指定圆弧的起点：
指定圆弧的端点(按住 Ctrl 键以切换方向) 或 [角度(A)/弦长(L)]：A↙
指定夹角(按住 Ctrl 键以切换方向)：-180↙
```

同理，绘制下部半径为 9 的圆弧和左端半径为 10 的圆角。命令行提示与操作如下：

```
命令：_arc （按 Space 键继续执行"圆弧"命令，绘制下部半径为 9 的圆弧）
指定圆弧的起点或 [圆心(C)]：C↙
指定圆弧的圆心：
指定圆弧的起点：
指定圆弧的端点(按住 Ctrl 键以切换方向) 或 [角度(A)/弦长(L)]：A↙
指定夹角(按住 Ctrl 键以切换方向)：180↙
命令：_fillet （"圆角"命令，绘制左端半径为 10 的圆角）
当前设置：模式 = 修剪，半径 = 0.0000
选择第一个对象或 [放弃(U)/多段线(P)/半径(R)/修剪(T)/多个(M)]：R↙
指定圆角半径 <0.0000>：10↙
选择第一个对象或 [放弃(U)/多段线(P)/半径(R)/修剪(T)/多个(M)]：T↙
输入修剪模式选项 [修剪(T)/不修剪(N)] <修剪>：T↙
选择第一个对象或 [放弃(U)/多段线(P)/半径(R)/修剪(T)/多个(M)]：(选择中间最左侧的竖直线的下部)
选择第二个对象，或按住 Shift 键选择对象以应用角点或 [半径(R)]：(选择下部半径为 34 的圆)
选择第二个对象，或按住 Shift 键选择对象以应用角点或 [半径(R)]：↙
```

（6）单击"默认"选项卡"修改"面板中的"修剪"按钮，修剪半径为 34 的圆。结果如图 5-46 所示。

4．绘制挂轮架右部

（1）分别捕捉半径为 50 的圆弧与倾斜中心线、水平中心线的交点为圆心，以 7 为半径绘制圆。捕捉半径为 34 圆的圆心，分别绘制半径为 43、57 的圆弧。命令行提示与操作如下：

```
命令：_arc（绘制半径为 43 的圆弧）
指定圆弧的起点或 [圆心(C)]：C↙
指定圆弧的圆心：(捕捉半径为 34 的圆弧的圆心)
指定圆弧的起点：(捕捉下部半径为 7 的圆与水平对称中心线的左交点)
指定圆弧的端点(按住 Ctrl 键以切换方向) 或 [角度(A)/弦长(L)]：_int 于 (捕捉上部半径为 7 的圆与倾斜对称中心线的左交点)
命令：_arc（绘制半径为 57 的圆弧）
指定圆弧的起点或 [圆心(C)]：C↙
指定圆弧的圆心：(捕捉半径为 34 的圆弧的圆心)
```

指定圆弧的起点:（捕捉下部半径为 7 的圆与水平对称中心线的右交点）
指定圆弧的端点(按住 Ctrl 键以切换方向) 或 [角度(A)/弦长(L)]:（捕捉上部半径为 7 的圆与倾斜对称中心线的右交点）

（2）单击"默认"选项卡"修改"面板中的"修剪"按钮，修剪半径为 7 的圆。

（3）单击"默认"选项卡"绘图"面板中的"圆"按钮，以半径为 34 的圆弧的圆心为圆心绘制半径为 64 的圆。

（4）单击"默认"选项卡"修改"面板中的"圆角"按钮，绘制上部半径为 10 的圆角。

（5）单击"默认"选项卡"修改"面板中的"修剪"按钮，修剪半径为 64 的圆。

（6）单击"默认"选项卡"绘图"面板中的"圆弧"按钮，绘制半径为 14 的圆弧。命令行提示与操作如下:

```
命令: _arc（绘制下部半径为 14 的圆弧）
指定圆弧的起点或 [圆心(C)]: C✓
指定圆弧的圆心: _cen 于（捕捉下部半径为 7 的圆的圆心）
指定圆弧的起点: _int 于（捕捉半径为 64 的圆与水平对称中心线的交点）
指定圆弧的端点(按住 Ctrl 键以切换方向) 或 [角度(A)/弦长(L)]: A✓
指定夹角(按住 Ctrl 键以切换方向): -180✓
```

（7）单击"默认"选项卡"修改"面板中的"圆角"按钮，绘制下部半径为 8 的圆角，如图 5-47 所示。命令行提示与操作如下:

```
命令: _fillet
当前设置: 模式 = 修剪，半径 = 10.0000
选择第一个对象或 [放弃(U)/多段线(P)/半径(R)/修剪(T)/多个(M)]: R ✓
指定圆角半径 <10.0000>: 8✓
选择第一个对象或 [放弃(U)/多段线(P)/半径(R)/修剪(T)/多个(M)]: T✓
输入修剪模式选项 [修剪(T)/不修剪(N)] <修剪>: T✓
选择第一个对象或 [放弃(U)/多段线(P)/半径(R)/修剪(T)/多个(M)]:
选择第二个对象，或按住 Shift 键选择对象以应用角点或 [半径(R)]:
```

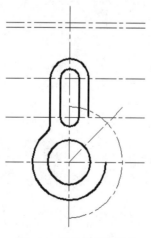

图 5-46　挂轮架中部图形

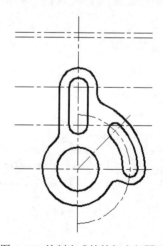

图 5-47　绘制完成挂轮架右部图形

5. 绘制挂轮架上部

（1）单击"默认"选项卡"修改"面板中的"偏移"按钮 ⊂，将竖直对称中心线向右偏移22。

（2）将0图层设置为当前图层，单击"默认"选项卡"绘图"面板中的"圆"按钮 ⊙，以第二条水平中心线与竖直中心线的交点为圆心绘制半径为26的辅助圆。

（3）将CSX图层设置为当前图层，单击"默认"选项卡"绘图"面板中的"圆"按钮 ⊙，以半径为26的圆与偏移的竖直中心线的交点为圆心绘制半径为30的圆。结果如图5-48所示。

（4）单击"默认"选项卡"修改"面板中的"删除"按钮 ✐，分别选择偏移形成的竖直中心线及半径为26的圆。

（5）单击"默认"选项卡"修改"面板中的"修剪"按钮 ⅋，修剪半径为30的圆。

（6）单击"默认"选项卡"修改"面板中的"镜像"按钮 ⚠，以竖直中心线为镜像轴，镜像所绘制的半径为30的圆弧。结果如图5-49所示。单击"默认"选项卡"修改"面板中的"圆角"按钮 ⌒，绘制半径为4的圆角。命令行提示与操作如下：

```
命令：_fillet（绘制最上部半径为4的圆角）
当前设置：模式 = 修剪，半径 = 8.0000
选择第一个对象或[放弃(U)/多段线(P)/半径(R)/修剪(T)/多个(M)]：R↙
指定圆角半径 <8.0000>：4↙
选择第一个对象或 [放弃(U)/多段线(P)/半径(R)/修剪(T)/多个(M)]：T↙
输入修剪模式选项 [修剪(T)/不修剪(N)] <修剪>：T↙
选择第一个对象或[放弃(U)/多段线(P)/半径(R)/修剪(T)/多个(M)]：（选择左侧半径为30圆弧的上部）
选择第二个对象，或按住 Shift 键选择对象以应用角点或 [半径(R)]：（选择右侧半径为30圆弧的上部）
命令：_fillet（绘制左边半径为4的圆角）
当前设置：模式 = 修剪，半径 = 4.0000
选择第一个对象或[放弃(U)/多段线(P)/半径(R)/修剪(T)/多个(M)]：T↙（更改修剪模式）
输入修剪模式选项 [修剪(T)/不修剪(N)] <修剪>：N↙（选择修剪模式为"不修剪"）
选择第一个对象或[放弃(U)/多段线(P)/半径(R)/修剪(T)/多个(M)]：（选择左侧半径为30的圆弧的下部）
选择第二个对象，或按住 Shift 键选择对象以应用角点或 [半径(R)]：（选择半径为18的圆弧的左侧）
命令：_fillet（绘制右边半径为4的圆角）
当前设置：模式 = 不修剪，半径 = 4.0000
选择第一个对象或[放弃(U)/多段线(P)/半径(R)/修剪(T)/多个(M)]：（选择右侧半径为30的圆弧的下部）
选择第二个对象，或按住 Shift 键选择对象以应用角点或 [半径(R)]：（选择半径为18的圆弧的右侧）
```

（7）单击"默认"选项卡的"修改"面板中的"修剪"按钮 ⅋，修剪半径为30的圆。结果如图5-50所示。

图 5-48　绘制半径为30的圆

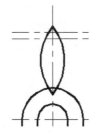

图 5-49　镜像半径为30的圆弧

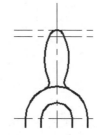

图 5-50　挂轮架的上部

6．整理并保存图形

单击"默认"选项卡"修改"面板中的"拉长"按钮✎，调整中心线长度；单击"默认"选项卡的"修改"面板中的"删除"按钮✎，删除最上边的两条水平中心线，单击"快速访问"工具栏中的"保存"按钮🖫，将绘制完成的图形以"挂轮架.dwg"为文件名保存在指定的路径中，命令行提示与操作如下：

```
命令：_lengthen（"拉长"命令，对图中的中心线进行调整）
选择要测量的对象或 [增量(DE)/百分数(P)/全部(T)/动态(DY)]：DY↙（选择动态调整）
选择要修改的对象或 [放弃(U)]：（分别选择欲调整的中心线）
指定新端点：（将选择的中心线调整到新的长度）
选择要修改的对象或 [放弃(U)]：↙
```

📢 **提示：**

使用"圆角"命令操作时，需要注意设置圆角半径，否则圆角操作后看起来没有效果，因为系统默认的圆角半径是 0。

练习提高　实例 048——绘制拔叉左视图

结合"缩放""修剪""圆角"等命令绘制拔叉左视图，其流程如图 5-51 所示。

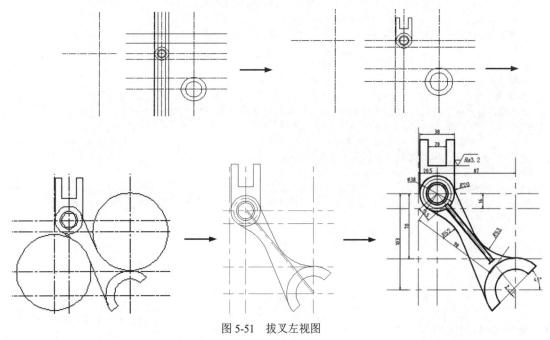

图 5-51　拔叉左视图

📋 **思路点拨：**

首先设置图层，并绘制中心线；然后利用"偏移""修剪"命令绘制基本轮廓；再利用"圆角""缩放""拉长"等命令进行局部处理，完成拔叉左视图的绘制。

5.6　倒角命令

倒角是指用斜线连接两个不平行的线型对象。其执行方式如下。

- 命令行：CHAMFER。
- 菜单栏：选择菜单栏中的"修改"→"倒角"命令。
- 工具栏：选择"修改"工具栏中的"倒角"按钮╱。
- 功能区：单击"默认"选项卡"修改"面板中的"倒角"按钮╱。

完全讲解　实例 049——绘制圆头平键

本实例绘制如图 5-52 所示的圆头平键，主要利用"倒角"命令来实现。

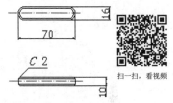

扫一扫，看视频

图 5-52　圆头平键

操作步骤：

（1）设置图层：单击"默认"选项卡"图层"面板中的"图层特性"按钮🗂，打开"图层特性管理器"选项板。新建"中心线""轮廓线""细实线"三个图层，如图 5-53 所示。

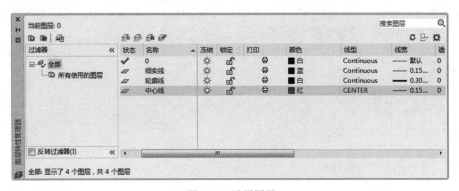

图 5-53　设置图层

（2）切换图层：将"中心线"图层设置为当前图层。

（3）绘制中心线：单击"默认"选项卡"绘图"面板中的"直线"按钮╱，指定两个端点坐标分别为（100,200）和（250,200），如图 5-54 所示。

（4）偏移直线：对于第二条中心线{(100,120)，(250,120)}，既可以再次使用"直线"命令进行绘制，还可以使用"偏移"命令。单击"默认"选项卡"修改"面板中的"偏移"按钮⊆，偏移距离为 80，将直线向上偏移，如图 5-55 所示。

（5）切换图层：将"轮廓线"图层设置为当前图层。

（6）绘制轮廓线：单击"默认"选项卡"绘图"面板中的"矩形"按钮▢，采用指定矩形的两个角点模式绘制两个矩形，角点坐标分别为（150,192）、（220,208）和（152,194）、（218,206），绘制出两个矩形，如图 5-56 所示。

图 5-54 绘制中心线    图 5-55 绘制偏移中心线 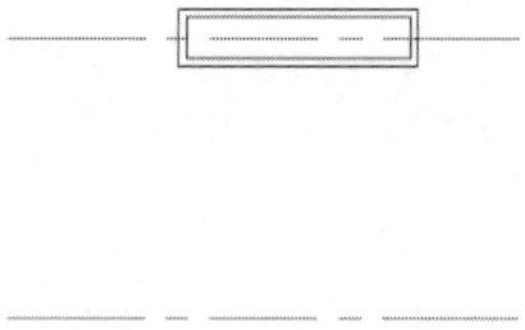   图 5-56 绘制轮廓线

（7）图形倒圆角：单击"默认"选项卡"修改"面板中的"圆角"按钮 ，采用修剪、指定圆角半径模式。命令行提示与操作如下：

```
命令：_fillet
当前设置：模式 = 不修剪，半径 = 0.0000
选择第一个对象或 [放弃(U)/多段线(P)/半径(R)/修剪(T)/多个(M)]：R✓
指定圆角半径 <0.0000>：8✓
选择第一个对象或 [放弃(U)/多段线(P)/半径(R)/修剪(T)/多个(M)]：T✓
输入修剪模式选项 [修剪(T)/不修剪(N)] <不修剪>：T✓
选择第一个对象或 [放弃(U)/多段线(P)/半径(R)/修剪(T)/多个(M)]：M✓
选择第一个对象或 [放弃(U)/多段线(P)/半径(R)/修剪(T)/多个(M)]：（选择图 5-57 中矩形边线 1）
选择第二个对象，或按住 Shift 键选择对象以应用角点或 [半径(R)]：（选择图 5-57 中矩形边线 2）
```

重复上述步骤，其中，大矩形圆角半径为 8mm，小矩形圆角半径为 6mm，将两个矩形的 8 个直角倒成圆角。完成主视图，结果如图 5-58 所示。

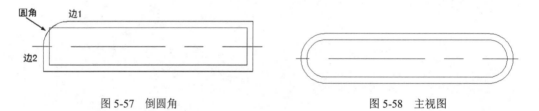

图 5-57 倒圆角   图 5-58 主视图

（8）绘制俯视图轮廓线：单击"默认"选项卡"绘图"面板中的"矩形"按钮 ，采用指定矩形两个角点模式，角点坐标分别为（150,115）和（220,125），如图 5-59 所示。

（9）矩形倒角：单击"默认"选项卡"修改"面板中的"倒角"按钮 ，为矩形四角点倒斜角。命令行提示与操作如下：

```
命令：_chamfer
（"修剪"模式）当前倒角距离 1 = 0.0000，距离 2 = 0.0000
选择第一条直线或 [放弃(U)/多段线(P)/距离(D)/角度(A)/修剪(T)/方式(E)/多个(M)]：D✓
指定第一个倒角距离：2 ✓
指定第二个倒角距离：2 ✓
选择第一条直线或 [放弃(U)/多段线(P)/距离(D)/角度(A)/修剪(T)/方式(E)/多个(M)]：
选择第二条直线，或按住 Shift 键选择直线以应用角点或 [距离(D)/角度(A)/方法(M)]：（选择矩形相邻的两个边）
```

重复上述倒角操作，直至矩形的 4 个顶角都被倒角。结果如图 5-60 所示。

（10）绘制直线：单击"默认"选项卡"绘图"面板中的"直线"按钮 ╱ ，绘制直线 {(150,117)，(220,117)} 和直线 {(150,123)，(220,123)}。结果如图 5-61 所示。

图 5-59 绘制矩形   图 5-60 倒角   图 5-61 绘制直线

（11）修剪中心线：单击"默认"选项卡"修改"面板中的"打断"按钮 ⌐⌐ ，删掉过长的中心线。最终结果如图 5-52 所示。

练习提高　实例 050——绘制阶梯轴

绘制阶梯轴，其流程如图 5-62 所示。

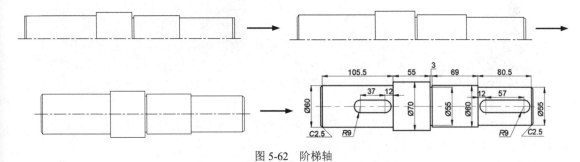

图 5-62 阶梯轴

📋 **思路点拨：**

> 首先利用"偏移""修剪"命令绘制初步轮廓；然后倒角，再镜像处理；最后绘制键槽。

5.7 分 解 命 令

利用"分解"命令，可以在选择一个对象后，将其分解成最简单的图形单元。其执行方式如下。

- 命令行：EXPLODE。
- 菜单栏：选择菜单栏中的"修改"→"分解"命令。
- 工具栏：单击"修改"工具栏中的"分解"按钮 ⌐ 。
- 功能区：单击"默认"选项卡"修改"面板中的"分解"按钮 ⌐ 。

完全讲解　实例 051——绘制腰形连接件

本实例绘制如图 5-63 所示的腰形连接件，主要练习使用"分解"命令。

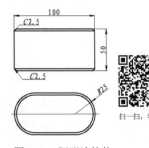

图 5-63 腰形连接件

操作步骤：

（1）单击"默认"选项卡"图层"面板中的"图层特性"按钮，打开"图层特性管理器"选项板，新建以下两个图层。

① 第一个图层命名为"轮廓线"图层，线宽为 0.30mm，其余属性默认。

② 第二个图层命名为"中心线"图层，颜色为红色，线型为 CENTER，其余属性默认。

（2）绘制主视图。

① 绘制矩形。将"轮廓线"图层设置为当前图层。单击"绘图"面板中的"矩形"按钮，以两个角点{（65, 200），（165, 250）}绘制矩形，如图 5-64 所示。

② 分解矩形。单击"默认"选项卡"修改"面板中的"分解"按钮，将矩形分解。命令行提示与操作如下：

```
命令: _explode
选择对象:（选择矩形）
找到 1 个
选择对象: ↙
```

③ 偏移直线。单击"默认"选项卡"修改"面板中的"偏移"按钮，将上侧的水平直线向下偏移 2.5mm，将下侧的水平直线向上偏移 2.5mm，如图 5-65 所示。

④ 倒角处理。单击"默认"选项卡"修改"面板中的"倒角"按钮，角度、距离模式分别为 45°和 2.5mm，完成主视图的绘制，如图 5-66 所示。

图 5-64　绘制矩形　　　　图 5-65　偏移直线　　　　图 5-66　倒角处理

（3）绘制俯视图。

① 绘制中心线。将"中心线"图层设置为当前图层。单击"默认"选项卡"绘图"面板中的"直线"按钮，以{（60, 130），（170, 130）}为坐标点绘制一条水平中心线，如图 5-67 所示。

② 绘制直线。将"轮廓线"图层设置为当前图层。单击"默认"选项卡"绘图"面板中的"直线"按钮，以{（90, 155），（140, 155）}{（90, 105），（140, 105）}为坐标点绘制两条水平直线，如图 5-68 所示。

③ 绘制圆弧。单击"默认"选项卡"绘图"面板中的"圆弧"按钮，以坐标（90,155）为起点和（90,105）为端点，绘制半径为 25mm 的圆弧。

重复"圆弧"命令，以坐标（140,105）为起点，以坐标（140,155）为端点，绘制半径为 25mm 的圆弧，如图 5-69 所示。

④ 偏移直线和圆弧。单击"默认"选项卡"修改"面板中的"偏移"按钮，将直线和圆弧分别向内偏移 2.5mm，完成腰形连接件的绘制最终结果如图 5-63 所示。

图 5-67 绘制中心线   图 5-68 绘制直线   图 5-69 绘制圆弧

扫一扫,看视频

练习提高 实例 052——绘制简易式通气器

绘制简易式通气器,其流程如图 5-70 所示。

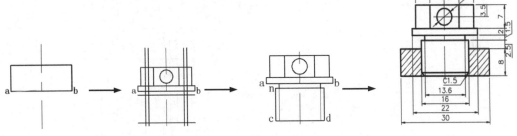

图 5-70 简易式通气器

思路点拨:

> 首先利用"偏移""修剪"命令绘制初步轮廓,并倒角处理,然后绘制螺纹连接部分;最后进行图案填充。

5.8 编辑功能综合实例

本节通过几个实例,对各种编辑功能进行综合应用,以帮助读者巩固对 AutoCAD 编辑功能的掌握和运用。

完全讲解 实例 053——绘制圆锥滚子轴承

本实例绘制如图 5-71 所示的圆锥滚子轴承。通过本实例,熟悉各种编辑命令的综合应用。

扫一扫,看视频

操作步骤:

(1)新建文件。选择菜单栏中的"文件"→"新建"命令,打开"选择样板"对话框,以"无样板打开—公制(M)"方式建立新文件,创建一个新的图形文件。

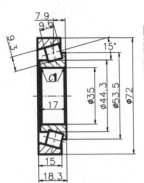

图 5-71 圆锥滚子轴承

（2）设置图层。单击"默认"选项卡"图层"面板中的"图层特性"按钮🖼，打开"图层特性管理器"选项板。在该选项板中依次创建"轮廓线""点划线"和"剖面线"三个图层，并设置"轮廓线"图层的线宽为 0.50mm，设置"点划线"图层的线型为 CENTER。

（3）绘制轮廓。

① 将"点划线"图层设置为当前图层，单击"默认"选项卡"绘图"面板中的"直线"按钮╱，沿水平方向绘制一条中心线；然后将"轮廓线"图层设置为当前图层，单击"默认"选项卡"绘图"面板中的"直线"按钮╱，绘制一条竖直线。结果如图 5-72 所示。

② 单击"默认"选项卡"修改"面板中的"偏移"按钮⊆，将水平中心线依次向上偏移 17.5、22.125、26.75、36，并将偏移的直线转换到"轮廓线"图层；同理，将竖直线依次向右偏移 1.25、10.375、15、18.25。结果如图 5-73 所示。

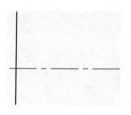

图 5-72 绘制中心线和竖直线

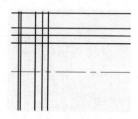

图 5-73 偏移直线

③ 单击"默认"选项卡"修改"面板中的"修剪"按钮✂，修剪掉多余的线条。结果如图 5-74 所示。

（4）绘制轴承滚道及滚动体。

① 将"点划线"图层设置为当前图层，单击"默认"选项卡"绘图"面板中的"直线"按钮╱，以图 5-74 中的 A 点为起点，绘制一条角度为 15°的斜线。结果如图 5-75 所示。

② 单击"默认"选项卡"修改"面板中的"延伸"按钮➡，将步骤①中绘制的斜线延伸，如图 5-76 所示。命令行提示与操作如下：

```
命令：_extend
当前设置：投影=UCS，边=无
选择边界的边...
选择对象或 <全部选择>：（选择图 5-75 中最左边的竖直轮廓线）
选择对象：✓
选择要延伸的对象，或按住 Shift 键选择要修剪的对象，或[栏选(F)/窗交(C)/投影(P)/边(E)/放弃(U)]：（选择图 5-75 中绘制的斜线）
选择要延伸的对象，或按住 Shift 键选择要修剪的对象，或[栏选(F)/窗交(C)/投影(P)/边(E)/放弃(U)]：✓
```

③ 单击"默认"选项卡"绘图"面板中的"直线"按钮╱，通过图 5-76 中的 A 点绘制与斜线垂直的直线。结果如图 5-77 所示。

④ 单击"默认"选项卡"修改"面板中的"偏移"按钮⊆，将图 5-77 中的直线 AC 向右偏移。命令行提示与操作如下：

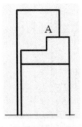　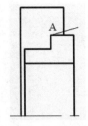　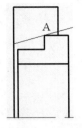　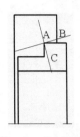

图 5-74　修剪结果 1　　　图 5-75　绘制斜线　　　图 5-76　延伸直线　　　图 5-77　绘制直线

```
命令: _offset
当前设置: 删除源=否　图层=源　OFFSETGAPTYPE=0
指定偏移距离或 [通过(T)/删除(E)/图层(L)] <10.3750>: t✓
选择要偏移的对象, 或 [退出(E)/放弃(U)] <退出>（选择图 5-77 中的直线 AC）
指定通过点或 [退出(E)/多个(M)/放弃(U)] <退出>:（选择图 5-77 中的点 B）
```

结果如图 5-78 所示。

⑤ 单击"默认"选项卡"修改"面板中的"镜像"按钮⚠，以图 5-78 中的直线 BD 为镜像对象，直线 AC 为镜像线。结果如图 5-79 所示。

⑥ 单击"默认"选项卡"修改"面板中的"偏移"按钮⊑，将图 5-79 中的直线 AB 分别向上、向下偏移 4.625。结果如图 5-80 所示。

⑦ 单击"默认"选项卡"修改"面板中的"修剪"按钮⅄，修剪掉多余的线条，并将相应的直线转换到"轮廓线"图层。结果如图 5-81 所示。

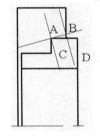　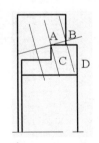　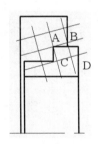　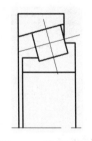

图 5-78　偏移结果 1　　　图 5-79　镜像结果　　　图 5-80　偏移结果 2　　　图 5-81　修剪结果 2

⑧ 单击"默认"选项卡"修改"面板中的"倒角"按钮⌐，对轴承进行倒角，倒角距离为 1mm；并将"轮廓线"图层设置为当前图层，单击"默认"选项卡"绘图"面板中的"直线"按钮╱，绘制剩下的直线，然后修剪。结果如图 5-82 所示。

⑨ 以中心线为镜像线，镜像轴承的另一半。结果如图 5-83 所示。

（5）绘制轴承的剖面图。

将当前图层设置为"剖面线"图层，单击"默认"选项卡"绘图"面板中的"图案填充"按钮▦，完成剖面线的绘制。结果如图 5-84 所示。

📢 注意：

　　轴承的内圈和外圈剖面线方向相反。

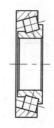

扫一扫，看视频

图 5-82　倒角修剪结果　　图 5-83　对轴承进行镜像　　图 5-84　图案填充结果

练习提高　实例 054——绘制深沟球轴承

绘制深沟球轴承，其流程如图 5-85 所示。

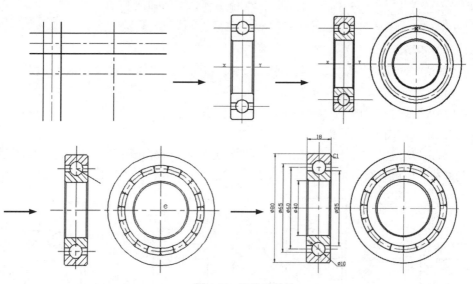

图 5-85　深沟球轴承

📋 **思路点拨：**

（1）首先利用"偏移""修剪"等命令绘制初步轮廓；然后圆角细化处理，再镜像；最后图案填充，完成主视图。

（2）绘制一系列同心圆，然后通过"圆""修剪""阵列"命令绘制滚珠，完成左视图。

扫一扫，看视频

完全讲解　实例 055——绘制 M10 螺母

本实例绘制如图 5-86 所示的 M10 螺母。通过本实例，熟悉各种编辑命令的综合应用。

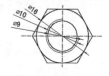

🛠 **操作步骤：**

（1）设置绘图环境。单击"快速访问"工具栏中的"新建"按钮 ，新

图 5-86　M10 螺母

建一个名称为"M10 螺母.dwg"的文件。

① 用 LIMITS 命令设置图幅为 297×210。

② 单击"默认"选项卡"图层"面板中的"图层特性"按钮，创建 CSX、XSX 和 XDHX 图层。其中，CSX 图层的线型为实线，线宽为 0.30mm，其余属性默认；XDHX 图层的线型为 CENTER，线宽为 0.09mm。

（2）绘制中心线。将 XDHX 图层设置为当前图层，单击"默认"选项卡"绘图"面板中的"直线"按钮，绘制主视图中心线，即直线{（100,200），（250,200）}和直线{（173,100），（173,300）}。利用"偏移"命令，将水平中心线向下偏移 30，绘制俯视图中心线。

（3）将 CSX 图层设置为当前图层，绘制螺母主视图。

① 绘制内外圆环。单击"默认"选项卡"绘图"面板中的"圆"按钮，在绘图窗口中绘制两个圆，圆心坐标为（173,200），半径分别为 4.5 和 8。

② 绘制正六边形。单击"默认"选项卡"绘图"面板中的"多边形"按钮，以点（173,200）为中心点，绘制外切圆半径为 8 的正六边形。命令行提示与操作如下：

```
命令: _polygon
输入侧面数 <4>: 6↙
指定正多边形的中心点或 [边(E)]: 173,200↙
输入选项 [内接于圆(I)/外切于圆(C)] <I>: C↙ （选择外切于圆）
指定圆的半径: 8↙ （输入外切圆的半径）
```

结果如图 5-87 所示。

（4）绘制螺母俯视图。

① 绘制竖直参考线。单击"默认"选项卡"绘图"面板中的"直线"按钮，如图 5-88 所示，通过点 1、2、3、4 绘制竖直参考线。

② 绘制螺母顶面线。单击"默认"选项卡"绘图"面板中的"直线"按钮，绘制直线{（160,175），（180,175）}。结果如图 5-89 所示。

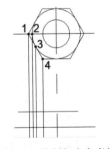

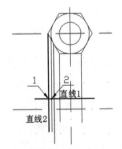

图 5-87　绘制正六边形　　　图 5-88　绘制竖直参考线　　　图 5-89　绘制螺母顶面线

③ 倒角处理。单击"默认"选项卡"修改"面板中的"倒角"按钮，选择直线 1 和直线 2 进行倒角处理，倒角距离为点 1 和点 2 之间的距离，角度为 30°。命令行提示与操作如下：

```
命令: _chamfer
("修剪"模式) 当前倒角距离 1 = 0.0000, 距离 2 = 0.0000
```

```
选择第一条直线或 [放弃(U)/多段线(P)/距离(D)/角度(A)/修剪(T)/方式(E)/多个(M)]：A↙
指定第一条直线的倒角长度 <0.0000>：（捕捉点 1）
指定第二点：（捕捉点 2）（点 1 和点 2 之间的距离作为直线的倒角长度）
指定第一条直线的倒角角度 <0>：30↙
选择第一条直线或 [放弃(U)/多段线(P)/距离(D)/角度(A)/修剪(T)/方式(E)/多个(M)]：（直线 1）
选择第二条直线，或按住 Shift 键选择直线以应用角点或 [距离(D)/角度(A)/方法(M)]：（直线 2）
```

结果如图 5-90 所示。

📢 注意：

> 　　对于在长度和角度模式下的"倒角"操作，在指定倒角长度时，不仅可以直接输入数值，还可以利用"对象捕捉"捕捉两个点的距离指定倒角长度，例如本例中捕捉点 1 和点 2 的距离作为倒角长度，这种方法往往对于某些不可测量或事先不知道倒角距离的情况特别适用。

④ 绘制辅助线。单击"默认"选项卡"绘图"面板中的"直线"按钮 ╱ ，通过步骤③倒角的左端顶点绘制一条水平直线。结果如图 5-91 所示。

⑤ 绘制圆弧。单击"默认"选项卡"绘图"面板中的"圆弧"按钮 ╱ ，分别通过点 1、2、3 和点 3、4、5 绘制圆弧。结果如图 5-92 所示。

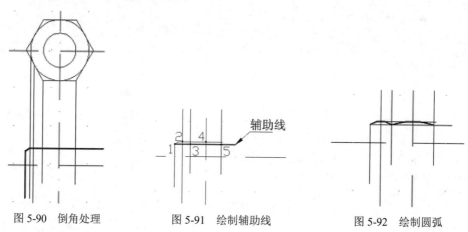

图 5-90　倒角处理　　　　　　图 5-91　绘制辅助线　　　　　　图 5-92　绘制圆弧

⑥ 修剪处理。单击"默认"选项卡"修改"面板中的"修剪"按钮 ✂ ，修剪图形中多余的线段。结果如图 5-93 所示。

⑦ 删除辅助线。单击"默认"选项卡"修改"面板中的"删除"按钮 ✎ ，或者在命令行中输入 ERASE 命令后按 Enter 键。命令行提示与操作如下：

```
命令：_erase
选择对象：（指定删除对象）
选择对象：（可以按 Enter 键结束命令，也可以继续指定删除对象）
```

结果如图 5-94 所示。

⑧ 镜像处理。单击"默认"选项卡"修改"面板中的"镜像"按钮 △ ，以相关图线为对称轴线进行两次镜像处理。结果如图 5-95 所示。

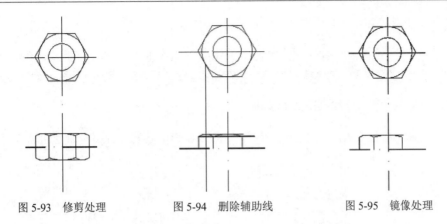

图 5-93　修剪处理　　　　　图 5-94　删除辅助线　　　　　图 5-95　镜像处理

⑨ 绘制内螺纹线。将 XSX 图层设置为当前图层，单击"默认"选项卡"绘图"面板中的"圆弧"按钮 ，绘制圆弧，圆弧三个点的坐标分别为（173,205）、（168,200）和（178,200）。

⑩ 单击"默认"选项卡"修改"面板中的"打断"按钮 。命令行提示与操作如下：

```
命令：_break
选择对象：（选择要打断的过长中心线）
指定第二个打断点或 [第一点(F)]：（指定第二个打断点）
```

使用同样方法，删除过长的中心线。最终结果如图 5-86 所示。

练习提高　实例 056——绘制电磁管压盖螺钉

绘制电磁管压盖螺钉，其流程如图 5-96 所示。

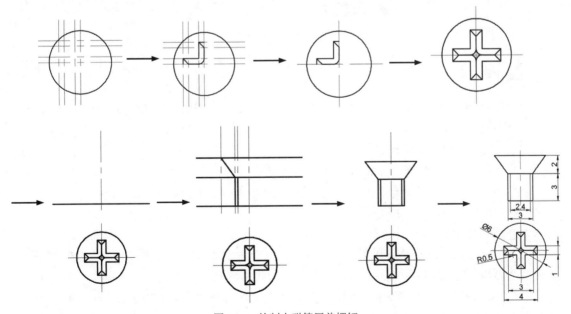

图 5-96　绘制电磁管压盖螺钉

思路点拨：

（1）首先通过"直线""圆""圆弧"命令绘制俯视图基本形状，然后镜像处理得到俯视图。

（2）通过"直线"和"偏移"命令绘制主视图基本形状，最后通过镜像和修剪处理得到最终图形。

完全讲解　实例 057——绘制高压油管接头

本实例绘制高压油管接头，如图 5-97 所示。通过本实例，熟悉各种编辑命令的综合应用。

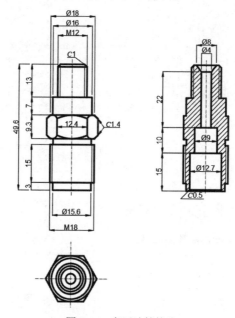

图 5-97　高压油管接头

操作步骤：

（1）图层设置。单击"默认"选项卡"图层"面板中的"图层特性"按钮，打开"图层特性管理器"选项板，新建 4 个图层。

① "剖面线"图层：属性默认。

② "实体线"图层：线宽为 0.30mm，其余属性默认。

③ "中心线"图层：线宽为默认，颜色为红色，线型为 CENTER，其余属性默认。

④ "细实线"图层：属性默认。

（2）绘制主视图。

① 将"中心线"图层设置为当前图层。单击"默认"选项卡"绘图"面板中的"直线"按钮，绘制竖直中心线，坐标点为{（0，-2），（0，51.6）}，如图 5-98 所示。

② 将"实体线"图层设置为当前图层。单击"默认"选项卡"绘图"面板中的"直线"按钮，绘制主视图的轮廓线，坐标点依次为{（0，0），（7.8，0），（7.8，3.0），（9.0，3.0），（9.0，18.0），

(-9,18), (-9,3), (-7.8,3.0), (-7.8,0), (0,0) }{ (7.8,3), (-7.8,3.0) }{ (7.8,18), (7.8,20.3), (-7.8,20.3), (-7.8,18) }{ (7.8,20.3), (9,20.3), (10.4,21.7), (10.4,28.2), (9.0,29.6), (-9.0, 29.6), (-10.4,28.2), (-10.4,21.7), (-9,20.3), (-7.8,20.3) }{ (8.0,29.6), (8.0,36.6), (-8,36.6), (-8,29.6) }{ (6,36.6), (6,48.6), (5,49.6), (-5,49.6), (-6,48.6), (-6,36.6) }{ (6,48.6), (-6,48.6) }，如图 5-99 所示。

③ 单击"默认"选项卡"修改"面板中的"偏移"按钮⊜，将如图 5-99 所示指出的直线向内侧偏移 0.9，并将偏移后的直线转换到"细实线"图层，如图 5-100 所示。

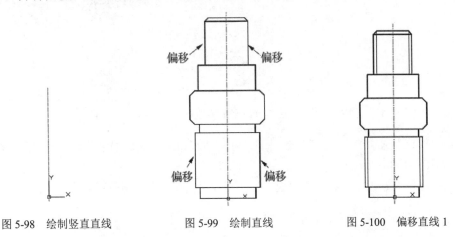

图 5-98 绘制竖直直线   图 5-99 绘制直线   图 5-100 偏移直线 1

④ 单击"默认"选项卡"修改"面板中的"偏移"按钮⊜，选择需要偏移的竖直直线，向内侧偏移 4.2，如图 5-101 所示。

⑤ 单击"默认"选项卡"绘图"面板中的"圆弧"按钮╱，绘制两段圆弧，如图 5-102 所示。

⑥ 单击"默认"选项卡"修改"面板中的"镜像"按钮⚐，将绘制的圆弧分别以竖直中心线和偏移的直线的中点为镜像线，进行二次镜像，如图 5-103 所示。

（3）绘制俯视图。

① 将"中心线"图层设置为当前图层，单击"默认"选项卡"绘图"面板中的"直线"按钮╱，绘制水平和竖直的中心线，长度为 29，如图 5-104 所示。

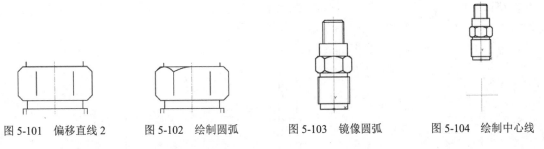

图 5-101 偏移直线 2   图 5-102 绘制圆弧   图 5-103 镜像圆弧   图 5-104 绘制中心线

② 将"实体线"图层设置为当前图层。单击"默认"选项卡"绘图"面板中的"圆"按钮⊙，以十字交叉线的中点为圆心，绘制半径为 2、4、5、6、8 和 9 的同心圆，如图 5-105 所示。

③ 单击"默认"选项卡"绘图"面板中的"多边形"按钮⬠，绘制六边形，中心点为十字交叉线的中心，外接圆的半径为 9，如图 5-106 所示。

（4）绘制剖面图。

① 单击"默认"选项卡"修改"面板中的"复制"按钮⬚，将主视图向右侧复制，复制的间距为 54，如图 5-107 所示。

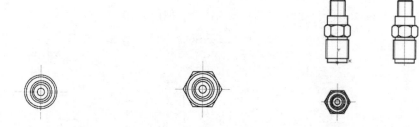

图 5-105　绘制同心圆　　　　图 5-106　绘制多边形　　　　图 5-107　复制主视图

② 单击"默认"选项卡"修改"面板中的"删除"按钮✐和夹点编辑功能，删除直线和调整直线的长度，如图 5-108 所示。

③ 单击"默认"选项卡"绘图"面板中的"直线"按钮／，绘制竖直直线，如图 5-109 所示。

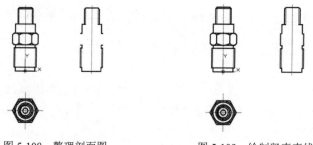

图 5-108　整理剖面图　　　　　　　图 5-109　绘制竖直直线

④ 单击"默认"选项卡"修改"面板中的"偏移"按钮⬓，将最下侧的竖直直线向上偏移 0.5、14.5、10、22，如图 5-110 所示。

⑤ 单击"默认"选项卡"修改"面板中的"复制"按钮⬚，将竖直中心线向左右两侧复制 2、4、4.5、6.35、6.85，并将复制后的直线转换到实体线图层，如图 5-111 所示。

⑥ 单击"默认"选项卡"绘图"面板中的"直线"按钮／，补全图形，如图 5-112 所示。

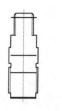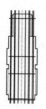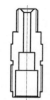

图 5-110　偏移直线 3　　　　图 5-111　复制直线　　　　图 5-112　修剪和补全图形

⑦ 将"剖面线"图层设置为当前图层，单击"默认"选项卡"绘图"面板中的"图案填充"按钮，打开"图案填充创建"选项卡，如图 5-113 所示，选择 ANSI31 图案，填充的比例为 0.5，单击"拾取点"按钮，进行填充操作，如图 5-114 所示。

图 5-113　"图案填充创建"选项卡　　　　　图 5-114　填充图形

扫一扫，看视频

练习提高　实例 058——绘制旋钮

绘制旋钮，其流程如图 5-115 所示。

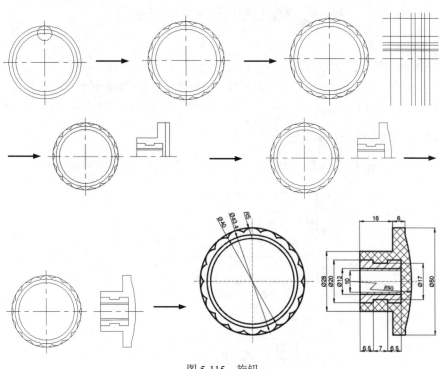

图 5-115　旋钮

🗒 **思路点拨：**

（1）采用"圆""阵列"等命令绘制主视图。
（2）利用"镜像""图案填充"命令绘制左视图。

第6章　机械制图表达方法

内容简介

在机械工程图中，通常是用二维图形表达三维实体的结构和形状信息。显而易见，单个二维图形一般很难完整表达三维形体信息，为此，工程上常采用各种表达方法，以达到利用二维平面图形完整表达三维形体信息的目的。

本章将通过实例系统介绍各种机械图形的二维形体表达方法，帮助读者掌握各种形体表达方法和技巧，使其能够灵活应用各种形体表达方法正确、快速地表达机械零部件的结构形状。

6.1　辅助线法绘制多视图

辅助线法绘制多视图是一种在二维空间中描述三维形体结构和形状较为简单的方法，也是绘制多视图的方法中最基础的一种方法，其特点非常直观。一般多视图都可以使用辅助线法进行绘制，可以构造标准的"长对正、宽相等、高平齐"的多视图。辅助线可以使用构造线绘制，也可使用直线绘制。

扫一扫，看视频

完全讲解　实例 059——绘制支座

本实例绘制支座，如图 6-1 所示。通过本实例，熟悉辅助线法绘制多视图的方法。

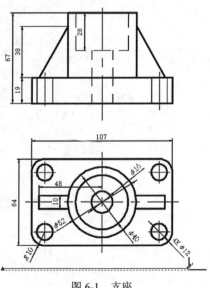

图 6-1　支座

操作步骤：

（1）设置图层。单击"默认"选项卡"图层"面板中的"图层特性"按钮 🗐，新建三个图层：第一个图层命名为"轮廓线"，线宽为 0.30mm，其余属性默认；第二个图层命名为"中心线"，设置颜色为红色，线型为 CENTER，其余属性默认；第三个图层命名为"虚线"，设置颜色为蓝色，线型为 DASHED，其余属性默认。

（2）绘制中心线。将"中心线"图层设置为当前图层，单击"默认"选项卡"绘图"面板中的"直线"按钮 ╱，绘制水平和竖直中心线。结果如图 6-2 所示。

（3）绘制圆。将"轮廓线"图层设置为当前图层，单击"默认"选项卡"绘图"面板中的"圆"按钮 ⊙，以两条中心线的交点为圆心，绘制半径分别为 26、20 和 8 的圆。结果如图 6-3 所示。

图 6-2　绘制中心线　　　　　　　　　　图 6-3　绘制同心圆

（4）偏移中心线。单击"默认"选项卡"修改"面板中的"偏移"按钮 ⊜，将水平中心线分别向两侧偏移，偏移距离分别为 5 和 32。重复"偏移"命令，将竖直中心线分别向两侧偏移，偏移距离分别为 48 和 53.5。结果如图 6-4 所示。

（5）修剪图形。单击"默认"选项卡"修改"面板中的"修剪"按钮 ✄，将偏移的中心线转换为"轮廓线"图层，对其进行修剪。结果如图 6-5 所示。

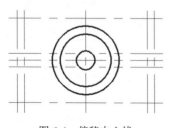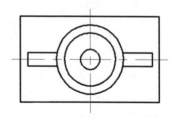

图 6-4　偏移中心线　　　　　　　　　　图 6-5　修剪图形 1

（6）圆角处理。单击"默认"选项卡"修改"面板中的"圆角"按钮 ⌐，将图形进行圆角处理，设置圆角半径为 10。结果如图 6-6 所示。

（7）绘制圆。单击"默认"选项卡"绘图"面板中的"圆"按钮 ⊙，以步骤（6）绘制的圆角圆心为圆心，绘制半径为 6 的圆。将"中心线"图层设置为当前图层，单击"默认"选项卡"绘图"面板中的"直线"按钮 ╱，以圆心为交点，绘制一条竖直中心线和一条水平中心线。结果如图 6-7 所示。

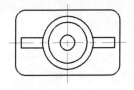

图 6-6　圆角处理

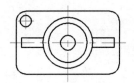

图 6-7　绘制圆

（8）复制图形。单击"默认"选项卡"修改"面板中的"复制"按钮，以圆心为基点，将步骤（7）绘制的圆和中心线复制到其他 3 个圆角圆心处。结果如图 6-8 所示。

（9）绘制辅助中心线。单击"默认"选项卡"绘图"面板中的"直线"按钮，绘制辅助直线。结果如图 6-9 所示。

（10）绘制辅助线。将"轮廓线"图层设置为当前图层，单击"默认"选项卡"绘图"面板中的"直线"按钮，绘制辅助直线。结果如图 6-10 所示。

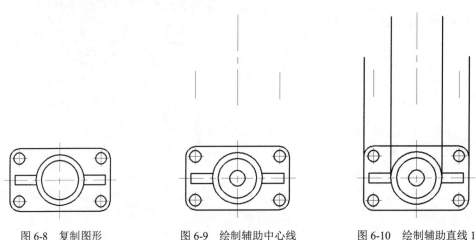

图 6-8　复制图形　　　　　图 6-9　绘制辅助中心线　　　　　图 6-10　绘制辅助直线 1

（11）绘制直线。单击"默认"选项卡"绘图"面板中的"直线"按钮，绘制水平直线。结果如图 6-11 所示。

（12）偏移直线。单击"默认"选项卡"修改"面板中的"偏移"按钮，将步骤（11）绘制的直线依次向上偏移 19 和 48。结果如图 6-12 所示。

（13）修剪图形。单击"默认"选项卡"修改"面板中的"修剪"按钮，将图形进行修剪。结果如图 6-13 所示。

（14）绘制辅助线。将"虚线"图层设置为当前图层，单击"默认"选项卡"绘图"面板中的"直线"按钮，绘制辅助线。结果如图 6-14 所示。

（15）偏移直线。单击"默认"选项卡"修改"面板中的"偏移"按钮，将最上端水平直线向下偏移 28，将偏移的直线转换为"虚线"层。结果如图 6-15 所示。

（16）修剪图形。单击"默认"选项卡"修改"面板中的"修剪"按钮，将图形进行修剪。结果如图 6-16 所示。

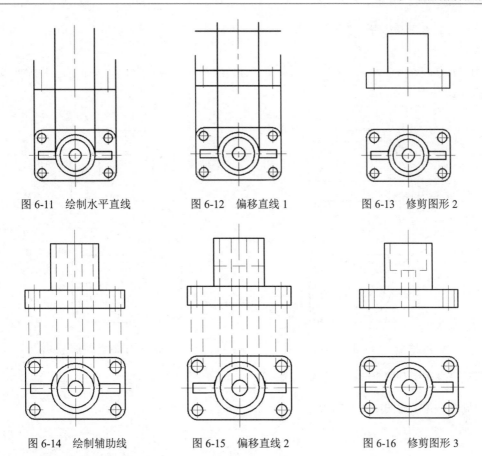

图 6-11 绘制水平直线 　　　 图 6-12 偏移直线 1 　　　 图 6-13 修剪图形 2

图 6-14 绘制辅助线 　　　 图 6-15 偏移直线 2 　　　 图 6-16 修剪图形 3

（17）绘制辅助线。将"轮廓线"图层设置为当前图层，单击"默认"选项卡"绘图"面板中的"直线"按钮 ╱ ，绘制辅助直线。结果如图 6-17 所示。

（18）偏移直线。单击"默认"选项卡"修改"面板中的"偏移"按钮 ⊆ ，将最上端水平直线向下偏移 10。结果如图 6-18 所示。

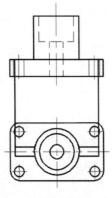

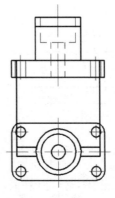

图 6-17 绘制辅助直线 2 　　　　　　 图 6-18 偏移直线 3

（19）绘制直线。单击"默认"选项卡"绘图"面板中的"直线"按钮 ／，绘制两条斜线。结果如图 6-19 所示。

（20）删除辅助线。单击"默认"选项卡"修改"面板中的"删除"按钮 ，将辅助线删除。结果如图 6-20 所示。

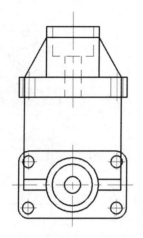
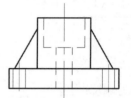
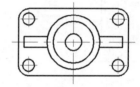

图 6-19 绘制两条斜线 　　　　　图 6-20 删除辅助线

扫一扫，看视频

练习提高　实例 060——绘制盘件

绘制盘件，其流程图如图 6-21 所示。

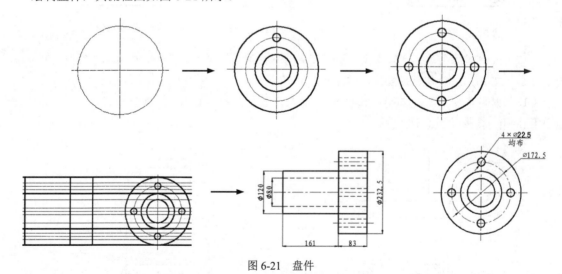

图 6-21 盘件

思路点拨：

（1）先设置图层，利用直线、圆和阵列等命令绘制左视图。

（2）利用构造线、偏移和修剪等命令绘制主视图。

6.2 坐标定位法绘制多视图

坐标定位法即通过给定视图中各点的准确坐标值来绘制多视图的方法，通过具体的坐标值来保证视图之间的相对位置关系。在绘制一些大而复杂的零件图时，为了将视图布置得匀称美观又符合投影规律，经常需要应用该方法绘制作图基准线，确定各个视图的位置，然后综合运用其他方法绘制完成图形。

完全讲解　实例 061——绘制轴承座一

本实例绘制轴承座一，如图 6-22 所示。通过本实例，熟悉坐标定位法绘制多视图的方法。

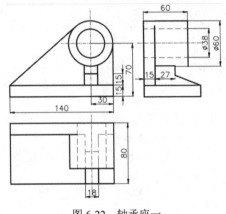

图 6-22　轴承座一

![操作步骤] **操作步骤：**

（1）设置图层。单击"默认"选项卡"图层"面板中的"图层特性"按钮 ，新建四个图层：第一个图层命名为"轮廓线"，线宽为 0.30mm，其余属性默认；第二个图层命名为"中心线"，设置颜色为红色，线型为 CENTER，其余属性默认；第三个图层命名为"虚线"，设置颜色为蓝色，线型为 DASHED，其余属性默认；第四个图层命名为"细实线"，所有属性默认。

（2）设置绘图环境。在命令行输入 LIMITS，设置图纸幅面为 420×297。

（3）绘制支座主视图。

① 将"轮廓线"图层设置为当前图层。单击状态栏中的"线宽"按钮 ，显示线宽。

② 单击"默认"选项卡"绘图"面板中的"矩形"按钮 ，点取绘图窗口中任意一点，确定矩形的左下角点，输入（@140,15）为矩形右上角点，绘制支座底板。单击"默认"选项卡"绘图"面板中的"直线"按钮 ，打开对象捕捉功能，捕捉矩形右上角点，在该点与点（@0,55）之间绘制直线。

③ 单击"默认"选项卡"绘图"面板中的"圆"按钮 ，绘制圆。命令行提示与操作如下：

```
命令: circle↙
指定圆的圆心或 [三点 3P)/两点(2P)/切点、切点、半径(T)]: _from 基点: (捕捉直线端点)
<偏移>: @-30,0↙
指定圆的半径或 [直径(D)]: (捕捉直线端点, 绘制半径为 30 的圆)
```

按 Enter 键, 捕捉半径为 30 的圆的圆心, 绘制直径为 38 的同心圆。

④ 单击"默认"选项卡"绘图"面板中的"直线"按钮 ╱, 捕捉矩形左上角点, 在该点与半径为 30 的圆切点之间绘制直线。单击"默认"选项卡"修改"面板中的"偏移"按钮 ⊂, 选取右边竖直线, 将其分别向左偏移 21 和 39。结果如图 6-23 所示。

⑤ 单击"默认"选项卡"修改"面板中的"修剪"按钮 ╋, 对偏移的直线进行修剪。结果如图 6-24 所示。

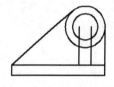

图 6-23 偏移直线

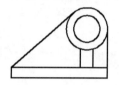

图 6-24 修剪直线

⑥ 单击"默认"选项卡"绘图"面板中的"直线"按钮 ╱, 绘制直线。命令行提示与操作如下:

```
命令: line↙
指定第一个点:_from 基点: (如图 6-25 所示, 捕捉直线 1 的下端点)
<偏移>: @0,15↙
指定下一点或 [放弃(U)]: (如图 6-25 所示, 捕捉垂足点 2)
指定下一点或 [放弃(U)]: ↙
```

结果如图 6-25 所示。

（4）绘制支座主视图中心线。将"中心线"图层设置为当前图层, 单击"默认"选项卡"绘图"面板中的"直线"按钮 ╱, 绘制直线。命令行提示与操作如下:

```
命令: line↙
指定第一个点:_from 基点: (捕捉半径为 30 的圆心)
<偏移>: @35,0↙
指定下一点或 [放弃(U)]:@-70,0↙ (绘制水平中心线)
指定下一点或 [闭合(C)/放弃(U)]: ↙
```

采用相同方法绘制竖直中心线, 完成轴承座主视图的绘制。结果如图 6-26 所示。

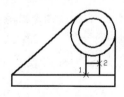

图 6-25 绘制直线

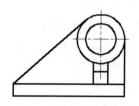

图 6-26 轴承座主视图

（5）绘制支座俯视图底板外轮廓线。将"轮廓线"图层设置为当前图层，单击"默认"选项卡"绘图"面板中的"直线"按钮 /，绘制直线。命令行提示与操作如下：

```
命令: line✓
指定第一个点:<正交 开> <对象捕捉追踪 开> （打开正交及对象追踪功能，捕捉主视图矩形左下角点，利用
对象追踪确定俯视图上的点 1，如图 6-27 所示）
指定下一点或 [放弃(U)]:(向右拖动鼠标，利用对象捕捉功能捕捉主视图矩形右下角点，确定俯视图上的点
2，如图 6-28 所示)
指定下一点或[闭合(C)/放弃(U)]:@0,-80✓
指定下一点或[闭合(C)/放弃(U)]:（方法同前，利用对象追踪捕捉点 1，确定点 3，如图 6-29 所示）
指定下一点或[闭合(C)/放弃(U)]:C✓
```

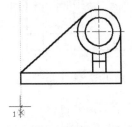

图 6-27　利用对象追踪确定点 1

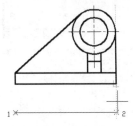

图 6-28　确定点 2

（6）绘制俯视图其余外轮廓线。

① 单击"默认"选项卡"修改"面板中的"偏移"按钮 ⊜，选取俯视图上边线，分别将其向下偏移 15 和 60；选取俯视图右边线，分别将其向左偏移 21、39 和 60。

② 将 0 图层设置为当前图层，单击"默认"选项卡"绘图"面板中的"构造线"按钮 ✓，捕捉主视图左端直线与直径为 38 的圆的切点，绘制竖直辅助线。结果如图 6-30 所示。

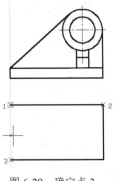

图 6-29　确定点 3

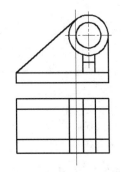

图 6-30　偏移直线及绘制辅助线

③ 单击"默认"选项卡"绘图"面板中的"修剪"按钮 ⌿，对偏移的直线进行修剪。单击"默认"选项卡"修改"面板中的"删除"按钮 ✓，删除辅助线及多余的线。结果如图 6-31 所示。

（7）绘制俯视图内轮廓线。

① 将"虚线"图层设置为当前图层。单击"默认"选项卡"绘图"面板中的"构造线"按钮 ✓，

分别捕捉主视图直径为 38 的圆的左象限点及右象限点，绘制竖直辅助线。单击"默认"选项卡"绘图"面板中的"直线"按钮 ∕，捕捉俯视图直线端点 1，在该点与垂足点 2 之间绘制直线。方法同前，绘制另两条虚线。结果如图 6-32 所示。

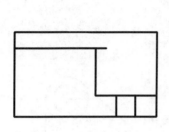
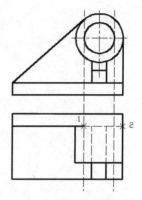

图 6-31　俯视图外轮廓线　　　　图 6-32　绘制虚线

② 单击"默认"选项卡"修改"面板中的"修剪"按钮 ，对虚线进行修剪，如图 6-33 所示。

③ 单击"默认"选项卡"修改"面板中的"打断于点"按钮 ，将水平虚线在点 1 及点 2 处打断，如图 6-33 所示。单击"默认"选项卡"修改"面板中的"移动"按钮 ，选取虚线 12，将其向下移动 27。

④ 将"中心线"图层设置为当前图层，方法同前，利用对象追踪功能绘制俯视图中心线，完成支座俯视图的绘制。结果如图 6-34 所示。

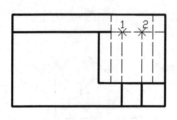
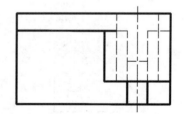

图 6-33　修剪虚线　　　　图 6-34　支座俯视图

（8）绘制支座左视图外轮廓线。

① 将"轮廓线"图层设置为当前图层。单击"默认"选项卡"绘图"面板中的"矩形"按钮 ，利用对象追踪功能，捕捉主视图矩形右下角点，向右拖动鼠标，确定矩形的左下角点，输入（@80,15）为矩形右上角点，绘制支座底板。

② 单击"默认"选项卡"绘图"面板中的"直线"按钮 ∕，从点 1（矩形左上角点）到点 2（利用对象追踪功能，捕捉主视图半径为 30 的圆上象限点，确定点 2，如图 6-35 所示），再到（@60,0）和点 3（利用对象追踪功能，捕捉主视图半径为 30 的圆下象限点，确定点 3），最后到点 4（捕捉垂足点）绘制直线。结果如图 6-36 所示。

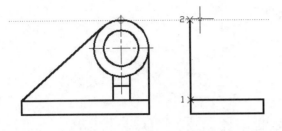
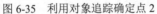
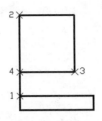

图 6-35 利用对象追踪确定点 2   图 6-36 绘制直线

③ 单击"默认"选项卡"修改"面板中的"偏移"按钮⊜，选取左视图左边线，分别将其向右偏移 15 和 42。单击"默认"选项卡"绘图"面板中的"构造线"按钮↗，分别捕捉主视图半径为30 的圆左端切点 1、直线端点 2 及直线端点 3，分别绘制水平辅助线。结果如图 6-37 所示。

④ 单击"默认"选项卡"修改"面板中的"修剪"按钮↘，对直线进行修剪；单击"修改"面板中的"删除"按钮✐，删除辅助线及多余的线。结果如图 6-38 所示。

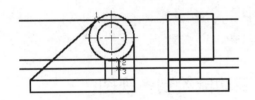

图 6-37 绘制辅助线   图 6-38 修剪及删除辅助线

⑤ 单击"默认"选项卡"绘图"面板中的"直线"按钮╱，关闭正交功能，捕捉直线端点和矩形右上角点，绘制直线，完成左视图外轮廓的绘制。结果如图 6-39 所示。

（9）完成左视图的绘制。

① 单击"默认"选项卡"修改"面板中的"复制"按钮❀，选取俯视图中的虚线、粗实线及中心线，将其复制到俯视图右边。单击"默认"选项卡"修改"面板中的"旋转"按钮↻，选取复制的对象，将其旋转 90°。结果如图 6-40 所示。

② 单击"默认"选项卡"修改"面板中的"移动"按钮✛，选取旋转图形，以中心线与右边线的交点为基点，将其移动到左视图上端右边线的中点处。单击"默认"选项卡"修改"面板中的"删除"按钮✐，删除多余的线。最终结果如图 6-22 所示。

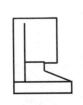
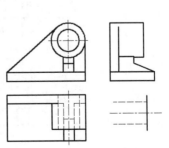

图 6-39 左视图外轮廓线   图 6-40 复制并旋转图形

练习提高　实例 062——绘制内六角螺钉

绘制内六角螺钉，其流程如图 6-41 所示。

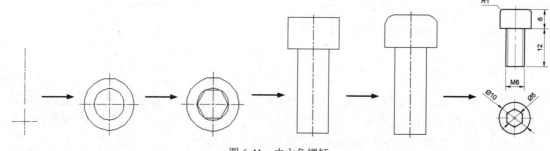

图 6-41　内六角螺钉

📋 **思路点拨：**

（1）用"直线""圆""正多边形"命令绘制俯视图。
（2）用"偏移""修剪""圆角"等命令绘制主视图。

6.3　利用对象捕捉跟踪功能绘制多视图

对象捕捉和对象跟踪是 AutoCAD 提供的两种精确定位绘图功能。利用 AutoCAD 提供的对象捕捉跟踪功能，同样可以保证零件图中视图的投影关系，从而精确绘制零件图。

完全讲解　实例 063——绘制轴承座二

本实例绘制轴承座二，如图 6-42 所示。通过本实例，熟悉坐标定位法绘制多视图的方法。

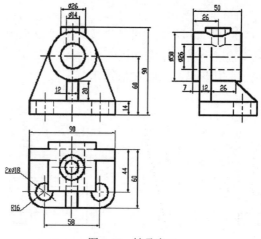

图 6-42　轴承座二

操作步骤：

（1）设置图层。单击"默认"选项卡"图层"面板中的"图层特性"按钮，弹出"图层特性管理器"选项板，新建以下三个图层：第一个图层命名为"轮廓线"，线宽为 0.30mm，其余属性默认；第二个图层命名为"中心线"，设置颜色为红色，线型为 CENTER，其余属性默认；第三个图层命名为"虚线"，设置颜色为蓝色，线型为 DASHED，其余属性默认。

（2）绘制主视图。

① 将"轮廓线"图层设置为当前图层。单击"默认"选项卡"绘图"面板中的"直线"按钮，以任意点为起点绘制端点为（@0,-14）、（@90,0）和（@0,14）的封闭直线。

② 将"中心线"图层设置为当前图层。单击"默认"选项卡"绘图"面板中的"直线"按钮，绘制主视图竖直中心线，如图 6-43 所示。

③ 将"轮廓线"图层设置为当前图层。单击"默认"选项卡"绘图"面板中的"圆"按钮，绘制圆。命令行提示与操作如下：

```
命令：_circle
指定圆的圆心或 [三点(3P)/两点(2P)/切点、切点、半径(T)]：from✓
基点：（打开"捕捉自"功能，捕捉竖直中心线与底板底边的交点作为基点）
<偏移>：@0,60✓
指定圆的半径或 [直径(D)]：D✓
指定圆的直径：50✓
```

④ 单击"默认"选项卡"绘图"面板中的"圆"按钮，捕捉直径为 50 的圆的圆心，绘制直径为 26 的圆。结果如图 6-44 所示。

图 6-43　绘制竖直中心线　　　　图 6-44　绘制圆

⑤ 将"中心线"图层设置为当前图层。单击"默认"选项卡"绘图"面板中的"直线"按钮，绘制直径为 50 的圆的水平中心线。

⑥ 将"轮廓线"图层设置为当前图层。单击"默认"选项卡"绘图"面板中的"直线"按钮，捕捉底板左上角点和直径为 50 的圆的切点，绘制直线。重复"直线"命令，绘制另一边的切线。结果如图 6-45 所示。

⑦ 单击"默认"选项卡"修改"面板中的"偏移"按钮，将底板底边向上偏移 90。重复"偏移"命令，将竖直中心线分别向右偏移 13 和 7。

⑧ 单击"默认"选项卡"绘图"面板中的"直线"按钮，捕捉最右侧的竖直中心线与上端水平线的交点为起点、最右侧的竖直中心线与直径为 50 的圆的交点为终点，绘制直线。将"虚线"图

层设置为当前图层，重复"直线"命令，绘制凸台直径为 14 的孔的左边。

⑨ 单击"默认"选项卡"修改"面板中的"删除"按钮 ✒️，删除多余的中心线。结果如图 6-46 所示。

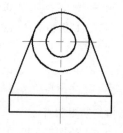
图 6-45　绘制切线

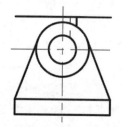
图 6-46　删除多余的中心线

⑩ 单击"默认"选项卡"修改"面板中"镜像"按钮 ⚖️，将绘制的凸台轮廓线沿竖直中心线进行镜像。

⑪ 单击"默认"选项卡"修改"面板中的"修剪"按钮 ✂️，修剪多余的直线。结果如图 6-47 所示。

⑫ 单击"默认"选项卡"修改"面板中的"偏移"按钮 ⬅️，将竖直中心线分别向右偏移 29 和 38。

⑬ 将"虚线"图层设置为当前图层。单击"默认"选项卡"绘图"面板中的"直线"按钮 ✏️，捕捉最右侧竖直中心线与底板上边的交点为起点、最右侧竖直中心线与底板下边的交点为终点，绘制直线。

⑭ 单击"默认"选项卡"修改"面板中的"删除"按钮 ✒️，删除偏移距离为 38 的直线。

⑮ 单击"默认"选项卡"修改"面板中的"拉长"按钮 ✏️，调整底板右边孔的中心线。命令行提示与操作如下：

```
命令：LENGTHEN
选择要测量的对象或 [增量(DE)/百分数(P)/总计(T)/动态(DY)]：DY✓
选择要修改的对象或 [放弃(U)]：（选择偏移的中心线）
指定新端点：（调整中心线到适当位置）
选择要修改的对象或 [放弃(U)]：✓
```

结果如图 6-48 所示。

⑯ 单击"默认"选项卡"修改"面板中的"镜像"按钮 ⚖️，将绘制的孔轮廓线沿调整后的中心线进行镜像。

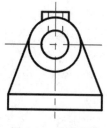
图 6-47　修剪直线

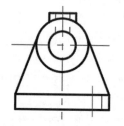
图 6-48　调整中心线长度

⑰ 单击"默认"选项卡"修改"面板中的"镜像"按钮▲，将右边的孔和中心线沿竖直中心线进行镜像处理。结果如图 6-49 所示。

⑱ 单击"默认"选项卡"修改"面板中的"偏移"按钮◖，将竖直中心线向左、右各偏移 6。重复"偏移"命令，将底板上边向上偏移 20。

⑲ 将"轮廓线"图层设置为当前图层。单击"默认"选项卡"绘图"面板中的"直线"按钮╱，捕捉偏移中心线与底板上边的交点为起点、偏移中心线与直径为 50 的圆的交点为终点，绘制直线。重复"直线"命令，绘制肋板另一边。

⑳ 单击"默认"选项卡"修改"面板中的"修剪"按钮╳，修剪多余直线，完成肋板的绘制。结果如图 6-50 所示。

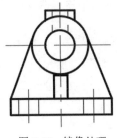

图 6-49 镜像处理

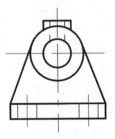

图 6-50 绘制肋板

（3）设置对象捕捉追踪功能。在状态栏中的"对象捕捉"按钮▢上右击，打开如图 6-51 所示的快捷菜单。选择"对象捕捉设置"命令，系统弹出"草图设置"对话框，在"对象捕捉"选项卡中勾选"启用对象捕捉"和"启用对象捕捉追踪"复选框，单击"全部选择"按钮，选中所有的对象捕捉模式，如图 6-52 所示。打开"极轴追踪"选项卡，在该选项卡中勾选"启用极轴追踪"复选框，设置"增量角"为 90，其余属性默认，如图 6-53 所示。

图 6-51 快捷菜单

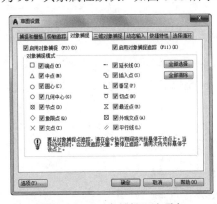

图 6-52 "对象捕捉"选项卡

图 6-53 "极轴追踪"选项卡

（4）绘制俯视图。

① 单击"默认"选项卡"绘图"面板中的"直线"按钮╱，绘制俯视图中底板轮廓线，如图 6-54 所示。命令行提示与操作如下：

命令：_line
指定第一个点：(利用对象捕捉追踪功能，捕捉主视图中底板左下角点，向下移动光标，在适当位置处单击，确定底板左上角点)
指定下一点或 [放弃(U)]：(继续向右移动光标，到主视图中底板右下角点处，在该点出现小叉，向下移动光标，当小叉出现在两条闪动虚线的交点处时单击，即可绘制一条与主视图底板长对正的直线，如图 6-54 所示)
指定下一点或 [放弃(U)]：@0,-60✓
指定下一点或 [闭合(C)/放弃(U)]：(方法同前，向右移动光标，指定底板左下角)
指定下一点或 [闭合(C)放弃(U)]：C✓

② 将"中心线"图层设置为当前图层。单击"默认"选项卡"绘图"面板中的"直线"按钮✏️，仿照步骤①的操作，绘制俯视图的竖直中心线。

③ 单击"默认"选项卡"修改"面板中的"偏移"按钮 ⊆，将底板上边分别向下偏移 12 和 44。重复"偏移"命令，将底板上边向上偏移 7。

④ 将"轮廓线"图层设置为当前图层。单击"默认"选项卡"绘图"面板中的"直线"按钮✏️，利用对象捕捉追踪功能，绘制俯视图中圆柱的轮廓线。将"虚线"图层设置为当前图层。绘制俯视图中的圆柱孔。结果如图 6-55 所示。

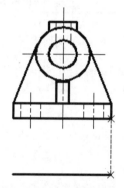

图 6-54 利用对象追踪功能绘制底板

图 6-55 绘制俯视图中的圆柱孔

⑤ 单击"默认"选项卡"修改"面板中的"修剪"按钮 ✂️，修剪多余的直线。结果如图 6-56 所示。

⑥ 单击"默认"选项卡"修改"面板中的"圆角"按钮 ⌐，进行圆角处理。命令行提示与操作如下：

命令：_FILLET
当前设置：模式 = 修剪，半径 = 4.0000
选择第一个对象或 [放弃(U)/多段线(P)/半径(R)/修剪(T)/多个(M)]：R✓
指定圆角半径 <4.0000>：16✓
选择第一个对象或 [放弃(U)/多段线(P)/半径(R)/修剪(T)/多个(M)]：(选择底板左边)
选择第二个对象，或按住 Shift 键选择要应用角点的对象：(选择底板下边)

采用同样的方法绘制右边圆角，设置圆角半径为 16。结果如图 6-57 所示。

⑦ 将"轮廓线"图层设置为当前图层，单击"默认"选项卡"绘图"面板中的"圆"按钮 ⊙，分别以步骤⑥绘制的圆角圆心为圆心，绘制半径为 9 的圆。

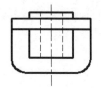

图 6-56　修剪圆柱孔　　　　　　　　　　　图 6-57　圆角处理

⑧ 单击"默认"选项卡"绘图"面板中的"构造线"按钮 ✍，在主视图切点处绘制竖直构造线。

⑨ 单击"默认"选项卡"修改"面板中的"修剪"按钮 ✂，修剪支承板在辅助线中间的部分。结果如图 6-58 所示。

⑩ 将"虚线"图层设置为当前图层。单击"默认"选项卡"绘图"面板中的"直线"按钮 ✍，绘制支承板中的虚线。重复"直线"命令，利用对象捕捉追踪功能绘制俯视图中加强肋的虚线。将"轮廓线"图层设置为当前图层。绘制俯视图中加强肋的粗实线。结果如图 6-59 所示。

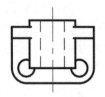

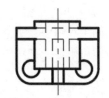

图 6-58　修剪支承板　　　　　　　　　图 6-59　绘制俯视图中的加强肋

⑪ 单击"默认"选项卡"修改"面板中的"打断于点"按钮 ☐，将支承板前边虚线在加强肋左边与支承板前边的交点处打断。采用同样方法，将支承板前边虚线在加强肋右边与支承板前边的交点处打断。

⑫ 单击"默认"选项卡"修改"面板中的"移动"按钮 ✛，将中间打断的虚线向下移动 26。

⑬ 单击"默认"选项卡"绘图"面板中的"圆"按钮 ⊙，绘制直径为 26 的圆。命令行提示与操作如下：

```
命令：CI ↙
指定圆的圆心或 [三点(3P)/两点(2P)/切点、切点、半径(T)]：from↙
基点：(打开"捕捉自"功能，捕捉俯视图上边与中心线的交点)
<偏移>：@0,-26↙
指定圆的半径或 [直径(D)] <9.0000>：D↙
指定圆的直径 <18.0000>：26↙
```

重复"圆"命令，捕捉直径为 26 的圆的圆心，绘制直径为 14 的圆。

⑭ 将"中心线"图层设置为当前图层。利用对象捕捉追踪功能绘制俯视图中圆的中心线。结果如图 6-60 所示。

（5）绘制左视图。

① 将"轮廓线"图层设置为当前图层。单击"默认"选项卡"修改"面板中的"复制"按钮 ⁰⁰，将俯视图复制到适当位置。

② 单击"默认"选项卡"修改"面板中的"旋转"按钮 ↺，将复制的俯视图旋转 90°。结果如图 6-61 所示。

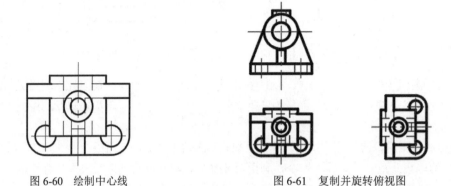

图 6-60　绘制中心线　　　　　　　　　　　图 6-61　复制并旋转俯视图

③ 单击"默认"选项卡"绘图"面板中的"直线"按钮 ╱，利用对象捕捉追踪功能，如图 6-62 所示，先将光标移动到主视图中点 1 处，然后移动到俯视图中点 2 处，向上移动光标到两条闪动的虚线交点 3 处，单击即可确定左视图中底板的位置。采用同样的方法绘制完成底板的其他图线。

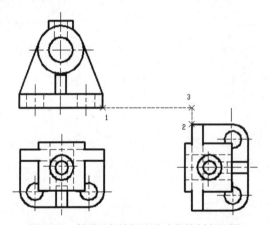

图 6-62　利用对象捕捉追踪功能绘制左视图

④ 单击"默认"选项卡"修改"面板中的"移动"按钮 ✛，将直径为 50 的圆柱孔及直径为 26 的圆柱的内外轮廓线和中心线移动，如图 6-63 所示，捕捉圆柱孔左边与中心线的交点 1 作为基点，首先向上移动光标，利用对象捕捉追踪功能，将光标移动到主视图水平中心线的右端点 2 处，向右移动光标，在交点处单击即可。

⑤ 单击"默认"选项卡"绘图"面板中的"直线"按钮 ╱，利用对象捕捉和对象捕捉追踪功能绘制左视图中的支承板，如图 6-64 所示。

⑥ 单击"默认"选项卡"绘图"面板中的"构造线"按钮 ⟋，绘制 3 条构造线，如图 6-65 所示；然后单击"默认"选项卡"修改"面板中的"修剪"按钮 ⊁，修剪掉多余的直线；最后单击"默认"选项卡"绘图"面板中的"直线"按钮 ╱，绘制直线，生成加强肋板，如图 6-66 所示。

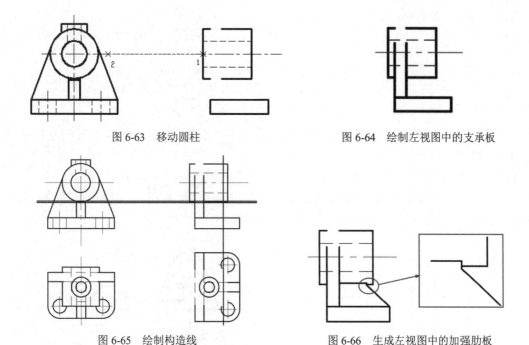

图 6-63　移动圆柱　　　　　　　　　　图 6-64　绘制左视图中的支承板

图 6-65　绘制构造线　　　　　　　　图 6-66　生成左视图中的加强肋板

⑦ 单击"默认"选项卡"绘图"面板中的"构造线"按钮，绘制辅助线，如图 6-67 所示。单击"默认"选项卡"修改"面板中的"修剪"按钮，修剪直径为 50 的圆柱孔的上边，然后补全直径为 50 的圆柱孔的上边。结果如图 6-68 所示。

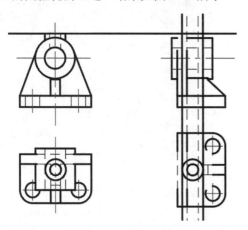

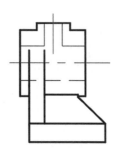

图 6-67　绘制辅助线　　　　　　　　图 6-68　补全直径为 50 圆柱孔的上边

⑧ 单击"默认"选项卡"修改"面板中的"复制"按钮，利用对象捕捉追踪功能，复制主视图中底板上的圆柱孔到左视图中。

⑨ 将"轮廓线"图层设置为当前图层，单击"默认"选项卡"绘图"面板中的"圆弧"按钮，绘制左视图中的相贯线，命令行提示与操作如下：

命令：_ARC
指定圆弧的起点或 [圆心(C)]：（捕捉凸台直径为 26 的圆柱左边与直径为 50 的圆柱孔上边的交点）
指定圆弧的第二个点或 [圆心(C)/端点(E)]：E↙
指定圆弧的端点：（捕捉凸台直径为 26 的圆柱右边与直径为 50 的圆柱孔上边的交点）
指定圆弧的中心点(按住 Ctrl 键以切换方向)或 [角度(A)/方向(D)/半径(R)]：R↙
指定圆弧的半径(按住 Ctrl 键以切换方向)：25↙

将"虚线"图层设置为当前图层。重复"圆弧"命令，绘制凸台直径为 14 与直径为 26 的圆柱的相贯线，如图 6-69 所示。

⑩ 单击"默认"选项卡"修改"面板中的"删除"按钮，删除复制的俯视图。

至此，轴承座三视图绘制完毕。如果三个视图的位置不理想，可以利用"移动"命令对其进行移动，但要保证它们之间的投影关系，结果如图 6-70 所示。

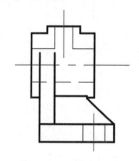

图 6-69　绘制相贯线

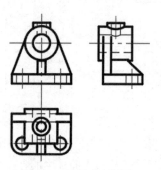

图 6-70　轴承座三视图

扫一扫，看视频

练习提高　实例 064——绘制连接盘

利用对象捕捉跟踪功能绘制多视图的方法绘制连接盘流程如图 6-71 所示。

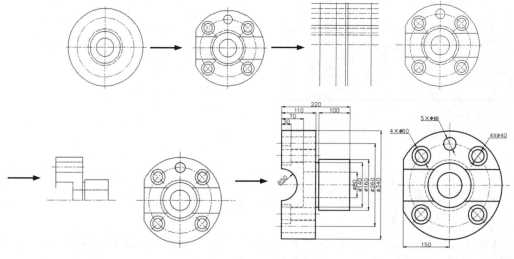

图 6-71　连接盘

📋 **思路点拨:**

（1）用"直线""圆""打断""阵列"命令绘制左视图。

（2）用"偏移""修剪""镜像"等命令绘制主视图。

6.4　全剖视图

当机件的内部结构比较复杂时，视图上将出现许多虚线，不便于画图、看图和标注尺寸，如图 6-72 所示。

在图样中通常采用剖视图的方法来表达机件的内部结构。假想用剖切面剖开机件，将处在观察者和剖切面之间的部分移去，而将其余部分向投影面投射所得的图形称为剖视图，如图 6-73 所示，剖视图可简称剖视。

画剖视图时，一般先画出外形轮廓，再将假想剖切后看得见的内部结构及剖切面后面的可见轮廓一并用粗实线画出。剖切到的断面（机件与剖切面接触的部分）称为剖面，在剖切面上要画出剖面符号，如图 6-74 所示。剖视图画出之后，已表达清楚的结构在其他视图上的虚线可以省略。

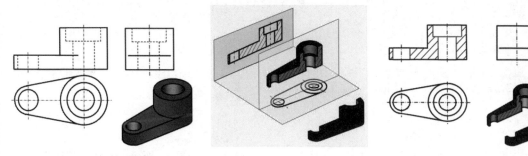

图 6-72　机件三视图　　　　图 6-73　剖视图示意图　　　　图 6-74　剖视图

完全讲解　实例 065——绘制阀盖

本实例绘制阀盖，如图 6-75 所示。通过本实例，熟悉全剖视图的绘制方法。

扫一扫，看视频

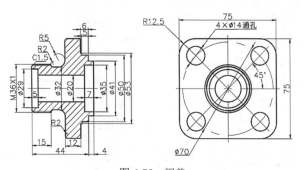

图 6-75　阀盖

操作步骤：

（1）设置图层。

单击"默认"选项卡"图层"面板中的"图层特性"按钮，新建三个图层：第一个图层命名为"轮廓线"，线宽为 0.30mm，其余属性默认；第二个图层命名为"中心线"，设置颜色为红色、线型为 CENTER，其余属性默认；第三个图层命名为"细实线"，设置颜色为蓝色，其余属性默认。

（2）设置绘图环境。在命令行输入 LIMITS 命令，设置图纸幅面为 297×210。

（3）绘制阀盖左视图中心线及圆。

① 将"中心线"图层设置为当前图层。单击状态栏中的"线宽"按钮，打开线宽显示功能；单击"对象捕捉"按钮，打开对象捕捉功能。

② 单击"默认"选项卡"绘图"面板中的"直线"按钮，绘制直线。命令行提示与操作如下：

```
命令：line↙
指定第一个点：（在绘图窗口中任意指定一点）
指定下一点或 [放弃(U)]：@80,0↙
指定下一点或 [放弃(U)]：↙
命令：↙
指定第一个点：_from 基点：（捕捉中心线的中点）
<偏移>：@0,40↙
指定下一点或 [放弃(U)]：@0,-80↙
指定下一点或 [闭合(C)/放弃(u)]：↙
```

③ 单击"默认"选项卡"绘图"面板中的"圆"按钮，捕捉中心线的交点，绘制直径为 70 的圆；单击"默认"选项卡"绘图"面板中的"直线"按钮，从中心线的交点到@45<45 绘制直线。结果如图 6-76 所示。

（4）绘制阀盖左视图外轮廓线。

① 将"轮廓线"图层设置为当前图层。单击"默认"选项卡"绘图"面板中的"多边形"按钮，绘制多边形。命令行提示与操作如下：

```
命令：POLYGON ↙
输入侧面数 <4>：↙
指定正多边形的中心点或 [边(E)]：（捕捉中心线的交点）
输入选项 [内接于圆(I)/外切于圆(C)] <I>:C↙
指定圆的半径：37.5↙
```

② 单击"默认"选项卡"修改"面板中的"圆角"按钮，对正方形进行圆角操作，设置圆角半径为 12.5。单击"默认"选项卡"绘图"面板中的"圆"按钮，捕捉中心线的交点，分别绘制直径为 36、28.5 及 20 的圆；捕捉中心线圆与倾斜中心线的交点，绘制直径为 14 的圆。单击"默认"选项卡"修改"面板中的"环形阵列"按钮，进行阵列操作。命令行提示与操作如下：

```
命令：ARRAYPOLAR
选择对象：（选取直径为 14 的圆及倾斜中心线）
类型 = 极轴  关联 = 是
```

指定阵列的中心点或 [基点(B)/旋转轴(A)]:（捕捉直径为 36、圆心为阵列中心）
选择夹点以编辑阵列或 [关联(AS)/基点(B)/项目(I)/项目间角度(A)/填充角度(F)/行(ROW)/层(L)/旋转项目(ROT)/退出(X)] <退出>: I✓
输入阵列中的项目数或 [表达式(E)] <6>: 4✓
选择夹点以编辑阵列或 [关联(AS)/基点(B)/项目(I)/项目间角度(A)/填充角度(F)/行(ROW)/层(L)/旋转项目(ROT)/退出(X)] <退出>: F✓
指定填充角度(+=逆时针、-=顺时针) 或 [表达式(EX)] <360>:360✓
选择夹点以编辑阵列或 [关联(AS)/基点(B)/项目(I)/项目间角度(A)/填充角度(F)/行(ROW)/层(L)/旋转项目(ROT)/退出(X)] <退出>:✓

然后对中心线的长度进行适当调整。结果如图 6-77 所示。

图 6-76　绘制中心线

图 6-77　绘制外轮廓线

（5）绘制螺纹小径。

将"细实线"图层设置为当前图层。单击"默认"选项卡"绘图"面板中的"圆"按钮⊙，捕捉直径为 36 的圆的圆心，绘制直径为 34 的圆。单击"默认"选项卡"修改"面板中的"修剪"按钮，对细实线的螺纹小径进行修剪。结果如图 6-78 所示。

（6）绘制阀盖主视图外轮廓线。

① 将"轮廓线"图层设置为当前图层。单击状态栏中的"正交"按钮，打开正交功能。

② 单击"默认"选项卡"绘图"面板中的"直线"按钮／，绘制直线。命令行提示与操作如下：

命令: line✓
指定第一个点:<对象捕捉追踪 开>

③ 单击状态栏中的"对象追踪"按钮，打开对象追踪功能。捕捉左视图水平中心线的端点，如图 6-79 所示，向左拖动鼠标，此时出现一条虚线，在适当位置处单击确定一点。

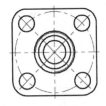

图 6-78　绘制螺纹小径

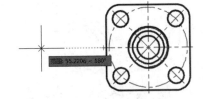

图 6-79　对象追踪确定起始点

④ 从该点→@0,18→@15,0→@0,-2→@11,0→@0,21.5→@12,0→@0,-11→@1,0→@0,-1.5→@5,0→@0,-4.5→@4,0，将鼠标移动到中心线端点，此时出现一条虚线，如图 6-80 所示。

⑤ 向左拖动鼠标到两条虚线的交点处单击，绘制出阀盖主视图外轮廓线。结果如图 6-81 所示。

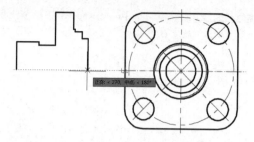

图 6-80 利用"对象追踪"确定终点

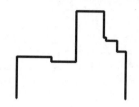

图 6-81 阀盖主视图外轮廓线

（7）绘制阀盖主视图中心线。将"中心线"图层设置为当前图层，单击"默认"选项卡"绘图"面板中的"直线"按钮 ╱，绘制直线。命令行提示与操作如下：

```
命令: line↙
指定第一个点: _from 基点: (捕捉阀盖主视图左端点)
<偏移>: @-5,0↙
指定下一点或 [放弃(U)]: _from 基点: (捕捉阀盖主视图右端点)
<偏移>: @5,0↙
```

（8）绘制阀盖主视图内轮廓线。

① 将"轮廓线"图层设置为当前图层。单击"默认"选项卡"绘图"面板中的"直线"按钮 ╱，绘制直线。命令行提示与操作如下：

```
命令: line↙
指定第一点: (捕捉左视图直径为 28.5 的圆的上象限点，如图 6-82 所示，向左拖动鼠标，此时出现一条虚线，捕捉主视图左边线上的最近点单击)
```

② 从该点→@5,0→捕捉与中心线的垂足，绘制直线。

③ 方法同前，利用对象追踪功能，捕捉左视图直径为 20 的圆的上象限点，向左拖动鼠标，此时出现一条虚线，捕捉刚刚绘制的直线上的最近点单击，从该点→@36,0 绘制直线。单击"默认"选项卡"绘图"面板中的"直线"按钮 ╱，捕捉直线端点→@0,8，再捕捉与阀盖右边线的垂足，绘制阀盖主视图内轮廓线。结果如图 6-83 所示。

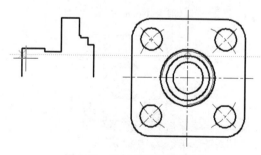

图 6-82 对象追踪确定起始点

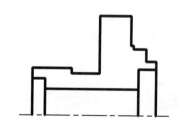

图 6-83 阀盖主视图内轮廓线

（9）绘制主视图 M36 螺纹小径。单击"默认"选项卡"修改"面板中的"偏移"按钮 ⊂，选取阀盖主视图左端 M36 轴段上边线，将其向下偏移 1。选取偏移后的直线，将其所在图层修改为"细实线"图层。

　　（10）对主视图进行圆角及倒角操作。单击"默认"选项卡"修改"面板中的"倒角"按钮 ╱，对主视图 M36 轴段左端进行倒角操作，设置倒角距离为 1.5。单击"默认"选项卡"修改"面板中的"圆角"按钮 ╱，对主视图进行圆角操作，设置圆角半径分别为 2 和 5。方法同前，单击"默认"选项卡"修改"面板中的"修剪"按钮 ，对 M36 螺纹小径的细实线左端进行修剪，然后单击"默认"选项卡"修改"面板中的"延伸"按钮 ，对 M36 螺纹小径的细实线右端进行延伸。结果如图 6-84 所示。

　　（11）绘制完成阀盖主视图。单击"默认"选项卡"修改"面板中的"镜像"按钮 ，用窗口选择方式选取主视图的轮廓线，以主视图的中心线为镜像轴线，进行镜像操作。将"细实线"图层设置为当前图层。单击"默认"选项卡"绘图"面板中的"图案填充"按钮 ，选取填充区域，如图 6-85 所示，绘制剖面线。

　　主视图的绘制结果如图 6-86 所示。阀盖的最终绘制结果如图 6-75 所示。

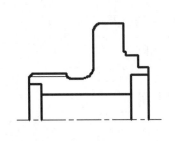
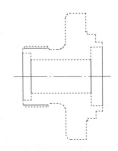
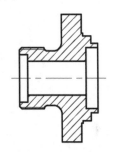

图 6-84　圆角及倒角后的主视图　　　图 6-85　选取填充区域　　　图 6-86　阀盖主视图

☞补充：

1．剖视图绘制注意事项

　　（1）剖切面的选择。有利于清楚地表达机件内部形状的真实情况。使剖切面平行剖视图所在投影面并尽量通过较多的内部结构的对称面或轴线，如图 6-87 所示。

完整实体　　　　　　　　　　　　　　剖切面

图 6-87　剖切面的选择

　　（2）假想剖切。剖切是一种假想，其他视图仍应完整画出，如图 6-88 所示。

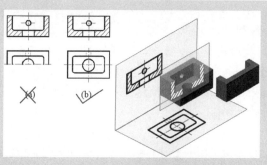

图 6-88　正确的剖切面

（3）虚线处理。在剖视图中一般不画虚线，对未表达清楚的结构，少量虚线可省略视图，在不影响剖视图清晰的情况下用虚线表示；其他视图中，凡已表达清楚的内部结构，其虚线均可省略，如图 6-89 所示。

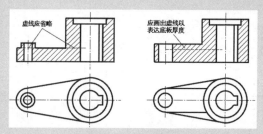

图 6-89　虚线处理

（4）剖视图中不要漏线。剖切平面后的可见轮廓线应全部画出，如图 6-90 所示。

（5）剖面线。同一物体，剖面线画法应一致。在按纵向剖切时，肋板上不绘制剖面线，用粗实线将肋板与邻接部分分开，如图 6-91 所示。

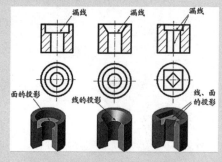

图 6-90　漏线处理

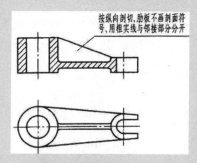

图 6-91　剖视图中肋的规定画法

2. 两种特殊的剖切面

（1）斜剖。用不平行于某一基本投影面的平面剖切机件的方法，习惯上称为斜剖，如图 6-92 所示。

斜剖主要用于表达机件上具有倾斜结构的内部形状。采用斜剖画剖视图时，应尽量使剖视图按投影关系配置。必要时也可将它配置在其他适当的位置。在不引起误解的前提下，允许将图形旋转。采用斜剖画出的剖视图都必须进行标注，虽然剖切平面是倾斜的，但标注的字母必须水平。

（2）圆柱面剖切。可以用圆柱面作为剖切平面。采用圆柱面作为剖切平面时，剖视图应按展开绘制，并在图名后加"展开"二字进行注释，如图 6-93 所示。

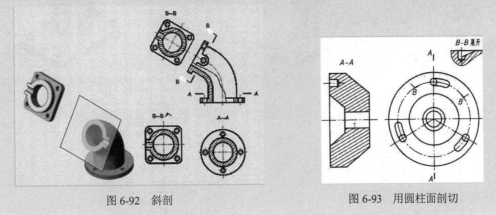

图 6-92 斜剖   图 6-93 用圆柱面剖切

练习提高   实例 066——绘制轴承端盖

绘制轴承端盖，基流程如图 6-94 所示。

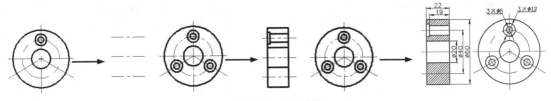

图 6-94 轴承端盖

📋 **思路点拨：**

（1）用"直线""圆""阵列"命令绘制左视图。
（2）用"偏移""修剪""图案填充"等命令绘制主视图。

6.5 半 剖 视 图

当物体具有对称平面时，以对称中心线为界，一半画成视图，另一半画成剖视图，这种剖视图称为半剖视图。

为了清楚表达支架的内、外形状，可将主视图和俯视图均画成半剖视图。在半剖视图中，物体的内形已在半个剖视图中表达清楚，因此在表达外形的半个视图中的虚线可省略不画，如图 6-95 所示。

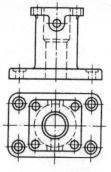

（a）支架的两视图

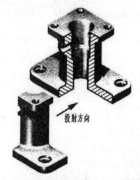

（b）剖切后将主视图画成半剖视图

（c）剖切后将俯视图画成半剖视图

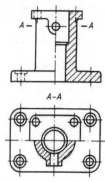

（d）主、俯视图都画成半剖视图后的支架图

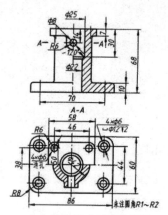

（e）标注尺寸后的支架图

图 6-95　半剖视图的画法示例

扫一扫，看视频

完全讲解　实例 067——绘制阀体

本实例以如图 6-96 所示的阀体绘制过程为例，介绍半剖视图的绘制方法。

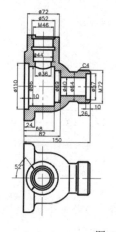

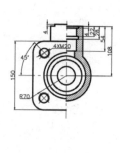

图 6-96　阀体

操作步骤：

（1）设置图层。

单击"默认"选项卡"图层"面板中的"图层特性"按钮，新建三个图层：第一个图层命名为"粗实线"，线宽为 0.3mm，其余属性默认；第二个图层命名为"中心线"，设置颜色为红色，线型为 CENTER，其余属性默认；第三个图层命名为"细实线"，设置颜色为蓝色，其余属性默认。

（2）绘制中心线和辅助线。

① 将"中心线"图层设置为当前图层。单击"默认"选项卡"绘图"面板中的"直线"按钮，绘制两条相互垂直的中心线，竖直中心线和水平中心线长度分别大约为 500 和 700。

② 单击"默认"选项卡"修改"面板中的"偏移"按钮，将水平中心线向下偏移 200，将竖直中心线向右偏移 400。

③ 单击"默认"选项卡"绘图"面板中的"直线"按钮，指定偏移后以中心线右下交点为起点，下一点坐标为（@300<135）绘制斜线。

④ 单击"默认"选项卡"修改"面板中的"移动"按钮，将绘制的斜线向右下方移动到适当位置，使其仍然经过右下方的中心线交点。结果如图 6-97 所示。

（3）绘制主视图。

① 单击"默认"选项卡"修改"面板中的"偏移"按钮，将上面的中心线向下偏移 75，将左侧的中心线向左偏移 42。

② 选择偏移形成的两条中心线，如图 6-98 所示；然后在"默认"选项卡"图层"面板"图层"下拉列表中选择"粗实线"图层，如图 6-99 所示；将这两条中心线转换成粗实线，同时将"粗实线"图层设置为当前图层，如图 6-100 所示。

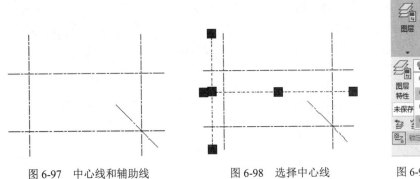
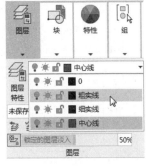

图 6-97　中心线和辅助线　　　图 6-98　选择中心线　　　图 6-99　"图层"下拉列表

③ 单击"默认"选项卡"修改"面板中的"修剪"按钮，将转换的两条粗实线修剪成如图 6-101 所示的形式。

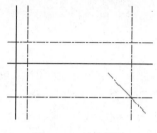

图 6-100　转换图层

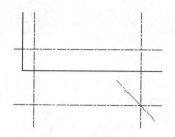

图 6-101　修剪直线 1

④　单击"默认"选项卡"修改"面板中的"偏移"按钮，分别将刚修剪的竖直直线向右偏移 10、24、58、68、82、124、140、150，将水平直线向上偏移 20、25、32、39、40.5、43、46.5、55。结果如图 6-102 所示。单击"默认"选项卡"修改"面板中的"修剪"按钮，将偏移直线后的图形修剪成如图 6-103 所示的形状。

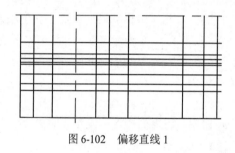

图 6-102　偏移直线 1

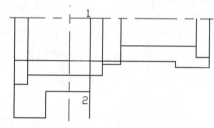

图 6-103　修剪直线 2

⑤　单击"默认"选项卡"绘图"面板中的"圆弧"按钮，以图 6-103 中点 1 为圆心、点 2 为起点绘制圆弧，以适当位置为圆弧终点。结果如图 6-104 所示。

⑥　单击"默认"选项卡"修改"面板中的"删除"按钮，删除直线 1－2。单击"默认"选项卡"修改"面板中的"修剪"按钮，修剪圆弧及与之相交的直线。结果如图 6-105 所示。

⑦　单击"默认"选项卡"修改"面板中的"倒角"按钮，对右下方的直角进行倒角，设置倒角距离为 4。重复"倒角"命令，对其左侧的直角倒角，设置倒角距离为 4。

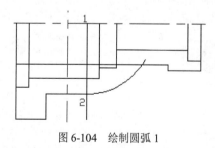

图 6-104　绘制圆弧 1

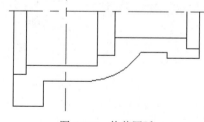

图 6-105　修剪圆弧

⑧　单击"默认"选项卡"修改"面板中的"圆角"按钮，对下端的直角进行圆角处理，设置圆角半径为 10。重复"圆角"命令，对修剪的圆弧直线相交处进行圆角处理，设置半径为 3。结果如图 6-106 所示。

⑨ 单击"默认"选项卡"修改"面板中的"偏移"按钮 ⊜，将右下端水平直线向上偏移 2。单击"默认"选项卡"修改"面板中的"延伸"按钮 ⇥，将偏移的直线进行延伸处理。然后将延伸后直线所在的图层转换到"细实线"图层，绘制出螺纹牙底。结果如图 6-107 所示。

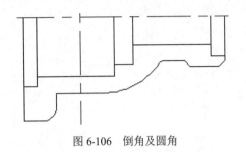

图 6-106　倒角及圆角

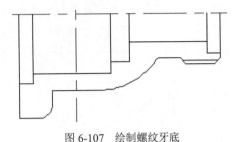

图 6-107　绘制螺纹牙底

⑩ 单击"默认"选项卡"修改"面板中的"镜像"按钮 ⚏，选择如图 6-108 所示的虚线部分作为镜像对象，以水平中心线为镜像轴进行镜像。结果如图 6-109 所示。

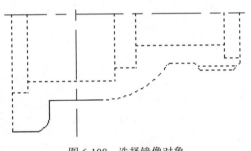

图 6-108　选择镜像对象

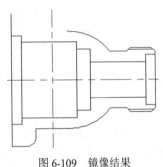

图 6-109　镜像结果

⑪ 单击"默认"选项卡"修改"面板中的"偏移"按钮 ⊜，将竖直中心线分别向左、右各偏移 18、22、26 和 36；将水平中心线向上偏移 54、80、86、104、108 和 112，并将偏移的中心线放置到"粗实线"图层。结果如图 6-110 所示。单击"默认"选项卡"修改"面板中的"修剪"按钮 ⧚，对偏移的图线进行修剪。结果如图 6-111 所示。

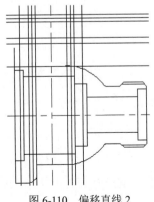

图 6-110　偏移直线 2

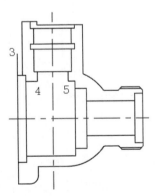

图 6-111　修剪直线 3

⑫ 单击"默认"选项卡"绘图"面板中的"圆弧"按钮 ⌒，选择图 6-111 所示的点 3 为圆弧起点，适当一点为第二点，点 3 右侧竖直线上适当一点为终点绘制圆弧。单击"默认"选项卡"修改"面板中的"修剪"按钮 ✂，以圆弧为界，将点 3 右侧直线下部剪掉。重复"圆弧"命令，绘制起点和终点分别为点 4 和点 5、第二点为竖直中心线上适当一点的圆弧。结果如图 6-112 所示。

⑬ 将图 6-112 中 6、7 两条直线各向外偏移 1，然后将偏移后直线所在的图层转换到"细实线"图层，完成螺纹牙底的绘制。结果如图 6-113 所示。

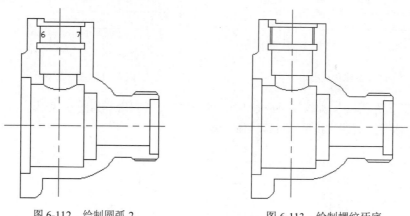

图 6-112　绘制圆弧 2　　　　　　图 6-113　绘制螺纹牙底

⑭ 将"细实线"图层设置为当前图层。单击"默认"选项卡"绘图"面板中的"图案填充"按钮 ▨，打开"图案填充创建"选项卡，选择填充区域进行填充。结果如图 6-114 所示。

（4）绘制俯视图。

① 单击"默认"选项卡"修改"面板中的"复制"按钮 ⅗，将图 6-115 主视图中虚线显示的对象进行竖直复制。结果如图 6-116 所示。

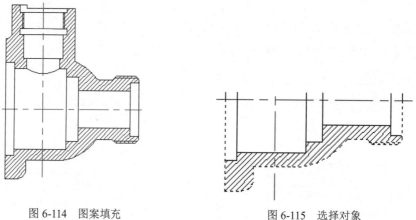

图 6-114　图案填充　　　　　　图 6-115　选择对象

② 将"粗实线"图层设置为当前图层。单击"默认"选项卡"绘图"面板中的"直线"按钮 ／，捕捉主视图上相关点，向下绘制竖直辅助线。结果如图 6-117 所示。

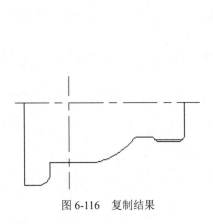

图 6-116 复制结果

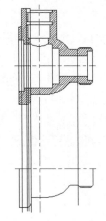

图 6-117 绘制辅助线

③ 单击"默认"选项卡"绘图"面板中的"圆"按钮⊙，按辅助线与水平中心线交点指定的位置点，以中心线交点为圆心，以辅助线和水平中心线交点为圆弧上一点绘制 4 个同心圆。利用"直线"命令，以左侧第 4 条辅助线与第 2 大圆的交点为起点绘制直线。单击状态栏直线"动态输入"按钮，在适当位置指定终点，绘制与水平方向成 232°角的直线，重复"直线"命令，绘制俯视图右侧倒角处的直线。结果如图 6-118 所示。

④ 单击"默认"选项卡"修改"面板中的"修剪"按钮，以最外面圆为界修剪刚绘制的斜线，以水平中心线为界修剪最右侧辅助线，以最外面的圆和下边第二条水平线为界修剪右侧第二条辅助线。

⑤ 单击"默认"选项卡"修改"面板中的"删除"按钮，删除其余辅助线。结果如图 6-119 所示。

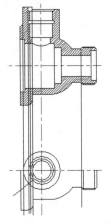

图 6-118 绘制轮廓线

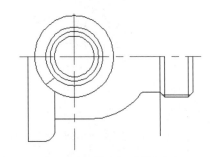

图 6-119 修剪与删除辅助线

⑥ 单击"默认"选项卡"修改"面板中的"圆角"按钮，对俯视图同心圆正下方的直角进行圆角处理，设置半径为 10。

⑦ 单击"默认"选项卡"修改"面板中的"打断"按钮，将刚修剪的最右侧辅助线打断。

结果如图 6-120 所示。

⑧ 单击"默认"选项卡"修改"面板中的"延伸"按钮 ，以刚进行圆角的圆弧为界，将圆角形成的断开直线延伸。

⑨ 单击"默认"选项卡"修改"面板中的"复制"按钮 ，将刚打断的辅助线向左以适当距离平行复制。结果如图 6-121 所示。

⑩ 单击"默认"选项卡"修改"面板中的"镜像"按钮 ，以水平中心线为镜像轴，将水平中心线以下的所有对象进行镜像。结果如图 6-122 所示。

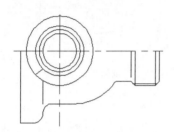 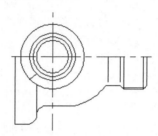 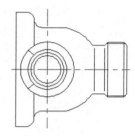

图 6-120　圆角处理与打断辅助线　　　图 6-121　延伸与复制辅助线　　　图 6-122　镜像结果

（5）绘制左视图。

① 单击"默认"选项卡"绘图"面板中的"直线"按钮 ，捕捉主视图与左视图上相关点，绘制如图 6-123 所示的水平与竖直辅助线。

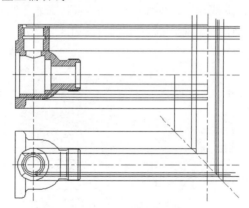

图 6-123　绘制辅助线

② 单击"默认"选项卡"绘图"面板中的"圆"按钮 ，以水平辅助线与左视图中心线指定的交点为圆弧上的一点，以中心线交点为圆心绘制 5 个同心圆，如图 6-124 所示。进一步修剪辅助线。结果如图 6-125 所示。

③ 绘制孔板。单击"默认"选项卡"修改"面板中的"圆角"按钮 ，对如图 6-125 所示的图形左下角直角进行圆角，设置半径为 25。

④ 将"中心线"图层设置为当前图层。单击"默认"选项卡"绘图"面板中的"圆"按钮 ，以中心线交点为圆心，绘制半径为 70 的中心线圆。

⑤ 单击"默认"选项卡"绘图"面板中的"直线"按钮✎，以中心线交点为起点，向左下方绘制 45°斜线。

⑥ 将"粗实线"图层设置为当前图层。单击"默认"选项卡"绘图"面板中的"圆"按钮⊙，以中心线圆与斜中心线交点为圆心，绘制半径为 10 的圆。

⑦ 将"细实线"图层设置为当前图层。单击"默认"选项卡"绘图"面板中的"圆"按钮⊙，以中心线圆与斜中心线交点为圆心，绘制半径为 12 的圆，如图 6-126 所示。

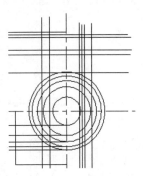
图 6-124　绘制同心圆

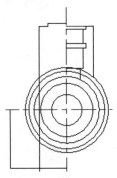
图 6-125　修剪辅助线

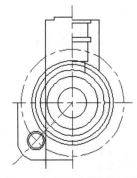
图 6-126　圆角与绘制同心圆

⑧ 单击"默认"选项卡"修改"面板中的"打断"按钮凸，修剪同心圆的外圆、中心线圆与斜中心线。

⑨ 单击"默认"选项卡"修改"面板中的"镜像"按钮⚔，以水平中心线为镜像轴，将绘制的孔板进行镜像处理。结果如图 6-127 所示。

⑩ 修剪图线。单击"默认"选项卡"修改"面板中的"修剪"按钮⮧，选择相应边界，修剪左侧辅助线与 5 个同心圆中的最外边的两个同心圆。结果如图 6-128 所示。

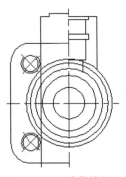
图 6-127　镜像结果

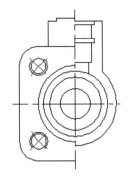
图 6-128　修剪图线

⑪ 图案填充。单击"默认"选项卡"绘图"面板中的"图案填充"按钮▨，对左视图进行图案填充。结果如图 6-129 所示。

⑫ 单击"默认"选项卡"修改"面板中的"打断"按钮凸，修剪过长的中心线，再将左视图整体向左水平移动到适当位置。最终绘制的阀体三视图如图 6-130 所示。

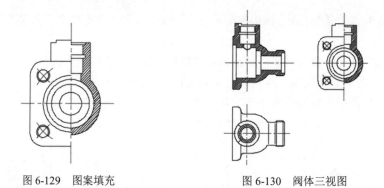

图 6-129　图案填充　　　　　　　　　图 6-130　阀体三视图

☞补充：

（1）半剖视图的标注同全剖视图。半剖视图的标注内容、方法以及标注的省略条件均和全剖视图的相同。

（2）半剖视图中，半个外形视图和半个剖视图的分界线必须为点划线，不能画成粗实线。

（3）在半剖视图中没有表达清楚的内形，在表达外形的半个视图中，虚线不能省略。顶板上的圆柱孔、底板上的具有沉孔的圆柱孔都应用虚线画出。

（4）当物体的形状接近对称，且不对称部分已经有别的图形表达清楚时，也可以绘制成半剖视图，如图 6-131 所示。

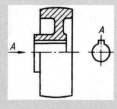

图 6-131　带轮

扫一扫，看视频

练习提高　实例 068——绘制油杯

绘制油杯，其流程如图 6-132 所示。

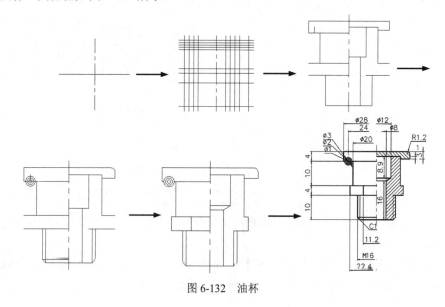

图 6-132　油杯

思路点拨:

　　首先设置图层,主要利用"直线""偏移"命令将各部分定位,再利用"倒角""圆角""修剪""图案填充"命令完成此图。

6.6 局部剖视图

　　用剖切面局部地剖开机件所得的剖视图称为局部剖视图。如图 6-133 所示的机件,采用全剖视图不合适,采用半剖视图又不具备条件,因此只能用剖切平面分别将机件局部剖开,画成局部剖视图。

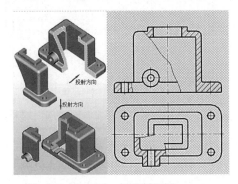

图 6-133　局部剖视图

完全讲解　实例 069——绘制底座

本实例绘制底座,如图 6-134 所示。通过本实例,熟悉局部剖视图的绘制方法。

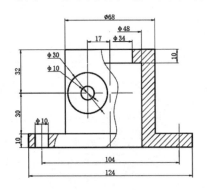

图 6-134　底座

操作步骤:

　　(1)设置图层。单击"默认"选项卡"图层"面板中的"图层特性"按钮,新建三个图层:第一个图层命名为"轮廓线",线宽为 0.30mm,其余属性默认;第二个图层命名为"细实线",设置颜色为灰色，其余属性默认；第三个图层命名为"中心线"，设置颜色为红色，线型为 CENTER，其余属性默认。

（2）绘制辅助直线。将"中心线"图层设置为当前图层。单击"默认"选项卡"绘图"面板中的"直线"按钮／，绘制一条竖直中心线。将"轮廓线"图层设置为当前图层，重复"直线"命令，绘制一条水平直线。结果如图 6-135 所示。

（3）偏移处理。单击"默认"选项卡"修改"面板中的"偏移"按钮，将水平直线分别向上偏移 10、40、62 和 72。重复"偏移"命令，将竖直中心线分别向两侧各偏移 17、34、52 和 62，再将竖直中心线向右偏移 24。选取偏移后的相应直线，将其所在的图层修改为相应图层。结果如图 6-136 所示。

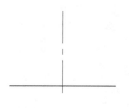

图 6-135　绘制直线

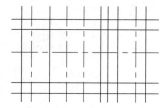

图 6-136　偏移处理 1

（4）绘制样条曲线。将"细实线"图层设置为当前图层。单击"默认"选项卡"绘图"面板中的"样条曲线拟合"按钮，绘制中部的剖切线。结果如图 6-137 所示。

（5）修剪处理。单击"默认"选项卡"修改"面板中的"修剪"按钮，修剪相关图线。结果如图 6-138 所示。

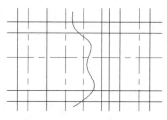

图 6-137　绘制样条曲线 1

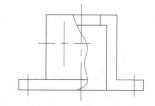

图 6-138　修剪处理

（6）偏移处理。单击"默认"选项卡"修改"面板中的"偏移"按钮，将直线 1 分别向两侧偏移 5，修剪后将其所在的图层修改为"轮廓线"图层。结果如图 6-139 所示。

（7）绘制样条曲线。单击"默认"选项卡"绘图"面板中的"样条曲线拟合"按钮，绘制左下角的剖切线并对剖切线进行修剪，然后打开"线宽"显示功能，将相应的直线改为粗线。结果如图 6-140 所示。

（8）绘制圆。将"轮廓线"图层设置为当前图层。单击"默认"选项卡"绘图"面板中的"圆"按钮，以中心线交点为圆心，分别绘制半径为 15 和 5 的同心圆。结果如图 6-141 所示。

（9）绘制剖面线。将"细实线"图层设置为当前图层。单击"默认"选项卡"绘图"面板中的"图案填充"按钮，弹出"图案填充创建"选项卡，在"特性"选项板"图案"下拉列表中选择

"用户定义"选项，设置填充"角度"为 45°，"间距"设置为 3；然后选择相应的填充区域进行填充。最终结果如图 6-134 所示。

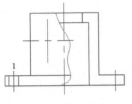

图 6-139　偏移处理 2

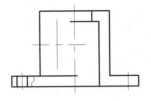

图 6-140　绘制样条曲线 2

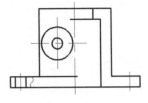

图 6-141　绘制圆

☞补充：

1. 剖视图的应用场合

（1）机件的内、外形状均需表达，但因不对称不能或不宜采用半剖视图时。

（2）机件上只有局部内部形状需要表达，不必或不宜采用全剖视图时。

（3）机件的轮廓线与对称中心线重合，不能采用半剖视图时，如图 6-142 所示。

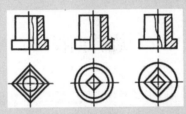

图 6-142　轮廓线与对称中心线重合的半剖视图的画法

2. 剖视图注意事项

（1）如图 6-143 所示，在局部剖视图中，视图与剖视图的分界线为波浪线，它可视为机件断裂痕迹的投影。波浪线不应与图样上其他图线重合，不应超出视图的轮廓线，遇到孔、槽时波浪线应断开，也不应是轮廓线的延长线。

（2）当被剖切物体是回转体时，允许将回转体的中心线作为局部剖视图与视图的分界线，如图 6-144 所示。

（3）在同一个视图上局部剖视图不宜使用过多，以免图形过于零碎。

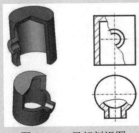

图 6-143　局部剖视图

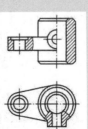

图 6-144　回转体剖视图

练习提高　实例 070——绘制销轴

绘制销轴，其流程如图 6-145 所示。

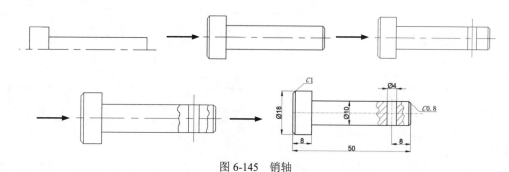

图 6-145　销轴

思路点拨：

（1）用"直线""偏移""倒角""镜像"命令绘制销轴主体。

（2）用"直线""镜像""样条曲线""图案填充"等命令绘制销孔局部。

6.7　旋转剖视图

将用两个相交的剖切平面（交线垂直于某一基本投影面）剖开机件的方法称为旋转剖，如图 6-146 所示。

旋转剖适用于具有回转轴且孔、槽等内部结构又不在同一个平面上的机件。

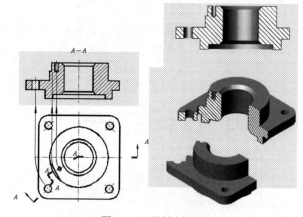

图 6-146　旋转剖视图

完全讲解　实例 071——绘制曲柄

本实例绘制曲柄，如图 6-147 所示。通过本实例，熟悉旋转剖视图的绘制方法。

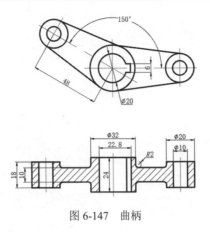

图 6-147　曲柄

操作步骤：

（1）设置图层。打开在 4.5 节实例 037 中绘制的文件：曲柄主视图.DWG，如图 6-148 所示。单击"默认"选项卡"图层"面板中的"图层特性"按钮，弹出"图层特性管理器"选项板，新建一个图层，将其命名为"细实线"，颜色设置为蓝色，其余属性默认。

（2）绘制竖直辅助线。将"细实线"图层设置为当前图层。单击"默认"选项卡"绘图"面板中的"构造线"按钮，分别捕捉曲柄各个象限点及圆心，绘制 6 条竖直辅助线，如图 6-149 所示。

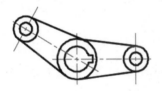

图 6-148　曲柄

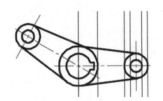

图 6-149　绘制竖直辅助线

（3）绘制水平辅助线。单击"默认"选项卡"绘图"面板中的"构造线"按钮，在主视图下方适当位置处绘制水平直线，并利用"偏移"命令将绘制的水平辅助线向下偏移 12、7、3，确定俯视图中曲柄最后面的轮廓线。结果如图 6-150 所示。

（4）绘制俯视图轮廓线。

① 将"粗实线"图层设置为当前图层。单击"默认"选项卡"绘图"面板中的"直线"按钮，分别捕捉辅助线的交点，绘制点 1→点 2→点 3→点 4→点 5→点 6→点 7 的直线。重复"直线"命令，再分别捕捉辅助线的其他交点，绘制点 8→点 9 及点 10→点 11 的直线。结果如图 6-151 所示。

② 单击"默认"选项卡"修改"面板中的"圆角"按钮，对绘制的直线进行圆角操作，设置圆角半径为 2。结果如图 6-152 所示。

③ 单击"默认"选项卡"修改"面板中的"镜像"按钮，将绘制的粗实线以最下端水平辅助线作为镜像轴进行镜像操作。结果如图 6-153 所示。

④ 单击"默认"选项卡"修改"面板中的"删除"按钮，删除所有的辅助线。

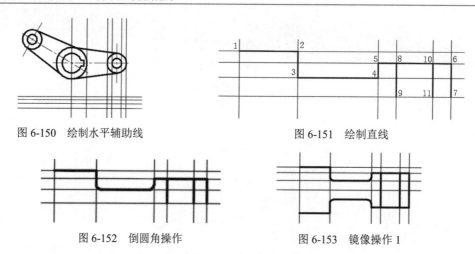

图 6-150　绘制水平辅助线　　　　　　图 6-151　绘制直线

图 6-152　倒圆角操作　　　　　　　　图 6-153　镜像操作 1

（5）绘制俯视图中心线。将"中心线"图层设置为当前图层。单击"默认"选项卡"绘图"面板中的"直线"按钮／，绘制中心线。命令行提示与操作如下：

```
命令：line↙
指定第一个点：
…_from 基点：（如图 6-153 所示，捕捉端点 1）
<偏移>：@0,3↙
指定下一点或 [放弃(U)]：@0,-30↙
指定下一点或 [放弃(U)]：↙
```

使用相同的方法绘制右端中心线。结果如图 6-154 所示。

（6）绘制俯视图。

① 单击"默认"选项卡"修改"面板中的"镜像"按钮⚎，选取竖直中心线右端的所有图形，以竖直中心线为镜像轴，进行镜像操作。结果如图 6-155 所示。

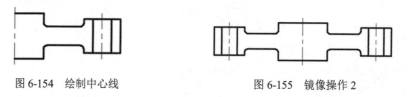

图 6-154　绘制中心线　　　　　　　图 6-155　镜像操作 2

② 将"粗实线"图层设置为当前图层。单击"默认"选项卡"绘图"面板中的"构造线"按钮⚯，捕捉曲柄主视图中间直径为 20 的圆的象限点及键槽端点，绘制 3 条粗竖直线，如图 6-156 所示。

③ 单击"默认"选项卡"修改"面板中的"修剪"按钮⚒，对刚绘制的 3 条粗实线进行修剪。结果如图 6-157 所示。

④ 将"细实线"图层设置为当前图层。单击"默认"选项卡"绘图"面板中的"图案填充"按钮⚟，弹出"图案填充创建"选项卡，选择 ANSI31 图案，选择俯视图中的填充区域填充剖面线。结果如图 6-158 所示。

图 6-156　绘制构造线

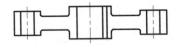

图 6-157　修剪构造线

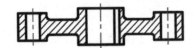

图 6-158　填充图案

☞ 补充:

（1）应先假想按剖切位置剖开机件，然后将其中被倾斜剖切平面剖开的结构及其有关部分旋转到与选定的基本投影面平行后再进行投射。这里强调的是先剖开，后旋转，再投射，如图 6-159 所示。

（2）在剖切平面后的其他结构一般仍按原位置投射，如图 6-160 所示主视图上的小孔在俯视图上的位置。

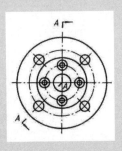

图 6-159　剖切位置

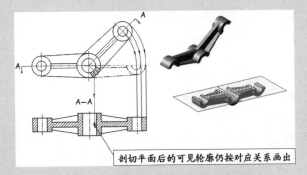

剖切平面后的可见轮廓仍按对应关系画出

图 6-160　主视图上的小孔在俯视图上的位置

（3）当剖切后产生不完整要素时，应将此部分按不剖绘制，如图 6-161 所示。

（4）采用旋转剖时必须按规定进行标注，如图 6-162 和图 6-163 所示。

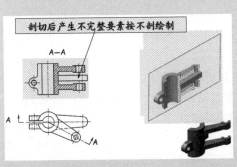

剖切后产生不完整要素按不剖绘制

图 6-161　剖切后产生不完整要素按不剖绘制

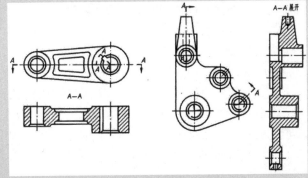

图 6-162　连杆的旋转剖　　图 6-163　旋转剖的展开画法

练习提高　实例 072——绘制拨叉主视图

绘制拨叉主视图，其流程如图 6-164 所示。

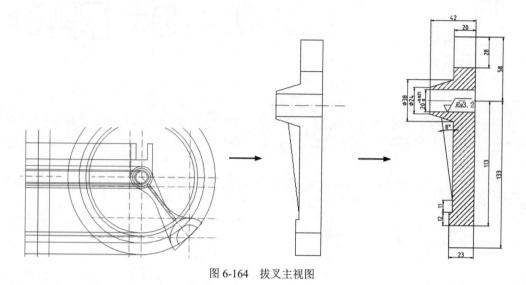

图 6-164　拨叉主视图

思路点拨：

（1）用"直线""圆""偏移"命令绘制辅助线。
（2）用"偏移""修剪""图案填充"等命令绘制主视图。

6.8　阶梯剖视图

用几个平行的剖切平面剖开机件的方法，习惯上称为阶梯剖，如图 6-165 所示。当机件内外形处于几个互相平行的对称平面时，应采用阶梯剖。

阶梯剖注意事项如下：

（1）各剖切平面剖切后所得的剖视图是一个图形，在剖切平面转折处转折平面的投影不应画出，如图 6-166 所示。

（2）剖切平面的转折处不应与视图中的轮廓线重合，如图 6-167 所示。

（3）在剖视图中不应出现不完整的要素。只有当两个要素在图形上具有公共对称中心线或轴线时，可以各画一半，此时应以对称中心线或轴线为界，如图 6-168 所示。

（4）采用阶梯剖时，必须按规定进行标注。

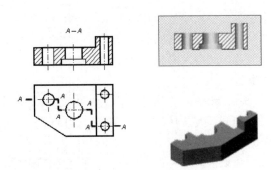

图 6-165　阶梯剖

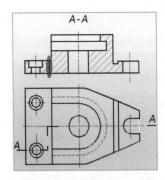

图 6-166　错误表达方法 1

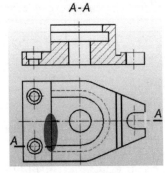

图 6-167　错误表达方法 2

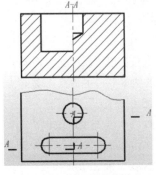

图 6-168　出现不完整要素

扫一扫，看视频

完全讲解　实例 073——绘制架体

本实例绘制架体，如图 6-169 所示。通过本实例，熟悉阶梯剖视图的绘制方法。

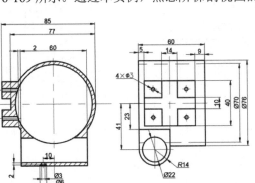

图 6-169　架体

🛠️操作步骤：

（1）设置图层。单击"默认"选项卡"图层"面板中的"图层特性"按钮🗐，弹出"图层特性管理器"选项板，新建以下四个图层。

① 第一个图层命名为"细点划线"，设置颜色为红色，线型为 CENTER，其余属性默认。

② 第二个图层命名为"粗实线"，线宽为 0.30mm，其余属性默认。

③ 第三个图层命名为"虚线"，设置颜色为蓝色，线型为 DASHED，其余属性默认。

④ 第四个图层命名为"细实线"，所有属性默认。

（2）绘制中心线。将"细点划线"图层设置为当前图层。单击"默认"选项卡"绘图"面板中的"直线"按钮 ╱，绘制两组正交的中心线，坐标为 {（ 100,100),（ 100,10）} {（70,55),（ 134,55)} {（69,14),（ 103,14)} {（ 86,26.5),（ 86,1.5)}。结果如图 6-170 所示。

（3）偏移直线。单击"默认"选项卡"修改"面板中的"偏移"按钮 ⊜，将直线 1 分别向上偏移 5、20、35、38，再向下偏移 5、20、23、35、38。重复"偏移"命令，将直线 2 分别向左偏移 7、23、28，再向右偏移 7、23、32。然后将偏移后直线所在的图层分别修改为"粗实线"图层和"虚线"图层。结果如图 6-171 所示。

（4）修剪直线。单击"默认"选项卡"修改"面板中的"修剪"按钮 ⅀，修剪图形。

（5）绘制直线。将"粗实线"图层设置为当前图层。单击"默认"选项卡"绘图"面板中的"直线"按钮 ╱，以图 6-171 中的点 1 为起点绘制直线。结果如图 6-172 所示。

（6）绘制圆并修剪。

① 单击"默认"选项卡"绘图"面板中的"圆"按钮 ⊙，以左下角中心线交点为圆心，分别绘制半径为 11 和 14 的同心圆。

② 单击"默认"选项卡"修改"面板中的"修剪"按钮 ⅀，修剪图形。结果如图 6-173 所示。

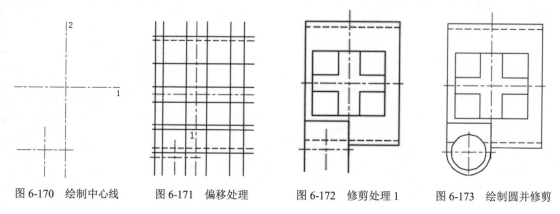

图 6-170　绘制中心线　　图 6-171　偏移处理　　图 6-172　修剪处理 1　　图 6-173　绘制圆并修剪

（7）绘制孔系。

① 单击"默认"选项卡"修改"面板中的"偏移"按钮 ⊜，将中心线 1 分别向上、下偏移 12.5，将中心线 2 分别向左、右偏移 15。

② 单击"默认"选项卡"绘图"面板中的"圆"按钮 ⊙，分别以偏移后的中心线交点为圆心，绘制直径为 3 的圆。

③ 单击"默认"选项卡"修改"面板中的"打断"按钮 ㅁ，调整中心线的长度。结果如图 6-174 所示。

（8）绘制剖视图中心线。将"细点划线"图层设置为当前图层。单击"默认"选项卡"绘图"面板中的"直线"按钮╱，以主视图中心线的端点为特征点，绘制剖视图中心线。

（9）绘制构造线。将"粗实线"图层设置为当前图层。单击"默认"选项卡"绘图"面板中的"射线"按钮╱，以主视图的特征点为起点绘制构造线。结果如图6-175所示。

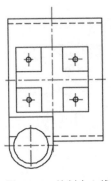

图6-174　绘制中心线

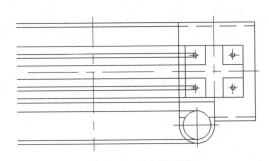

图6-175　绘制构造线

（10）绘制剖视图轮廓线。单击"默认"选项卡"绘图"面板中的"圆"按钮⊙，以中心线的交点为圆心，分别以上侧构造线与中心线的交点为圆上的一点绘制圆。单击"默认"选项卡"修改"面板中的"偏移"按钮⊆，将竖直中心线向左分别偏移30.25、39.25和47.25，再向右偏移30.25，并将其所在图层改为"粗实线"。结果如图6-176所示。

（11）修剪处理。单击"默认"选项卡"修改"面板中的"修剪"按钮，将剖视图中的构造线进行修剪。将"细点划线"图层设置为当前图层，绘制中心线。结果如图6-177所示。

（12）细化图形。单击"默认"选项卡"绘图"面板中的"直线"按钮╱和"修改"面板中的"偏移"按钮⊆，补全图形。结果如图6-178所示。

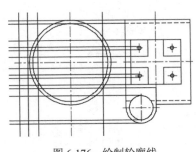

图6-176　绘制轮廓线

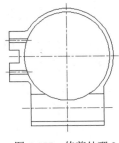

图6-177　修剪处理2

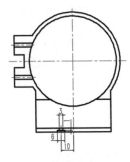

图6-178　补全图形

（13）绘制剖面线。将"细实线"图层设置为当前图层，单击"默认"选项卡"绘图"面板中的"填充图案"按钮▨，绘制剖视图中的剖面线。最终结果如图6-169所示。

（14）保存图形。单击"快速访问"工具栏中的"保存"按钮🖫，将图形以"架体"为文件名，保存在指定路径中。

☞ **补充**

1. 画金属材料的剖面符号应遵守的规定

（1）同一机件的零件图中，剖视图、断面图的剖面符号应画成间隔相等、方向相同且与水平方向成45°（向左、向右倾斜均可）的细实线，如图6-179所示。

（2）当图形的主要轮廓线与水平方向成45°时，该图形的剖面线应画成与水平方向成30°或60°的平行线，其倾斜方向仍与其他图形的剖面线一致，如图6-180所示。

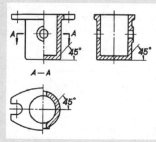

图6-179　金属材料的剖面线画法1

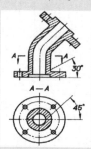

图6-180　金属材料的剖面线画法2

2. 读剖视图的方法

在掌握了机件的各种表达方法后，还要进一步根据机件已有的视图、剖视、断面等表达方法，分析了解剖切关系及表达意图，从而想象出机件的内部形状和结构，即读剖视图。

要想很快地读懂剖视图，首先应具有读组合体视图的能力，其次应熟悉各种视图、剖视、断面及其表达方法的规则、标注与规定。读图时以形体分析法为主，线面分析法为辅，并根据机件的结构特点，从分析机件的表达方法入手，由表及里逐步分析和了解机件的内外形状和结构，从而想象出机件的实际形状和结构。

（1）各剖切平面剖切后所得的剖视图是一个图形，在剖切平面转折处转折平面的投影不应画出，如图6-181所示。

（2）剖切平面的转折处不应与视图中的轮廓线重合，如图6-182所示。

（3）在剖视图中不应出现不完整的要素。只有当两个要素在图形上具有公共对称中心线或轴线时，可以各画一半，此时应以对称中心线或轴线为界，如图6-183所示。

（4）采用阶梯剖时，必须按规定进行标注。

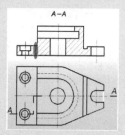

图6-181　转折平面投影不画出

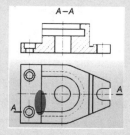

图6-182　转折处不与轮廓线重合

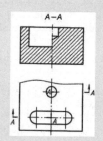

图6-183　允许出现不完整要素的阶梯剖

练习提高　实例 074——绘制箱体

绘制箱体，其流程如图 6-184 所示。

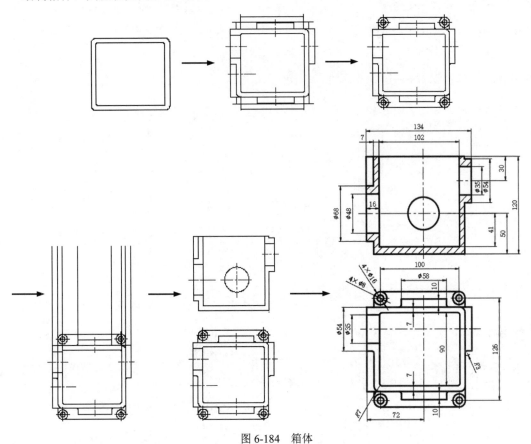

图 6-184　箱体

思路点拨：

> （1）利用"矩形""偏移""修剪""圆角"等命令绘制俯视图初步轮廓，然后利用"圆"命令绘制箱体的螺纹孔，完成俯视图。
>
> （2）利用"构造线""偏移""修剪"等命令绘制主视图轮廓，最后进行图案填充，完成主视图。

6.9　断　面　图

断面图也叫作剖面图，是指假想用剖切面将机件的某处切断，仅画出该剖切面与机件的接触部分的图形。剖视图与断面图的区别在于断面图是面的投影，仅画出断面的形状，而剖视图是体的投影，要将剖切面以后的结构全部投影画出，如图 6-185 所示。

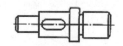

（a）轴测图　　　　（b）两视图　　　　（c）用剖切平面把轴切断　　（d）断面图　　　（e）剖视图

图 6-185　轴的剖面图与剖视图

扫一扫，看视频

完全讲解　实例 075——绘制传动轴

本实例绘制传动轴，如图 6-186 所示。通过本实例，熟悉断面图的绘制方法。

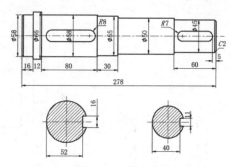

图 6-186　传动轴

操作步骤：

（1）设置图层。单击"默认"选项卡"绘图"面板中的"图层特性"按钮，弹出"图层特性管理器"选项板，新建以下三个图层：第一个图层命名为"中心线"，设置颜色为红色，线型为 CENTER，其余属性默认；第二个图层命名为"轮廓线"，线宽为 0.30mm，其余属性默认；第三个图层命名为"剖面线"，设置颜色为蓝色，其余属性默认。

（2）绘制中心线。将"中心线"图层设置为当前图层。单击"默认"选项卡"绘图"面板中的"直线"按钮，绘制中心线，坐标为{（60,200），（360,200）}，如图 6-187 所示。

————————————————————————

图 6-187　绘制中心线

（3）绘制传动轴主视图。

① 将"轮廓线"图层设置为当前图层。

② 绘制边界线。单击"默认"选项卡"绘图"面板中的"直线"按钮，绘制直线 1，坐标为{（70,200），（70,240）}。

③ 缩放和平移视图。利用"缩放"和"平移"命令将视图调整到易于观察的程度。

④ 偏移边界线。单击"默认"选项卡"修改"面板中的"偏移"按钮，以直线 1 为起点，以前一次偏移线为基准依次向右绘制直线 2 至直线 7，偏移量依次为 16、12、80、30、80 和 60，

如图 6-188 所示。

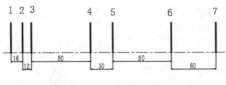

图 6-188　偏移边界线

⑤　偏移中心线。单击"默认"选项卡"修改"面板中的"偏移"按钮，将中心线向上分别偏移 22.5、25、27.5、29 和 33，如图 6-189 所示。

⑥　更改图形对象的图层属性。选中 5 条偏移的中心线，将其从"中心线"图层改为"轮廓线"图层，如图 6-190 所示。

⑦　修剪纵向直线。单击"默认"选项卡"修改"面板中的"修剪"按钮，以 5 条横向直线作为剪切边，对 7 条纵向直线进行修剪，如图 6-191 所示。

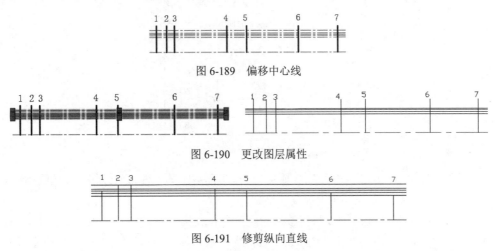

图 6-189　偏移中心线

图 6-190　更改图层属性

图 6-191　修剪纵向直线

⑧　修剪横向直线。单击"默认"选项卡"修改"面板中的"修剪"按钮，以 7 条纵向直线作为剪切边，对 5 条横向直线进行修剪，如图 6-192 所示。

⑨　端面倒角。单击"默认"选项卡"修改"面板中的"倒角"按钮，采用修剪、角度、距离模式，设置倒角长度为 2,对左、右端面的两条直线进行倒角处理，如图 6-193 所示。

图 6-192　修剪横向直线　　　　　　　图 6-193　端面倒直角

⑩　台阶面圆角处理。单击"默认"选项卡"修改"面板中的"圆角"按钮，采用不修剪、半径模式，对台阶面进行圆角操作。命令行提示与操作如下：

```
命令：FILLET↙
当前设置：模式 = 修剪，半径 = 0.0000
选择第一个对象或 [多段线（P）/半径（R）/修剪（T）/多个（U）]：T ↙
输入修剪模式选项 [修剪（T）/不修剪（N）] <修剪>：N ↙
选择第一个对象或 [放弃(U)/多段线(P)/半径(R)/修剪(T)/多个(M)]：R ↙
指定圆角半径 <0.0000>：2 ↙
选择第一个对象或 [放弃(U)/多段线(P)/半径(R)/修剪(T)/多个(M)]：
选择第二个对象，或按住 Shift 键选择要应用角点的对象：【依次选择传动轴中的 5 个台阶面进行圆角操作
（其中从右边数第三个台阶面圆角半径为1）】
```

圆角处理后的结果如图 6-194 所示。

⑪ 修剪圆角边。由于采用了不修剪模式下的圆角操作，故在每处圆角边都存在多余的边。单击"默认"选项卡"修改"面板中的"修剪"按钮，将其删除。修剪前后的对比如图 6-195 所示。

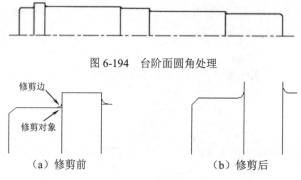

图 6-194 台阶面圆角处理

图 6-195 修剪圆角边

⑫ 绘制键槽轮廓线。单击"默认"选项卡"修改"面板中的"偏移"按钮，按照如图 6-196 所示偏移中心线和垂直线，完成键槽轮廓线的绘制。

⑬ 更改偏移中心线的图层属性。将偏移后的两条中心线从"中心线"图层改为"轮廓线"图层。

⑭ 键槽圆角处理。单击"默认"选项卡"修改"面板中的"圆角"按钮，采用修剪、半径模式，设置左侧键槽圆角半径为8、右侧键槽圆角半径为7，对键槽进行圆角处理，并修剪掉多余图线。结果如图 6-197 所示。

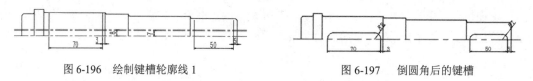

图 6-196 绘制键槽轮廓线 1　　　　　图 6-197 倒圆角后的键槽

⑮ 镜像成形。单击"默认"选项卡"修改"面板中的"镜像"按钮，使用镜像操作完成传动轴下半部分的绘制。结果如图 6-198 所示。

⑯ 补全端面线。单击"默认"选项卡"绘图"面板中的"直线"按钮，利用"对象捕捉"功能，补全左右的端面线。至此，传动轴的主视图绘制完毕，如图 6-199 所示。

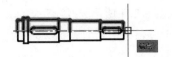

图 6-198　使用镜像绘制传动轴的下半部分

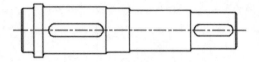

图 6-199　传动轴主视图

（4）绘制键槽断面图。

① 切换图层。将"中心线"图层设置为当前图层。

② 绘制断面图中心线。单击"默认"选项卡"绘图"面板中的"直线"按钮 ╱，绘制两组十字交叉直线，分别为直线{（100,100），（170,100）}、直线{（135,65），（135,135）}、直线{（250,100），（310,100）}、直线{（280,70），（280,130）}，如图 6-200 所示。

③ 绘制断面圆。将"轮廓线"图层设置为当前图层。单击"默认"选项卡"绘图"面板中的"圆"按钮 ⊙，绘制两个圆，一个圆心为（135,100）、半径为 29，另一个圆心为（280,100）、半径为 22.5。结果如图 6-201 所示。

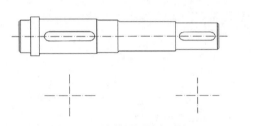

图 6-200　绘制断面图中心线

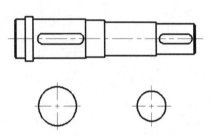

图 6-201　绘制断面圆

④ 绘制键槽轮廓线。单击"默认"选项卡"绘图"面板中的"直线"按钮 ╱，在左、右两个圆的右侧分别绘制 1 条竖直的切线，然后单击"默认"选项卡"修改"面板中的"偏移"按钮 ⊆，将左侧圆水平中心线分别向上、下偏移 8，将竖直直线水平向左偏移 6；将右侧圆水平中心线分别向上、下偏移 7，将竖直直线水平向左偏移 5.5。结果如图 6-202 所示。注意，中心线的偏移线同样需要更改其图层属性。

⑤ 绘制键槽。单击"默认"选项卡"修改"面板中的"修剪"按钮 ⊁，剪切刚偏移的直线，然后单击"默认"选项卡"修改"面板中的"删除"按钮 ⊿，删除掉绘制的直线，形成键槽，如图 6-203 所示。

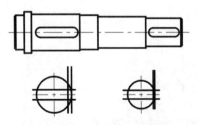

图 6-202　绘制键槽轮廓线 2

图 6-203　剪切形成键槽

⑥ 绘制剖面线。将"剖面线"图层设置为当前图层。按如图 6-204 所示选择填充轮廓进行图案填充。结果如图 6-205 所示。至此，键槽的断面图绘制工作完成。最终结果如图 6-186 所示。

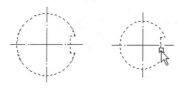

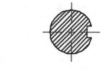

图 6-204　选择填充轮廓线　　　　　　　　图 6-205　绘制剖面线

☞补充：

根据断面图的配置位置，断面图可分为移出断面图和重合断面图两种。配置在视图之外的断面图称为移出断面图，如图 6-206 所示。配置在视图内的断面图，称为重合断面图。

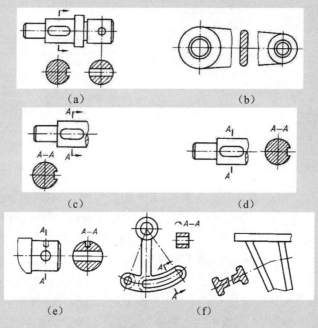

图 6-206　移出断面

1. 移出断面图

移出断面图的轮廓线必须用粗实线绘制，如图 6-206（a）所示。

（1）一般情况下，画出断面的真实形状，如图 6-206（c）、（d）所示。

（2）断面图形对称时，也可以绘制在视图中断处，如图 6-206（b）所示。

（3）特殊情况下，被剖切结构按剖视绘制。

当剖切面通过回转面形成的孔、凹坑的轴线时，这些结构按剖视绘制，如图 6-206（e）所示。当剖切面剖切非回转面形成的结构，出现完全分开的两个断面时，这些结构按剖视绘制，如图 6-206（f）所示。

（4）由两个或多个相交的剖切平面剖切物体得出的移出断面图，中间一般应断开绘制，如图 6-206（g）所示。

2. 重合断面图

为与视图中的轮廓线相区分，重合断面图的轮廓线必须用细实线绘制。

当视图中的轮廓线与重合断面图的图形重叠时，视图中的轮廓线仍应连续画出，不可间断，如图 6-207 所示。

重合断面图必须配置在视图内的剖切位置处。

因为重合断面图就配置在视图内的剖切位置处，故其标注一律可省略字母。

对称的重合断面图可不必标注,如图 6-208 所示。

不对称的重合断面图，只要画出剖切符号与箭头即可,如图 6-207 所示。有时也可不标注。

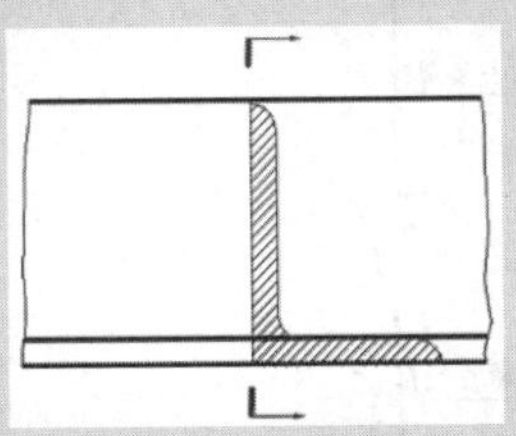

图 6-207　轮廓线与重合断面图的图形重叠 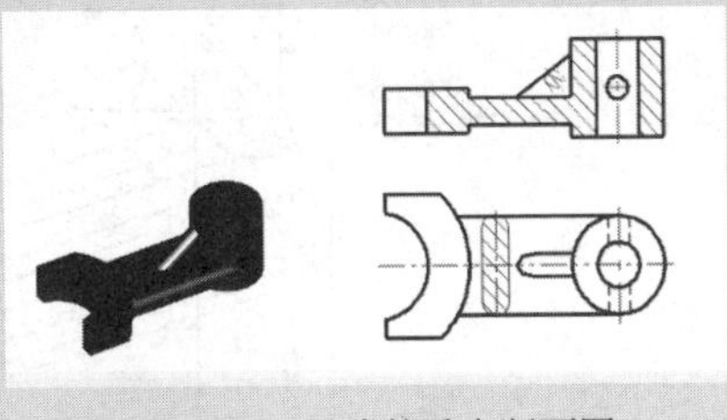　　　图 6-208　对称的重合断面图

练习提高　实例 076——绘制拔叉断面图

绘制拔叉断面图，其流程如图 6-209 所示。

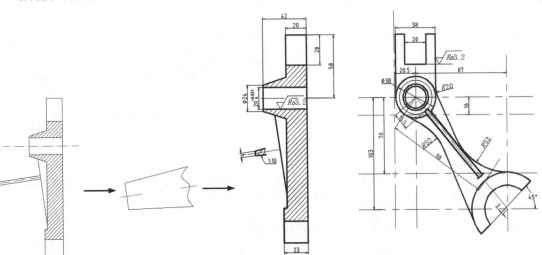

图 6-209　拔叉断面图

思路点拨：

（1）通过"直线""偏移""缩放""修剪""镜像"命令绘制断面图基本形状。
（2）通过"样条曲线""图案填充"命令完成最终图形。

6.10 轴 测 图

轴测图是指将物体连同其参考直角坐标系，沿不平行于任一坐标面的方向，用平行投影法将其投射在单一投影面上所得到的，能同时反映物体长、宽、高三个方向尺度的富有立体感的图形，如图 6-210 所示。

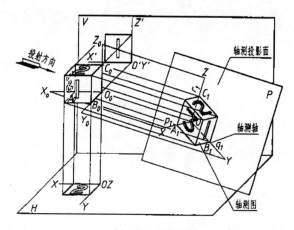

图 6-210 轴测图

前面介绍了利用 AutoCAD 绘制二维平面图形的方法，轴测图也属于二维平面图形。因此，绘制方法与前面介绍的二维图形绘制方法基本相同，利用简单的绘图命令，如直线、椭圆、圆命令等，并结合编辑命令，如修剪命令等，就可以完成绘制。下面简单介绍利用 AutoCAD 绘制轴测图的一般步骤。

（1）设置绘图环境。在绘制轴测图之前，需要根据轴测图的大小及复杂程度，设置图形界限及图层。

（2）建立直角坐标系，绘制轴测轴。

（3）根据轴向伸缩系数，确定物体在轴测图上各点的坐标，然后连线画出。轴测图中一般只用粗实线画出物体可见的轮廓线，必要时才用虚线画出不可见轮廓线。

扫一扫，看视频

完全讲解 实例 077——绘制轴承座的正等测视图

本实例根据如图 6-211 所示的轴承座视图，绘制该轴承座的正等测视图。

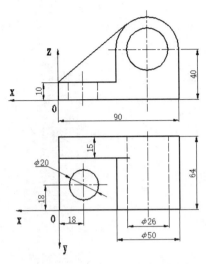

图 6-211　轴承座视图及直角坐标系

操作步骤：

（1）设置绘图环境。

① 用 LIMITS 命令设置图幅：420×297。

② 设置图层。单击"默认"选项卡"图层"面板中的"图层特性"按钮，弹出"图层特性管理器"选项板，新建以下两个图层：第一个图层命名为"粗实线"，用于绘制可见轮廓线，设置线宽为 0.30mm，线型为实线，颜色为白色；第二个图层命名为"细实线"，用于绘制轴测轴，设置线宽为 0.09mm，线型为实线，颜色为白色。

（2）建立直角坐标系，绘制轴测轴。建立直角坐标系，如图 6-211 所示，将"细实线"图层设置为当前图层。

① 单击"默认"选项卡"绘图"面板中的"构造线"按钮，绘制轴测轴。命令行提示与操作如下：

```
命令：XLINE
指定点或 [水平(H)/垂直(V)/角度(A)/二等分(B)/偏移(O)]：V↙
指定通过点：（在适当位置处单击，绘制 Z 轴）
指定通过点：↙
命令：SNAP↙（光标捕捉命令）
指定捕捉间距或 [开(ON)/关(OFF)/纵横向间距(A)/样式(S)/类型(T)] <10.0000>：S↙（改变栅格捕捉样式）
输入捕捉栅格类型 [标准(S)/等轴测(I)] <S>:I↙（将栅格捕捉样式改为正等轴测模式，此时光标样式改变为正等测样式，如图 6-212（a）所示。使用快捷键 Ctrl+E 可以在正等测的三种模式间切换，如图 6-212 所示。打开正交功能，则光标只能沿着光标两条直线的方向进行）
指定垂直间距 <10.0000>:1↙（将栅格间距设置为 1）
```

（a）XOY 平面光标

（b）XOZ 平面光标

（c）YOZ 平面光标

图 6-212　正等测光标样式

② 单击"默认"选项卡"绘图"面板中的"构造线"按钮 ✔，绘制构造线。命令行提示与操作如下：

```
命令：XLINE（绘制 X 轴）
指定点或 [水平(H)/垂直(V)/角度(A)/二等分(B)/偏移(O)]：<正交 开>（打开正交功能，在适当位置处
单击，绘制 X 轴）
指定通过点：（在 X 轴上单击任意一点）
指定通过点：✓
命令：✓（绘制 Y 轴）
指定点或 [水平(H)/垂直(V)/角度(A)/二等分(B)/偏移(O)]：（捕捉 X 轴与 Z 轴的交点，绘制 Y 轴）
指定通过点：（在 Y 轴上单击任意一点）
指定通过点：✓
```

（3）绘制底板。

① 将"粗实线"图层设置为当前图层。单击"默认"选项卡"绘图"面板中的"直线"按钮 ✔，绘制底板底面。命令行提示与操作如下：

```
命令：LINE
指定第一个点：（捕捉轴测轴的交点）
指定下一点或 [放弃(U)]：@64<-30✓
指定下一点或 [放弃(U)]：@90<30✓
指定下一点或 [闭合(C)/放弃(U)]：@64<150✓
指定下一点或 [闭合(C)/放弃(U)]：C✓
```

② 单击"默认"选项卡"修改"面板中的"偏移"按钮 ⊆。命令行提示与操作如下：

```
命令：OFFSET（偏移绘制四边形的前面两条边，作为绘制底板圆孔的辅助线）
当前设置：删除源=否　图层=源　OFFSETGAPTYPE=0
指定偏移距离或 [通过(T)/删除(E)/图层(L)] <通过>：18✓
选择要偏移的对象，或 [退出(E)/放弃(U)] <退出>：（选择四边形的右边）
指定要偏移的那一侧上的点，或 [退出(E)/多个(M)/放弃(U)] <退出>：（向四边形内部偏移）
选择要偏移的对象，或 [退出(E)/放弃(U)] <退出>：（选择四边形的左边）
指定要偏移的那一侧上的点，或 [退出(E)/多个(M)/放弃(U)] <退出>：（向四边形内部偏移）
选择要偏移的对象，或 [退出(E)/放弃(U)] <退出>：✓
```

③ 单击"默认"选项卡"绘图"面板中的"椭圆"按钮 ◯，绘制椭圆。命令行提示与操作如下：

```
命令：ELLIPSE（用绘制椭圆命令，绘制底板上的圆孔）
指定椭圆轴的端点或 [圆弧(A)/中心点(C)/等轴测圆(I)]：I✓（绘制正等轴测圆）
指定等轴测圆的圆心：（捕捉偏移的两条边的交点）
指定等轴测圆的半径或 [直径(D)]：D✓
指定等轴测圆的直径：（用快捷键 Ctrl+E，切换正等测模式，将光标切换为"XOY 平面"）（用快捷键
```

Ctrl+E，切换正等测模式，将光标切换为"XOY 平面"） 20↙

④ 单击"默认"选项卡"修改"面板中的"复制"按钮，复制图形。命令行提示与操作如下：

> 命令：COPY（复制绘制的四边形及椭圆，生成底板顶面）
> 选择对象：（用窗选方式，选择绘制的四边形及椭圆）
> 找到 5 个
> 选择对象：↙
> 指定基点或位移，或者 [重复(M)]：（捕捉绘制的四边形的左后顶点）
> 指定位移的第二个点或 <用第一点作位移>：<正交 关> @0,10↙（关闭正交功能，输入复制距离）

⑤ 单击"默认"选项卡"绘图"面板中的"直线"按钮，捕捉底板底面的一个顶点和底板顶面的对应顶点，绘制底板棱线。

⑥ 单击"默认"选项卡"修改"面板中的"删除"按钮，删除底板底面四边形后面的两条线及偏移辅助线。

⑦ 单击"默认"选项卡"修改"面板中的"修剪"按钮，剪去底面椭圆多余的部分。结果如图 6-213 所示。

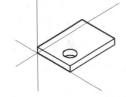

图 6-213 底板主要轮廓线

（4）绘制轴承。

① 将"细实线"图层设置为当前图层。单击"默认"选项卡"绘图"面板中的"直线"按钮，绘制辅助线。命令行提示与操作如下：

> 命令：LINE（绘制辅助线，定出轴承前端面圆心位置，如图 6-214 所示的 4 点）
> 指定第一个点：（捕捉底板底面左后顶点，如图 6-214 所示的 1 点）
> 指定下一点或 [放弃(U)]：@65<30 ↙（捕捉底板底面左后顶点，如图 6-214 所示的 2 点）
> 指定下一点或 [放弃(U)]：@64<-30↙（输入下一点坐标，如图 6-214 所示的 3 点）
> 指定下一点或 [闭合(C)/放弃(U)]：@0,40↙（输入下一点坐标，如图 6-214 所示的 4 点）
> 指定下一点或 [闭合(C)/放弃(U)]：↙

② 将"粗实线"图层设置为当前图层。单击"默认"选项卡"绘图"面板中的"椭圆"按钮，绘制椭圆。命令行提示与操作如下：

> 命令：ELLIPSE（绘制轴承前端面 $\phi50$ 圆）
> 指定椭圆轴的端点或 [圆弧(A)/中心点(C)/等轴测圆(I)]：I↙
> 指定等轴测圆的圆心：（捕捉 4 点）
> 指定等轴测圆的半径或 [直径(D)]：<等轴测平面右> D↙
> 指定等轴测圆的直径：（用快捷键 Ctrl+E，切换正等测模式，将光标切换为"XOZ 平面"） 50↙命令：↙
> （绘制轴承前端面 $\phi26$ 圆）
> 指定椭圆轴的端点或 [圆弧(A)/中心点(C)/等轴测圆(I)]：I↙
> 指定等轴测圆的圆心：（捕捉 4 点）
> 指定等轴测圆的半径或 [直径(D)]：D↙
> 指定等轴测圆的直径：26↙

③ 单击"默认"选项卡"修改"面板中的"复制"按钮，复制绘制的 $\phi50$ 正等测圆。命令行提示与操作如下：

> 命令：COPY↙
> 选择对象：（选择 $\phi50$ 正等测圆）找到 1 个
> 选择对象：

```
当前设置： 复制模式 = 多个
指定基点或 [位移(D)/模式(O)] <位移>：（捕捉椭圆圆心）
指定第二个点或 [阵列(A)] <使用第一个点作为位移>：@49<150↙
指定第二个点或 [阵列(A)/退出(E)/放弃(U)] <退出>：@64<150↙
指定第二个点或 [阵列(A)/退出(E)/放弃(U)] <退出>：↙
```

④ 单击"默认"选项卡"绘图"面板中的"直线"按钮╱，绘制前后两个 $\phi50$ 正等测圆的切线。命令行提示与操作如下：

```
命令：LINE
指定第一个点： _tan 到（捕捉最后面 $\phi50$ 正等测圆的切点）
指定下一点或 [放弃(U)]： _tan 到（绘制最前面 $\phi50$ 正等测圆的切点）
命令：↙（绘制轴承前端面）
_line 指定第一点： _int 于（捕捉底板顶面右前端点）
指定下一点或 [放弃(U)]： _tan 到（捕捉前面 $\phi50$ 正等测圆的右侧切点）
```

⑤ 单击"默认"选项卡"修改"面板中的"复制"按钮╱，复制刚刚绘制的右边切线。命令行提示与操作如下：

```
命令：COPY
选择对象：（选择绘制的右边切线）找到 1 个
选择对象：↙
当前设置： 复制模式 = 多个
指定基点或 [位移(D)/模式(O)] <位移>：（捕捉切线的端点）
指定第二个点或 [阵列(A)] <使用第一个点作为位移>：@50<-150↙
指定第二个点或 [阵列(A)/退出(E)/放弃(U)] <退出>：
```

⑥ 单击"默认"选项卡"修改"面板中的"修剪"按钮╲，剪去轴承前端面多余的线段。然后删除辅助线，完成轴承的绘制。结果如图 6-215 所示。

（5）绘制支承板。

① 单击"默认"选项卡"绘图"面板中的"直线"按钮╱，以底板顶面左后顶点为起点，捕捉 $\phi50$ 正等测圆的切点，绘制支承板。

② 单击"默认"选项卡"修改"面板中的"复制"按钮╲，复制刚刚绘制的切线，以切线的端点为基点，指定位移的第二点为（@15<-30）。重复"复制"命令，复制轴承前端面左边的切线，捕捉切线的端点为基点，指定位移的第二点为（@49<150）。

③ 单击"默认"选项卡"绘图"面板中的"直线"按钮╱，绘制剩余的直线，完成支承板的绘制。结果如图 6-216 所示。

④ 关闭"细实线"图层。单击"默认"选项卡"修改"面板中的"修剪"按钮╲，剪去轴承上多余的线段。

⑤ 单击"默认"选项卡"修改"面板中的"删除"按钮╱，删除底板后面不可见的轮廓线。结果如图 6-217 所示。

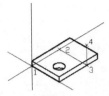
图 6-214 绘制辅助线

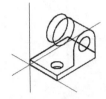
图 6-215 绘制轴承

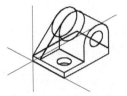
图 6-216 绘制支承板

图 6-217 轴承座正等测图

扫一扫，看视频

练习提高 实例 078——绘制端盖的斜二测视图

根据如图 6-218 所示的端盖视图，绘制该端盖的斜二测视图，其流程如图 6-219 所示。

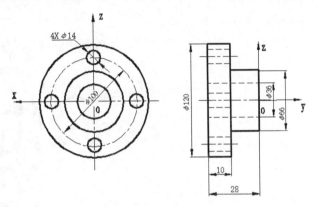

图 6-218 端盖视图

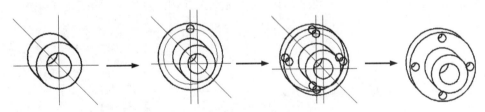

图 6-219 端盖的斜二测视图

📋 **思路点拨：**

（1）建立直角坐标系，绘制轴测轴。
（2）利用"圆""复制""修剪"等命令绘制圆柱筒。
（3）利用"圆""构造线""阵列""复制""修剪"等命令绘制底座。

第 7 章　文本与表格

内容简介

文字注释是图形中很重要的一部分内容，在进行各种设计时，通常不仅要绘出图形，还要在图形中标注一些文字，如技术要求、注释说明等，对图形对象加以解释。图表在 AutoCAD 图形中也有大量的应用，如明细表、参数表和标题栏等。

本章将通过实例介绍文本样式、文本标注、文本编辑及表格的定义、创建表格等内容。

7.1　文本的绘制与编辑

在绘制图形的过程中，文字传递了很多设计信息。它可能是一个很复杂的说明，也可能是一个简短的文字信息。

扫一扫，看视频

完全讲解　实例 079——标注高压油管接头

本实例绘制标注高压油管接头，如图 7-1 所示。通过本实例，熟悉文本样式设置和多行文本绘制的方法。

操作步骤：

（1）打开文件。单击"快速访问"工具栏中的"打开"按钮，打开"源文件\第 7 章\高压油管接头.dwg"文件。

（2）保存文件。单击"快速访问"工具栏中的"另存为"按钮，将文件另存为"标注高压油管接头"。

（3）单击"默认"选项卡"注释"面板中的"文字样式"按钮，弹出"文字样式"对话框，单击"新建"按钮，弹出"新建文字样式"对话框，输入"长仿宋体"，如图 7-2 所示。单击"确定"按钮，返回"文字样式"对话框，设置新样式参数。在"字体名"下拉列表框中选择"仿宋"，设置"高度"为 2.5，其余参数默认，如图 7-3 所示。单击"置为当前"按钮，将新建文字样式置为当前。

（4）单击"默认"选项卡"绘图"面板中的"直线"按钮，绘制引出线，如图 7-4 所示。

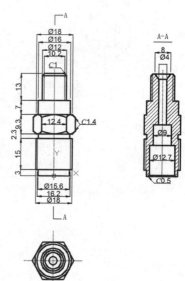

图 7-1　标注高压油管接头

（5）单击"默认"选项卡"注释"面板中的"多行文字"按钮**A**，在空白处单击，指定第一角点，向右下角拖动出适当距离，单击，指定第二点，打开多行文字编辑器和"文字编辑器"选项卡，输入文字 A，如图 7-5 所示。

图 7-2 新建文字样式

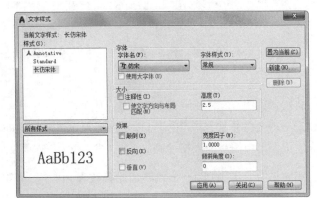

图 7-3 设置"长仿宋体"

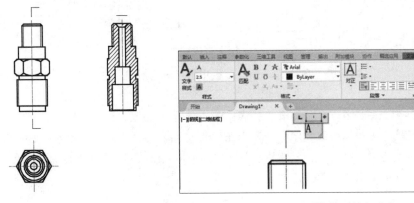

图 7-4 绘制直线

图 7-5 输入文字

使用相同方法继续绘制图形其他部位的文字。最终结果如图 7-1 所示。

练习提高 实例 080——绘制标题栏

绘制标题栏流程如图 7-6 所示。

扫一扫，看视频

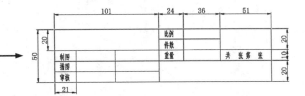

图 7-6 标题栏绘制流程

📋 思路点拨：

（1）利用"矩形""直线""修剪""偏移"等命令绘制标题栏。
（2）利用多行文字对绘制的标题栏进行填写。

7.2　表格的绘制与编辑

机械制图中，经常要用到各种表格，比如参数表、明细表、标题栏等。利用"表格"绘图功能，
创建表格就变得非常容易，用户可以直接插入设置好样式的表
格来完成图形中用到的表格绘制。

扫一扫，看视频

完全讲解　实例 081——绘制齿轮参数表

本实例绘制齿轮参数表，如图 7-7 所示。通过本实例，熟
悉表格相关命令的使用方法。

68	20	30
齿数	Z	24
模数	m	3
压力角	α	30°
公差等级及配合类别	6H-GE	T3478.1-1995
作用齿槽宽最小值	E_{Vmin}	4.7120
实际齿槽宽最大值	E_{max}	4.8370
实际齿槽宽最小值	E_{min}	4.7590
作用齿槽宽最大值	E_{Vmax}	4.7900

图 7-7　齿轮参数表

🏃 操作步骤：

（1）设置表格样式。单击"默认"选项卡"注释"面板中的"表格样式"按钮，打开"表格
样式"对话框。

（2）单击"修改"按钮，系统打开"修改表格样式：Standard"对话框，如图 7-8 所示。在该对
话框中进行如下设置：数据、表头和标题的文字样式为 Standard，文字高度为 4.5，文字颜色为 ByBlock，
填充颜色为"无"，对齐方式为"正中"；在"边框"选项组中单击第一个按钮，栅格颜色为"洋红"；
表格方向向下，水平单元边距和垂直单元边距都为 1.5。

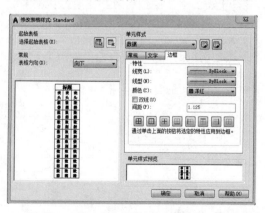

图 7-8　"修改表格样式：Standard"对话框

（3）设置好文字样式后，单击"确定"按钮退出。

（4）创建表格。单击"默认"选项卡"注释"面板中的"表格"按钮，系统打开"插入表格"

对话框，设置"插入方式"为"指定插入点"，将第一、第二行单元样式指定为"数据"，"列和行设置"为 3 列 6 行，"列宽"为 48，"行高"为 1，如图 7-9 所示。

　　单击"确定"按钮后，在绘图平面指定插入点，则插入空表格，并显示多行文字编辑器，不输入文字，直接在多行文字编辑器中单击"确定"按钮退出。

　　（5）单击第一列某一个单元格，出现钳夹点后，将右边钳夹点向右拖动，使列宽大约变成 68，同样方法，将第二列和第三列的列宽拉成约 15 和 30。结果如图 7-10 所示。

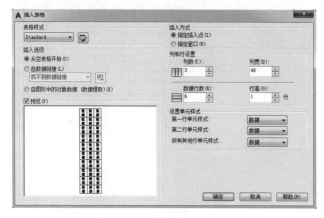

图 7-9　"插入表格"对话框

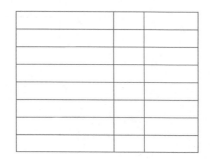

图 7-10　改变列宽

　　（6）双击单元格，重新打开多行文字编辑器，在各单元格中输入相应的文字或数据。最终结果如图 7-7 所示。

练习提高　实例 082——绘制明细表

绘制明细表，其流程如图 7-11 所示。

扫一扫，看视频

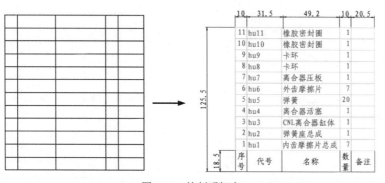

图 7-11　绘制明细表

🗒 **思路点拨：**

　　（1）设置表格样式。
　　（2）绘制表格。

7.3　综合实例

扫一扫，看视频

本节通过两个实例综合训练文字和表格相关功能。

完全讲解　实例 083——绘制 A3 样板图

本实例绘制 A3 样板图，如图 7-12 所示。通过本实例，熟悉文字和表格相关功能的使用方法。

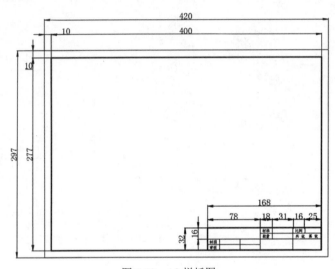

图 7-12　A3 样板图

操作步骤：

（1）新建文件。

单击"快速访问"工具栏中的"新建"按钮，弹出"选择样板"对话框，在"打开"下拉列表中选择"无样板公制"命令，新建空白文件。

（2）设置图层。

单击"默认"选项卡"图层"面板中的"图层特性"按钮，新建以下两个图层。

① 图框层：颜色为白色，其余属性默认。

② 标题栏层：颜色为白色，其余属性默认。

（3）绘制图框。

将"图框层"图层设定为当前图层。

单击"默认"选项卡"绘图"面板中的"矩形"按钮，指定矩形的角点分别为{（0，0），（420，297）}{（10，10），（410，287）}，分别作为图纸边和图框。绘制结果如图 7-13 所示。

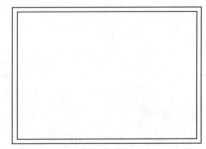

图 7-13　绘制的边框

（4）绘制标题栏。

将"标题栏层"图层设定为当前图层。

① 单击"默认"选项卡"注释"面板中的"文字样式"按钮 **A**，弹出"文字样式"对话框，新建"长仿宋体"，在"字体名"下拉列表框中选择"仿宋_GB2312"选项，设置"高度"为 4，其余参数默认。单击"置为当前"按钮，将新建文字样式置为当前。

② 单击"默认"选项卡"注释"面板中的"表格样式"按钮 **■**，系统弹出"表格样式"对话框。

③ 单击"修改"按钮，系统弹出"修改表格样式"对话框，在"单元样式"下拉列表框中选择"数据"选项，在下面的"文字"选项卡中单击"文字样式"下拉列表框右侧的 **■** 按钮，弹出"文字样式"对话框，选择"长仿宋体"。再打开"常规"选项卡，将"页边距"选项组中的"水平"和"垂直"都设置成 1，"对齐"为"正中"。

🔊 **注意：**

> 表格的行高=文字高度+2×垂直页边距，此处设置为 3+2×1=5。

④ 单击"确定"按钮，系统回到"表格样式"对话框，单击"关闭"按钮退出。

⑤ 单击"默认"选项卡"注释"面板中的"表格"按钮 **▦**，系统弹出"插入表格"对话框，在"列和行设置"选项组中将"列数"设置为 28，"列宽"设置为 5，"数据行数"设置为 2（加上标题行和表头行共 4 行），"行高"设置为 1 行（即为 10）；在"设置单元样式"选项组中将"第一行单元样式""第二行单元样式""所有其他行单元样式"都设置为"数据"，如图 7-14 所示。

⑥ 在图框线右下角附近指定表格位置，系统生成表格，不输入文字，如图 7-15 所示。

图 7-14 "插入表格"对话框

图 7-15 生成表格

⑦ 单击表格中的任一单元格，系统显示其编辑夹点，右击，在弹出的快捷菜单中选择"特性"命令，如图 7-16 所示，系统弹出"特性"选项板，将单元高度参数改为 8，如图 7-17 所示，这样该单元格所在行的高度就统一改为 8。同样方法将其他行的高度改为 8，如图 7-18 所示。

⑧ 选择 A1 单元格，按住 Shift 键，同时选择右边的 12 个单元格以及下面的 13 个单元格，右击，在弹出的快捷菜单中选择"合并"→"全部"命令，如图 7-19 所示，合并单元格，如图 7-20 所示。

图 7-16　快捷菜单　　　　图 7-17　"特性"选项板　　　　图 7-18　修改表格高度

用同样方法合并其他单元格，如图 7-21 所示。

⑨ 在单元格处双击，将字体设置为"仿宋_GB2312"，文字大小设置为 4，在单元格中输入文字，如图 7-22 所示。

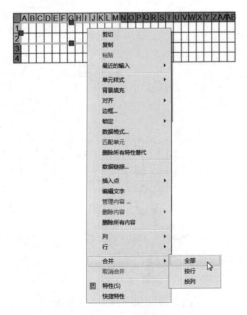

图 7-19　快捷菜单

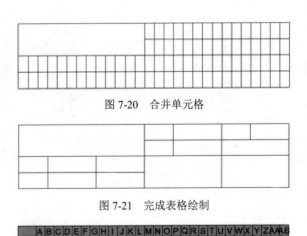

图 7-20　合并单元格

图 7-21　完成表格绘制

图 7-22　输入文字

用同样方法，输入其他单元格文字，如图 7-23 所示。

		材料		比例		
		数 量		共 张 第 张		
制图						
审核						

图 7-23 输入标题栏文字

（5）移动标题栏。单击"默认"选项卡"修改"面板中的"移动"按钮✛，将刚生成的标题栏准确地移动到图框的相对位置。最终结果如图 7-12 所示。

（6）保存成样板图文件。样板图及其环境设置完成后，可以将其保存成样板图文件。在"文件"菜单中选择"保存"或"另存为"命令，打开"保存"或"图形另存为"对话框，如图 7-24 所示。在"文件类型"下拉列表框中选择"AutoCAD 图形样板（*.dwt）"选项，输入文件名"机械"，单击"保存"按钮，保存文件。系统打开"样板选项"对话框，如图 7-25 所示，单击"确定"按钮保存文件。下次绘图时，可以打开该样板图文件，在此基础上进行绘图。

图 7-24 保存样板图

图 7-25 "样板选项"对话框

练习提高 实例 084——绘制 A3 图纸模板

绘制 A3 图纸模板，其流程图如图 7-26 所示。

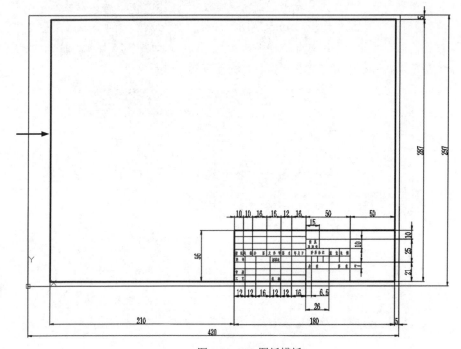

图 7-26　A3 图纸模板

思路点拨：

（1）用"直线""表格"命令绘制图框和标题栏。
（2）用"文字""表格"等命令输入文字。

第8章 尺寸标注

内容简介

尺寸标注是绘图设计过程中相当重要的一个环节。由于图形的主要作用是表达物体的形状，而物体各部分的真实大小和各部分之间的确切位置只能通过尺寸标注来表达。

本章将通过实例介绍尺寸样式、尺寸标注、公差标注等内容。

8.1 标 注 样 式

在进行尺寸标注前，先要创建尺寸标注的样式。其执行方式如下。

- 命令行：DIMSTYLE（快捷命令 D）。
- 菜单栏：选择菜单栏中的"格式"→"标注样式"命令或"标注"→"标注样式"命令。
- 工具栏：单击"标注"工具栏中的"标注样式"按钮 。
- 功能区：单击"默认"选项卡"注释"面板中的"标注样式"按钮 。

完全讲解 实例085——设置阀盖尺寸标注样式

本实例设置球阀阀盖的尺寸样式，如图 8-1 所示。通过本实例，熟悉尺寸样式设置的方法。

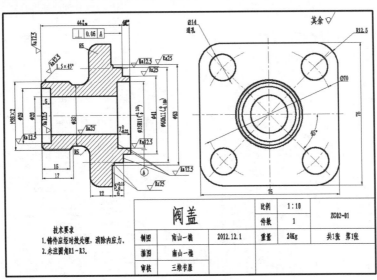

图 8-1 球阀阀盖

操作步骤：

（1）单击"快速访问"工具栏中的"打开"按钮，打开在第 6 章 6.4 节实例 065 中绘制的阀盖文件。

（2）新建图层。单击"默认"选项卡"图层"面板中的"图层特性"按钮，打开"图层特性管理器"选项板。新建 bz 图层，设置线宽为 0.09mm，其余属性默认，用于标注尺寸，并将其设置为当前图层。

（3）新建文字样式。单击"默认"选项卡"注释"面板中的"文字样式"按钮，打开"文字样式"对话框，方法同前，新建文字样式 sz。

（4）设置标注样式。单击"默认"选项卡"注释"面板中的"标注样式"按钮，打开"标注样式管理器"对话框，如图 8-2 所示。单击"新建"按钮，在打开的"创建新标注样式"对话框的"新样式名"文本框中输入"机械图样"，在"用于"下拉列表框中选择"所有标注"，如图 8-3 所示，创建新的标注样式，用于标注图样中的尺寸。

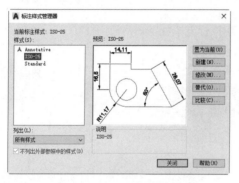

图 8-2　"标注样式管理器"对话框

图 8-3　"创建新标注样式"对话框

（5）单击"继续"按钮，打开"新建标注样式：机械图样"对话框，对其中的选项卡进行设置，如图 8-4 和图 8-5 所示。设置完成后，单击"确定"按钮。

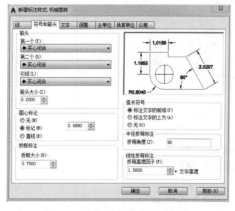

图 8-4　"符号和箭头"选项卡

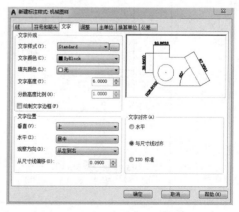

图 8-5　"文字"选项卡

（6）在"标注样式管理器"对话框中选择"机械图样"，单击"新建"按钮，分别设置直径、半径及角度标注样式。其中，直径和半径标注样式的"调整"选项卡设置，如图 8-6 所示。

（7）角度标注样式的"文字"选项卡，如图 8-7 所示。

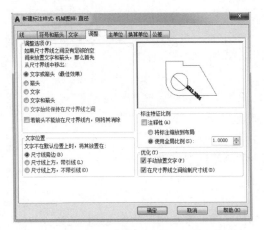 

图 8-6 直径和半径标注样式的"调整"选项卡　　图 8-7 角度标注样式的"文字"选项卡

（8）在"标注样式管理器"对话框中，选择"机械图样"标注样式，单击"置为当前"按钮，将其设置为当前标注样式。

练习提高　实例 086——设置齿轮轴尺寸标注样式

扫一扫，看视频

设置齿轮轴尺寸标注样式，如图 8-8 所示。

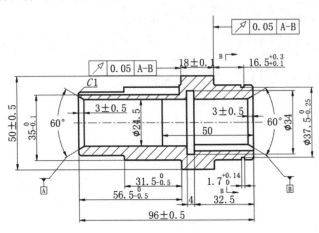

图 8-8 齿轮轴

📋 **思路点拨：**

（1）新建"机械制图"标注样式。

（2）依次设置各选项卡。

8.2 普通尺寸标注

正确地进行尺寸标注是绘图设计工作中非常重要的一个环节。普通尺寸标注包括线性标注、对齐标注、连续标注、基线标注、直径标注、半径标注、角度标注、折弯标注、快速标注、弧长标注、坐标标注等标注方式。以其中的线性标注为例，其执行方式如下。

- 命令行：DIMLINEAR（缩写名：DIMLIN）。
- 菜单栏：选择菜单栏中的"标注"→"线性"命令。
- 工具栏：单击"标注"工具栏中的"线性"按钮。
- 快捷命令：D+L+I。
- 功能区：单击"默认"选项卡"注释"面板中的"线性"按钮。

扫一扫，看视频

完全讲解 实例 087——标注阀盖尺寸一

本实例对如图 8-1 所示的球阀阀盖进行线性尺寸标注。通过本实例，熟悉线性标注命令的使用方法。

操作步骤：

（1）在实例 085 的基础上进行操作，单击"默认"选项卡"注释"面板中的"线性"按钮，标注尺寸 M36×2。命令行提示与操作如下：

```
命令:DIMLINEAR✓
指定第一条尺寸界线起点或 <选择对象>:_endp 于（捕捉第一条尺寸界线的起点）
指定第二条尺寸界线起点:_endp 于（捕捉第二条尺寸界线的起点）
指定尺寸线位置或[多行文字(M)/文字(T)/角度(A)/水平(H)/垂直(V)/旋转(R)]:M✓
```

系统打开"文字编辑器"选项卡，将文字改为 M36，然后单击"确定"按钮后面的 按钮，依次选择"符号"→"其他"命令，如图 8-9 所示，系统打开字符映射表，选择其中的×号，依次单击下面的"选择""复制"按钮，如图 8-10 所示，关闭字符映射表。返回到多行文字编辑器，按下 Ctrl+V 组合键，将×号复制进尺寸文字中去，如图 8-11 所示，但可以发现，后面×2 的文字样式和文字高度与前面的 M36 不一致，需要重新调整使其一致。结果如图 8-12 所示。

（2）单击"默认"选项卡"注释"面板中的"线性"按钮，方法同前，从左至右，依次标注阀盖主视图中的竖直线性尺寸 ϕ28.5、ϕ20、ϕ32、ϕ35、ϕ41、ϕ50、ϕ53，以及左视图中的线性尺寸 75。在标注尺寸 ϕ35 时，需要输入标注文字％％c35h11(+0.160^0)；在标注尺寸 ϕ50 时，需要输入标注文字％％c50h11(0^0.160)。结果如图 8-13 所示。

① ％％c 表示的是直径符号 ϕ。

② ％c35h11({\h0.7x;\s+0.160^0;})是对既有公差代号又有公差数字的尺寸的一种快速简便的 Autolisp 程序语言标注方法，读者务必严格按照上面格式操作，否则标注出来的就是错误的结果。

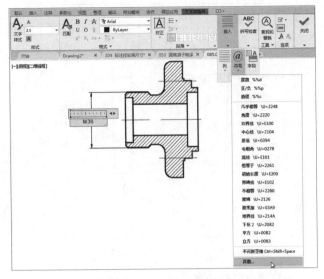

图 8-9 多行文字编辑器

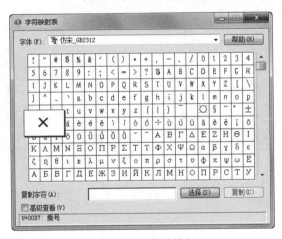

图 8-10 字符映射表

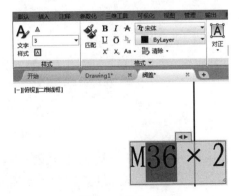

图 8-11 输入×号

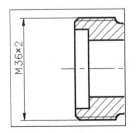

图 8-12 完成尺寸 M36×2

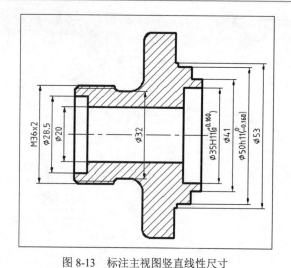

图 8-13　标注主视图竖直线性尺寸

练习提高　实例 088——标注齿轮轴尺寸一

利用线性标注方法对齿轮轴尺寸进行标注，其流程如图 8-14 所示。

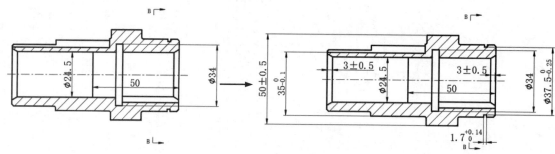

图 8-14　标注线性尺寸

思路点拨：

先标注不带公差尺寸，然后标注带公差尺寸。

完全讲解　实例 089——标注阀盖尺寸二

本实例对如图 8-1 所示的球阀阀盖进行连续尺寸标注和基准尺寸标注。通过本实例，熟悉连续和基准标注命令的使用方法。

操作步骤：

（1）在实例 087 的基础上进行操作，单击"默认"选项卡"注释"面板中的"线性"按钮，标注阀盖主视图上部的线性尺寸 44；单击"默认"选项卡"注释"面板中的"连续"按钮，标注连续尺寸 4。命令行提示与操作如下：

命令: DIMCONTINUE✓　　　（连续标注命令，标注图中的连续尺寸4）
指定第二条尺寸界线原点或 [放弃(U)/选择(S)] <选择>: （捕捉尺寸界线原点）
指定第二条尺寸界线原点或 [放弃(U)/选择(S)] <选择>: ✓

（2）单击"默认"选项卡"注释"面板中的"线性"按钮▯，标注阀盖主视图中部的线性尺寸7。这里系统自动按尺寸样式里设置的基线间距布置基线尺寸，要改变基线间距，可以在"修改标注样式"对话框的"线"选项卡"尺寸线"选项组中修改"基线间距"的值，如图8-15所示。

图8-15　修改基线间距

（3）单击"默认"选项卡"注释"面板中的"线性"按钮▯，标注阀盖主视图下部左边的线性尺寸5。

（4）单击"默认"选项卡"注释"面板中的"基线"按钮▯，标注基线尺寸15。命令行提示与操作如下：

命令: _dimbaseline
指定第二条尺寸界线原点或 [放弃(U)/选择(S)] <选择>: （捕捉尺寸15的第二条尺寸界线原点）
标注文字 =15
指定第二条尺寸界线原点或 [放弃(U)/选择(S)] <选择>:

（5）单击"默认"选项卡"注释"面板中的"线性"按钮▯，标注阀盖主视图下部右边的线性尺寸5。结果如图8-16所示。

（6）单击"默认"选项卡"注释"面板中的"标注样式"按钮▱，在弹出的"标注样式管理器"的样式列表中选择ISO-25，单击"替代"按钮。

（7）系统弹出"替代当前样式ISO-25"对话框，方法同前，单击"主单位"选项卡，将"线性标注"选项区中的"精度"值设置为0.00；单击"公差"选项卡，在"公差格式"选项区中，将"方式"设置为"极限偏差"，设置"上偏差"为0，下偏差为0.39，"高度比例"为0.7，如图8-17所示，设置完成后单击"确定"按钮。

（8）单击"注释"选项卡"标注"面板中的"更新"按钮▱，选取主视图上部的线性尺寸44，即可为该尺寸添加尺寸偏差。

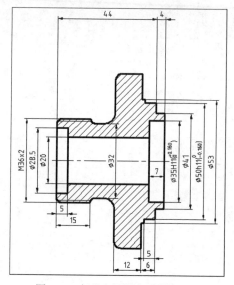

图 8-16　标注主视图水平线性尺寸

图 8-17　设置尺寸公差

（9）方法同前，分别为主视图中的线性尺寸 4、7 及 5 标注尺寸偏差。结果如图 8-18 所示。

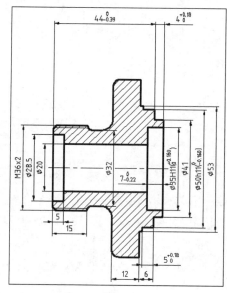

图 8-18　标注尺寸偏差

练习提高　实例 090——标注齿轮轴尺寸二

利用连续尺寸标注和基准尺寸标注的方法对齿轮轴进行标注，其流程如图 8-19 所示。

扫一扫，看视频

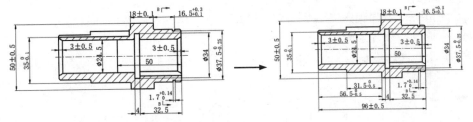

图 8-19　标注连续尺寸和基准尺寸

📋**思路点拨：**

先标注连续尺寸，再标注基准尺寸。

扫一扫，看视频

完全讲解　实例 091——标注阀盖尺寸三

本实例对如图 8-1 所示的球阀阀盖进行半径和直径尺寸标注。通过本实例，熟悉半径和直径标注命令的使用方法。

🛠**操作步骤：**

（1）新建一个标注样式，在"用于"下拉列表框中选择"半径标注"，用于半径标注，如图 8-20 所示。在打开的"新建标注样式：ISO-25：半径"对话框的"文字"选项卡中，将"文字对齐"选项组设置成"ISO 标准"，如图 8-21 所示。

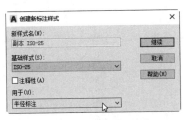

图 8-20　创建新标注样式

图 8-21　设置半径标注尺寸样式

（2）单击"默认"选项卡"注释"面板中的"半径"按钮，标注主视图中的半径尺寸 R5。命令行提示与操作如下：

```
命令：_dimradius
选择圆弧或圆：(选择圆弧)
标注文字 = 5
指定尺寸线位置或 [多行文字(M)/文字(T)/角度(A)]：(适当指定位置放置尺寸数字)
```

使用同样的方法标注左视图中的半径尺寸 R12.5。

（3）使用同样的方法，设置用于直径标注的尺寸样式，其样式与半径标注的一样，单击"默认"选项卡"注释"面板中的"直径"按钮⊘，标注阀盖左视图中的 4× ϕ14。命令行提示与操作如下：

```
命令: _dimdiameter
选择圆弧或圆:（选择 4 个对称圆中的一个）
标注文字 = 14
指定尺寸线位置或 [多行文字(M)/文字(T)/角度(A)]: t↙
输入标注文字 <105.13>: 4-<>↙
指定尺寸线位置或 [多行文字(M)/文字(T)/角度(A)]:（适当指定位置）
```

使用同样的方法，标注直径尺寸 ϕ70。

（4）选择菜单栏中的"格式"→"文字样式"命令，创建新文字样式 hz，用于书写汉字。该标注样式的"字体名"为"仿宋_GB2312"，宽度比例为 0.7。

（5）在命令行输入 text，设置文字样式为 hz，在尺寸 4× ϕ14 的引线下部输入文字"通孔"。结果如图 8-22 所示。

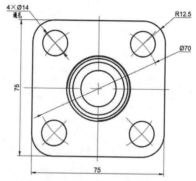

图 8-22　标注直径和半径尺寸

扫一扫，看视频

练习提高　实例 092——标注挂轮架尺寸

利用半径标注和直径标注的方法对挂轮架进行标注，其流程如图 8-23 所示。

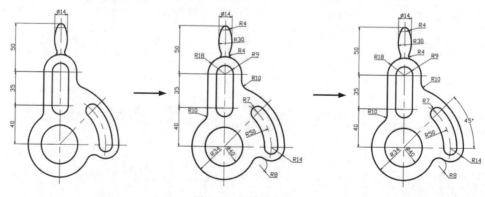

图 8-23　标注挂轮架

思路点拨：

> 先标注线性尺寸，再标注连续尺寸，然后标注半径和直径尺寸，最后标注角度尺寸。

完全讲解 实例 093——标注阀盖尺寸四

本实例对如图 8-1 所示的球阀阀盖进行的角度尺寸标注。通过本例，熟悉角度标注命令的使用

扫一扫，看视频

方法。

操作步骤：

（1）使用与实例 091 中同样的方法设置用于角度标注的尺寸样式，按 GB 4458.4—2003 规定，角度尺寸数字必须水平放置，所以这里将"文字对齐"选项组设置成"水平"，如图 8-24 所示。

（2）单击"默认"选项卡"注释"面板中的"角度"按钮△，标注左视图中的角度尺寸 45°。命令行提示与操作如下：

```
命令：_dimangular
选择圆弧、圆、直线或 <指定顶点>：（选择左视图水平中心线）
选择第二条直线：（选择左视图45°中心线）
指定标注弧线位置或 [多行文字(M)/文字(T)/角度(A)/象限点(Q)]：（适当指定位置）
标注文字 =45
```

结果如图 8-25 所示。

图 8-24 设置角度标注尺寸样式

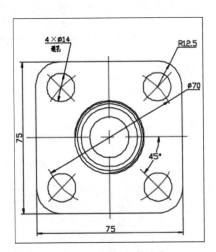

图 8-25 标注角度尺寸

练习提高 实例 094——标注齿轮轴尺寸三

利用角度标注的方法对齿轮轴进行标注，如图 8-26 所示。

扫一扫，看视频

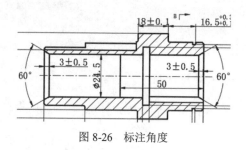

图 8-26　标注角度

思路点拨：

先设置标注样式，再标注角度尺寸。

8.3　引线标注

AutoCAD 提供了引线标注功能，利用该功能不仅可以标注特定的尺寸，如圆角、倒角等，还可以实现在图中添加多行旁注、说明。引线标注包括一般引线标注、快速引线标注和多重引线标注。以多重引线标注为例，其执行方式如下。

- 命令行：MLEADER。
- 菜单栏：选择菜单栏中的"标注"→"多重引线"命令。
- 工具栏：单击"多重引线"工具栏中的"多重引线"按钮 ╱°。
- 功能区：单击"默认"选项卡"注释"面板上的"多重引线"按钮 ╱°。

完全讲解　实例 095——标注阀盖尺寸五

本实例对如图 8-1 所示的球阀阀盖进行引线尺寸标注。通过本实例，熟悉引线标注命令的使用方法。

操作步骤：

用一般引线标注主视图中右端的倒角尺寸。命令行提示与操作如下：

```
命令:Leader↙（引线标注）
指定引线起点:_nea 到（捕捉阀盖主视图倒角上一点）
指定下一点或 [注释(A)/格式(F)/放弃(U)] <注释>:<正交 开>（打开正交功能，向右拖动鼠标，在适当位置处单击）
指定下一点:（拖动鼠标，在适当位置处单击）
指定下一点或 [注释(A)/格式(F)/放弃(U)] <注释>: f↙
输入引线格式选项 [样条曲线(S)/直线(ST)/箭头(A)/无(N)] <退出>: n↙
指定下一点或 [注释(A)/格式(F)/放弃(U)] <注释>:↙
输入注释文字的第一行或 <选项>:C1.5↙
输入注释文字的下一行:↙
```

结果如图 8-27 所示。

图 8-27 标注倒角

📢 注意:

> C1.5 的含义是距离为 1.5 的倒角。

练习提高 实例 096——标注齿轮轴尺寸四

扫一扫,看视频

利用引线标注的方法对齿轮轴倒角进行标注,如图 8-28 所示。

图 8-28 倒角尺寸标注

📋 思路点拨:

> 用 LEADER 命令标注,注意文字 C 为斜体。

8.4 几何公差标注

为方便机械设计工作,AutoCAD 提供了标注形状、位置公差的功能,称为形位公差。在新版《机械制图》国家标准中改为"几何公差"。几何公差的标注形式如图 8-29 所示,主要包括指引线、特征符号、公差值和附加符号、基准代号及附加符号。

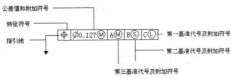

图 8-29 几何公差标注

其执行方式如下。

- 命令行:TOLERANCE(快捷命令:TOL)。
- 菜单栏:选择菜单栏中的"标注"→"公差"命令。
- 工具栏:单击"标注"工具栏中的"公差"按钮 ⊞。
- 功能区:单击"注释"选项卡"标注"面板中的"公差"按钮 ⊞。

完全讲解 实例 097——标注阀盖尺寸六

本实例对如图 8-1 所示的球阀阀盖进行形位公差标注。通过本实例，熟悉形位公差的标注方法。

操作步骤：

（1）标注阀盖主视图中的形位公差。命令行提示与操作如下：

命令：qleader↙（利用快速引线命令，标注形位公差）
指定第一个引线点或 [设置(s)] <设置>：↙（回车，在弹出的"引线设置"对话框中设置各个选项卡，如图 8-30 和图 8-31 所示，设置完成后，单击"确定"按钮）
指定第一个引线点或 [设置(s)] <设置>：（捕捉阀盖主视图尺寸 44 右端尺寸界线上的最近点）
指定下一点：（向左拖动鼠标，在适当位置处单击，弹出"形位公差"对话框，设置公差为 0.05，如图 8-32 所示，几何特征为"垂直"⊥，基准为 A。）

图 8-30 "注释"选项卡

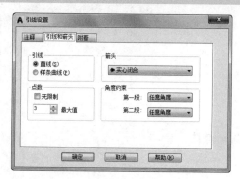

图 8-31 "引线和箭头"选项卡

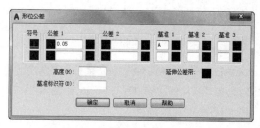

图 8-32 "形位公差"对话框

绘制结果如图 8-33 所示。

（2）利用"正多边形""直线""多行文字"等命令绘制基准符号，如图 8-34 所示。

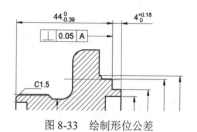

图 8-33 绘制形位公差

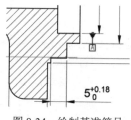

图 8-34 绘制基准符号

最终结果如图 8-1 所示（粗糙度未标注）。

练习提高　实例 098——标注齿轮轴尺寸五

利用形位公差标注的方法对齿轮轴进行标注，其流程如图 8-35 所示。

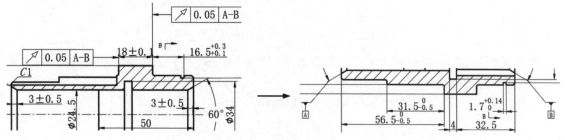

图 8-35　标注形位公差

思路点拨：

> 先用 QLEADER 命令标注形位公差符号，然后用基本绘图命令绘制基准符号。

第9章　辅助绘图工具

内容简介

为了提高系统整体的图形设计效率，并有效地管理整个系统的所有图形设计文件，AutoCAD 推出了大量的辅助绘图工具。

本章将通过实例介绍查询、图块、图块属性等内容。

9.1　对　象　查　询

在绘制图形或阅读图形的过程中，有时需要即时查询图形对象的相关数据，例如，对象之间的距离、面积等。为了方便查询，AutoCAD 提供了相关的查询命令。

以查询距离为例，其执行方式如下。

- 命令行：DIST。
- 菜单栏：选择菜单栏中的"工具"→"查询"→"距离"命令。
- 工具栏：单击"查询"工具栏中的"距离"按钮 。
- 功能区：单击"默认"选项卡"实用工具"面板中的"距离"按钮 。

完全讲解 实例099——查询法兰盘属性

本实例对如图 9-1 所示的法兰盘进行属性查询。通过本实例，熟悉属性查询的方法。

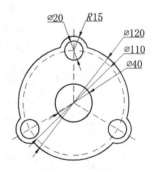

图 9-1　法兰盘

操作步骤：

（1）打开文件。

打开"源文件\第 9 章\查询法兰盘属性\法兰盘"图形，如图 9-1 所示。

（2）点查询。

点坐标查询命令用于查询指定点的坐标值。点查询命令的具体操作步骤如下。

单击"默认"选项卡"实用工具"面板中的"点坐标"按钮 ，查询法兰盘的中心点坐标为 X = 924.3817，Y = 583.4961，Z = 0.0000。

（3）距离查询。

单击"默认"选项卡"实用工具"面板中的"距离"按钮 ，查询点 1 到点 0 的距离。命令行提示与操作如下：

```
命令：_MEASUREGEOM
输入选项 [距离(D)/半径(R)/角度(A)/面积(AR)/体积(V)] <距离>：_distance
指定第一点：（选择法兰盘边缘左下角的小圆圆心，如图9-2中1点）
指定第二个点或 [多个点(M)]：（选择法兰盘中心点，如图9-2中0点）
距离= 55.0000，XY平面中的倾角= 30，与XY平面的夹角= 0，X增量= 47.6314，Y增量= 27.5000，
Z增量= 0.0000
输入选项 [距离(D)/半径(R)/角度(A)/面积(AR)/体积(V)/退出(X)] <距离>：
```

（4）面积查询。

面积查询命令可以计算一系列指定点之间的面积和周长，或者计算多种对象的面积和周长，还可以使用加模式和减模式来计算组合面积。

单击"默认"选项卡"实用工具"面板中的"面积"按钮◔，查询面积。命令行提示与操作如下：

```
命令：_MEASUREGEOM
输入选项 [距离(D)/半径(R)/角度(A)/面积(AR)/体积(V)] <距离>：_area
指定第一个角点或 [对象(O)/增加面积(A)/减少面积(S)/退出(X)] <对象(O)>：（选择法兰盘上1点，如
图9-3所示）
指定下一个点或 [圆弧(A)/长度(L)/放弃(U)]：（选择法兰盘上2点，如图9-3所示）
指定下一个点或 [圆弧(A)/长度(L)/放弃(U)]：（选择法兰盘上3点，如图9-3所示）
指定下一个点或 [圆弧(A)/长度(L)/放弃(U)/总计(T)] <总计>：（选择法兰盘上1点，如图9-3所示）
指定下一个点或 [圆弧(A)/长度(L)/放弃(U)/总计(T)] <总计>：
指定下一个点或 [圆弧(A)/长度(L)/放弃(U)/总计(T)] <总计>：
区域 = 3929.5903，周长= 285.7884
输入一个选项[距离(D)/半径(R)/角度(A)/面积(AR)/体积(V)/快速(Q)/模式(M)/退出(X)] <面积>：
```

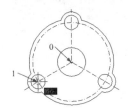

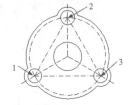

图 9-2　查询法兰盘两点间距离　　　图 9-3　查询法兰盘三点形成的面的周长及面积

练习提高　实例100——查询垫片属性

利用查询相关命令对垫片属性进行查询，其流程如图9-4所示。

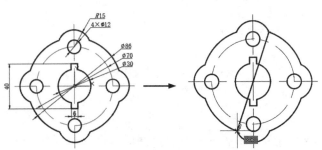

图 9-4　查询垫片属性

思路点拨：

依次查询点、距离、面积。

9.2 图 块

图块又称为块，它是由一组图形对象组成的集合。一组对象一旦被定义为图块，它们将成为一个整体，选中图块中任意一个图形对象即可选中构成图块的所有对象。图块相关命令包括图块定义、图块保存、图块插入、动态块等。以其中的"插入块"命令为例，其执行方式如下。

- 命令行：INSERT（快捷命令：I）。
- 菜单栏：选择菜单栏中的"插入"→"块"命令。
- 工具栏：单击"插入点"工具栏中的"插入块"按钮 🔁 或"绘图"工具栏中的"插入块"按钮 🔁。
- 功能区：单击"默认"选项卡"块"面板中的"插入"下拉菜单或单击"插入"选项卡"块"面板中的"插入"下拉菜单。

完全讲解 实例 101——标注阀盖表面粗糙度

本实例对如图 9-5 所示的阀盖表面进行粗糙度标注。通过本实例，熟悉图块相关命令的使用方法。

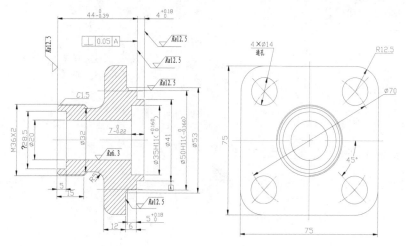

图 9-5 标注阀盖表面粗糙度

操作步骤：

（1）单击"快速访问"工具栏中的"打开"按钮 📂，打开"源文件\第 9 章\标注阀盖表面粗糙度\标注阀盖.dwg"文件，如图 9-6 所示。

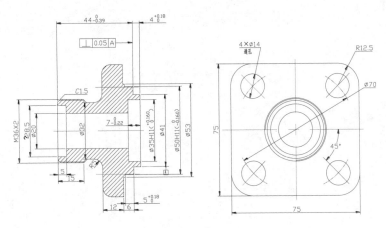

图 9-6　原始文件

在这里，需要将相同数值的粗糙度符号制作成数值旋转 180°的两个图块，以数值为 12.5μm 的粗糙度符号为例，绘制如图 9-7 所示的图块。最后根据粗糙度符号在图形中旋转的角度选择其中一个插入。

（2）在命令行输入 WBLOCK 命令，打开"写块"对话框，如图 9-8 所示。单击"拾取点"按钮，拾取粗糙度符号最下端点为基点，单击"选择对象"按钮，选择所绘制的粗糙度符号，在"文件名"文本框输入图块名为粗糙度，单击"确定"按钮。

图 9-7　粗糙度符号　　　　　　　　图 9-8　"写块"对话框

（3）将"细实线"图层设置为当前图层。将制作的图块插入图形中的适当位置。单击"默认"选项卡"块"面板中的"插入"下拉菜单中"最近使用的块"选项，打开"块"选项板，如图 9-9 所示。单击"浏览"按钮，选择需要打开的粗糙度图块，在"插入选项"选项组中勾选"插入点"和"重复放置"复选框，在"最近使用的块"选项组中选择"粗糙度"图块，将粗糙度符号插入图中合适位置，单击"关闭"按钮，关闭"块"选项板，系统临时切换到绘图区。命令行提示与操作如下：

命令：_insert
指定插入点或 [基点(B)/比例(S)/X/Y/Z/旋转(R)]：（在图形上指定一个点）

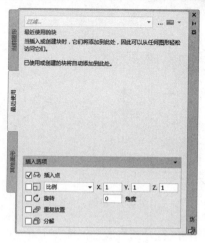

图 9-9 "块"选项板

（4）采用同样的方法，单击"默认"选项卡的"块"面板中的"插入"下拉菜单中"最近使用的块"选项，插入其他粗糙度图块，设置均同前。最终结果如图 9-5 所示。

📢提示：

> 粗糙度图块的绘制和标注位置一定要按照最新的《机械制图国家标准》来执行。

扫一扫，看视频

练习提高　实例 102——标注齿轮轴粗糙度

利用线性标注方法对齿轮轴轴粗糙度进行标注，其流程如图 9-10 所示。

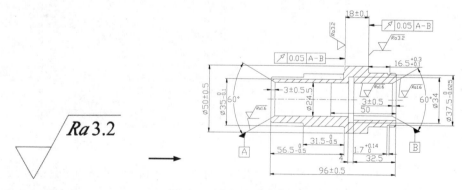

图 9-10 标注齿轮轴粗糙度

📝思路点拨：

> （1）制作图块并保存。
> （2）依次插入图块。

完全讲解　实例 103——动态块功能标注阀盖粗糙度

本实例对如图 9-5 所示的阀盖表面粗糙度进行标注。通过本实例，熟悉动态块功能的使用方法。

操作步骤：

（1）单击"快速访问"工具栏中的"打开"按钮，打开光盘中的"源文件\第 9 章\标注阀盖表面粗糙度\标注阀盖.dwg"文件。

（2）单击"默认"选项卡"绘图"面板中的"直线"按钮，绘制如图 9-11 所示的粗糙度符号图形。

（3）在命令行中输入 WBLOCK 命令，打开"写块"对话框，如图 9-12 所示，拾取上面图形下尖点为基点，以上面图形为对象，输入图块名称并指定路径，单击"确定"按钮退出。

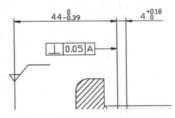

图 9-11　插入表面粗糙度符号

（4）单击"默认"选项卡"块"面板中的"块编辑器"按钮，打开"编辑块定义"对话框，如图 9-13 所示，选择刚才保存的块，打开块编辑界面和块编辑选项板，如图 9-14 所示，在块编写选项板的"参数"选项卡下选择"旋转"选项。命令行提示与操作如下：

```
命令：_BParameter 旋转
指定基点或 [名称(N)/标签(L)/链(C)/说明(D)/选项板(P)/值集(V)]：（指定表面粗糙度图块下角点为基点）
指定参数半径：（指定适当半径）
指定默认旋转角度或 [基准角度(B)] <0>：0（指定适当角度）
指定标签位置：（指定适当夹点数）
```

图 9-12　"写块"对话框

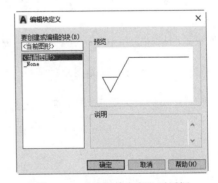

图 9-13　"编辑块定义"对话框

在块编写选项板的"动作"选项卡中选择"旋转"选项。命令行提示与操作如下：

```
命令：_BActionTool 旋转
选择参数：（选择刚设置的旋转参数）
指定动作的选择集
选择对象：（选择表面粗糙度图块）
```

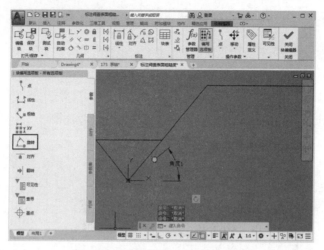

图 9-14 块编辑界面和块编辑选项板

（5）关闭块编辑器。

（6）在当前图形中选择刚才标注的图块，系统显示图块的动态旋转标记，选中该标记，按住鼠标拖动，如图 9-15 所示。直到图块旋转到满意的位置为止，如图 9-16 所示。

图 9-15 动态旋转　　　　　　　　　　　　　　图 9-16 旋转结果

（7）单击"默认"选项卡"注释"面板中的"多行文字"按钮 **A**，标注文字，标注时注意对文字进行旋转。

（8）同样利用插入图块的方法标注其他表面粗糙度。

扫一扫，看视频

练习提高　实例 104——动态块功能标注齿轮轴粗糙度

利用动态块功能方法对齿轮轴粗糙度进行标注，其流程如图 9-17 所示。

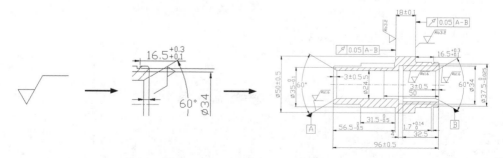

图 9-17 动态块功能标注齿轮轴粗糙度

📒 **思路点拨：**

（1）制作图块并保存。
（2）用动态块编辑器对图块进行编辑。

9.3 图块属性

图块除了包含图形信息外，还可以具有非图形信息。图块的这些非图形信息，叫作图块的属性，它是图块的一个组成部分，与图形对象一起构成一个整体。在插入图块时，AutoCAD 把图形对象连同属性一起插入图形中。以其中的"定义图块属性"命令为例，其执行方式如下。

- 命令行：ATTDEF（快捷命令：ATT）。
- 菜单栏：选择菜单栏中的"绘图"→"块"→"定义属性"命令。
- 功能区：单击"默认"选项卡"块"面板中的"定义属性"按钮✎ 或单击"插入"选项卡"块定义"面板中的"定义属性"按钮✎ 。

完全讲解　实例 105——属性功能标注阀盖表面粗糙度

本实例对如图 9-5 所示的阀盖表面粗糙度进行标注。通过本实例，熟悉图块属性功能的使用方法。

扫一扫，看视频

📹 **操作步骤：**

（1）绘制粗糙度。单击"默认"选项卡"绘图"面板中的"直线"按钮╱，绘制表面粗糙度符号图形。

（2）定义属性。单击"默认"选项卡"块"面板中的"定义属性"按钮✎，系统打开"属性定义"对话框，进行如图 9-18 所示的设置，其中插入点为表面粗糙度符号水平线中点，单击"确定"按钮后退出。

图 9-18　"属性定义"对话框

（3）写块。在命令行中输入 WBLOCK，打开"写块"对话框，拾取上面图形的下尖点为基点，以上面图形为对象，输入图块名称并指定路径，单击"确定"按钮后退出。

（4）插入块。单击"默认"选项卡"块"面板中的"插入"下拉菜单中"最近使用的块"选项，打开"块"选项板，在"最近使用的块"选项组中单击保存的图块，在屏幕上指定插入点、比例和旋转角度，将该图块插入图形中，这时，命令行提示输入属性，并要求验证属性值，此时输入表面粗糙度数值 12.5，最后结合"多行文字"命令输入 Ra，即完成了一个表面粗糙度的标注。

（5）插入粗糙度。继续插入表面粗糙度图块，输入不同的属性值作为表面粗糙度数值，直到完成所有表面粗糙度标注。

扫一扫，看视频

练习提高　实例 106——属性功能标注齿轮轴粗糙度

利用图块属性功能的方法对齿轮轴粗糙度进行标注，其流程如图 9-19 所示。

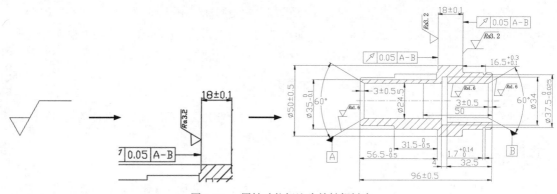

图 9-19　属性功能标注齿轮轴粗糙度

📋**思路点拨：**

（1）制作图块并定义属性，保存图块。
（2）插入图块。

第10章 零件图

内容简介

零件图是生产中指导制造和检验零件的主要图样，因此本章将结合前面学习过的平面图形的绘制、编辑及尺寸标注命令，详细介绍机械工程中零件图的绘制方法、步骤及零件图中技术要求的标注。

本章将通过实例介绍各种零件图的绘制方法。

10.1 简单零件

简单零件是指结构简单，通过一个或两个视图便可以表达清楚的零件。本节通过两个简单零件的绘制过程帮助读者初步掌握机械工程制图中零件图的一般绘制过程。

完全讲解　实例107——止动垫圈视图

扫一扫，看视频

本实例要绘制的止动垫圈零件图如图10-1所示。该零件图的视图由一个主视图来描述，主要由中心线和圆形轮廓线构成。

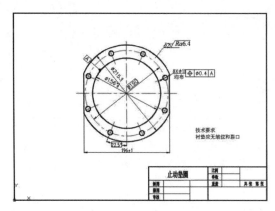

图10-1　止动垫圈零件图

操作步骤：

（1）单击"快速访问"工具栏中的"新建"按钮，弹出"选择样板"对话框，在该对话框中选择需要的样板图。本例选择A3横向样板图，然后单击"打开"按钮，返回绘图区域，同时选择的样板图也会出现在绘图区域内，其中样板图左下端点坐标为（0,0）。

（2）绘制中心线。将"中心线"图层设置为当前图层。根据止动垫圈的尺寸，绘制连接盘中心线的长度约为 230。单击"默认"选项卡"绘图"面板中的"直线"按钮 ╱，绘制中心线 {（143,238），（@230,0）}{（258,123），（@0,230）}。结果如图 10-2 所示。

（3）绘制孔定位圆。单击"默认"选项卡"绘图"面板中的"圆"按钮 ⊙，以两条中心线的交点为圆心，绘制半径为 95 的圆。结果如图 10-3 所示。

图 10-2　绘制中心线

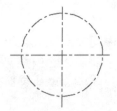

图 10-3　绘制定位圆

（4）绘制内、外圆。将"粗实线"图层设置为当前图层。单击"默认"选项卡"绘图"面板中的"圆"按钮 ⊙，以图 10-3 中两条中心线的交点为圆心，分别以 78 和 107.5 为半径绘制圆。结果如图 10-4 所示。

（5）绘制竖直直线。单击"默认"选项卡"绘图"面板中的"直线"按钮 ╱，绘制端点分别为（160,238）及与圆的交点的直线。结果如图 10-5 所示。

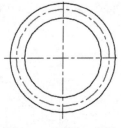

图 10-4　绘制内、外圆

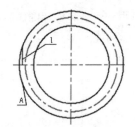

图 10-5　绘制直线

（6）延伸直线。单击"默认"选项卡"修改"面板中的"延伸"按钮 ⟶|，将直线 1 延伸到图 10-5 中的圆 A 处。结果如图 10-6 所示。

（7）镜像直线。单击"默认"选项卡"修改"面板中的"镜像"按钮 ⚠，以竖直中心线为镜像轴，镜像图 10-6 中的直线 1。结果如图 10-7 所示。

图 10-6　延伸直线

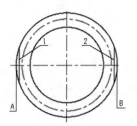

图 10-7　镜像直线

（8）修剪圆弧。单击"默认"选项卡"修改"面板中的"修剪"按钮，修剪图形。结果如图 10-8 所示。

（9）绘制中心线。将"中心线"图层设置为当前图层。单击"默认"选项卡"绘图"面板中的"直线"按钮，绘制中心线{（233,303），（@30<112.5）}。

（10）绘制圆。将"粗实线"图层设置为当前图层。单击"默认"选项卡"绘图"面板中的"圆"按钮，以中心线和定位圆线的交点为圆心，半径为 5.5，绘制圆。结果如图 10-9 所示。

（11）阵列圆孔。单击"默认"选项卡"修改"面板中的"环形阵列"按钮，将半径为 5.5 的圆环形阵列 8 个。结果如图 10-10 所示。

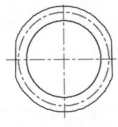

图 10-8　修剪圆弧

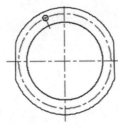

图 10-9　绘制圆孔

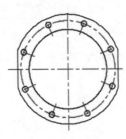

图 10-10　止动垫圈视图

扫一扫，看视频

练习提高　实例 108——垫圈视图

利用简单零件视图的绘制方法绘制如图 10-11 所示的垫圈零件图的视图，其流程如图 10-12 所示。

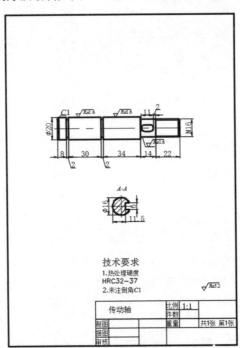

图 10-11　垫圈零件图

图 10-12　垫圈视图

思路点拨：

（1）先设置图层，然后利用"直线""偏移"等命令绘制初步轮廓。
（2）利用"修剪"命令修剪图线，利用"图案填充"命令完成绘制。

扫一扫，看视频

完全讲解　实例 109——止动垫圈零件图

本实例在实例 107 的基础上进行操作，完成如图 10-1 所示的止动垫圈零件图。主要工作是标注尺寸、表面结构图形符号和标题栏。

操作步骤：

（1）线性标注。首先将"尺寸标注"图层设置为当前图层。单击"注释"选项卡"标注"面板中的"线性"按钮┡┥，进行线性标注。命令行提示与操作如下：

```
命令：_dimlinear
指定第一个尺寸界线原点或 <选择对象>：(用光标在标注的位置指定起点)
指定第二条尺寸界线原点：(用光标在标注的位置指定终点)
指定尺寸线位置或[多行文字(M)/文字(T)/角度(A)/水平(H)/垂直(V)/旋转(R)]：T↙
输入标注文字 <196>：196%%P1↙
指定尺寸线位置或[多行文字(M)/文字(T)/角度(A)/水平(H)/垂直(V)/旋转(R)]：(用光标适当指定尺寸线位置)
标注文字 = 196±1
```

结果如图 10-13 所示。

注意：

在文字标注时，%%P 表示±。

（2）引线标注。标注垫圈厚度。在命令行中输入 QLEADER 命令。命令行提示与操作如下：

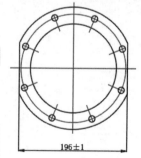

```
命令：QLEADER↙
指定第一个引线点或 [设置(S)] <设置>：
```

输入 S，按 Enter 键，弹出如图 10-14 所示的"引线设置"对话框，在

图 10-13　线性标注

其中的"注释"选项卡中的"注释类型"选项组中选中"多行文字"单选按钮，在"引线和箭头"选项卡中的"箭头"选项组中选择"无"选项，如图 10-15 所示，再单击"确定"按钮，AutoCAD 会继续提示：

```
指定第一个引线点或 [设置(S)] <设置>：(用光标在标注的位置指定一点)
指定下一点：(用光标在标注的位置指定第二点)
```

指定下一点：（用光标在标注的位置指定第三点）
指定文字宽度 <0>:8↙
输入注释文字的第一行 <多行文字(M)>:δ2↙
输入注释文字的下一行:↙

图 10-14　"引线设置"对话框

图 10-15　设置引线

使用该标注方式标注的结果如图 10-16 所示。

📢 **注意：**

> 类似于 δ、×这些特殊符号一般可以通过从文本中复制然后粘贴到命令行的方式实现。

（3）角度标注。以标注 22.5° 为例说明角度的标注方式。由于本实例中的角度为参考尺寸，需要加注方框，所以在标注前需要设置标注样式。

📢 **注意：**

> 按照机械制图国家标准，角度尺寸的尺寸数字要求水平放置，所以此处在标注角度尺寸时，要新建标注样式，将其中的"文字"选项卡中的"文字对齐"项设置成"水平"。

图 10-16　引线标注

① 单击"默认"选项卡"注释"面板中的"标注样式"按钮，弹出"标注样式管理器"对话框，将"机械制图"标注样式置为当前样式，如图 10-17 所示。单击"新建"按钮，弹出"创建新标注样式"对话框，在"用于"下拉列表框中选择"角度标注"，如图 10-18 所示；单击"继续"按钮，弹出"新建标注样式：机械制图标注：角度"对话框，在"文字"选项卡"文字外观"选项组中勾选"绘制文字边框"复选框，在"文字对齐"选项组中选中"水平"单选按钮，如图 10-19 所示。

② 单击"默认"选项卡"注释"面板中的"角度"按钮，标注角度尺寸。结果如图 10-20 所示。

（4）直径标注。

① 单击"默认"选项卡"注释"面板中的"标注样式"按钮，弹出"标注样式管理器"对话

框；单击"新建"按钮，弹出"创建新标注样式"对话框，在"用于"下拉列表框中选择"直径标注"，如图 10-21 所示；单击"继续"按钮，弹出"新建标注样式：机械制图：直径"对话框，在"文字"选项卡"文字对齐"选项组中选中"ISO 标准"单选按钮，如图 10-22 所示。

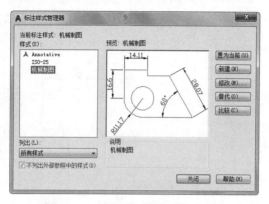

图 10-17   "标注样式管理器"对话框

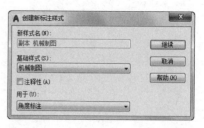

图 10-18   "创建新标注样式"对话框

图 10-19   "新建标注样式：机械制图标注：角度"对话框

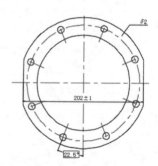

图 10-20   标注的角度

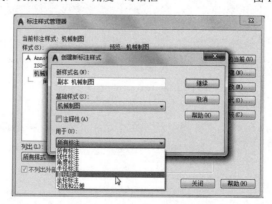

图 10-21   创建新标注样式

② 单击"默认"选项卡"注释"面板中的"直径"按钮⊘。命令行提示与操作如下:

```
命令: _dimdiameter
选择圆弧或圆:(选择要标注的圆)
标注文字 = 11
指定尺寸线位置或 [多行文字(M)/文字(T)/角度(A)]: T↙
输入标注文字 <11>: 8×%%c11↙
指定尺寸线位置或 [多行文字(M)/文字(T)/角度(A)]:(适当指定位置确定尺寸文字的放置)
```

结果如图 10-23 所示。

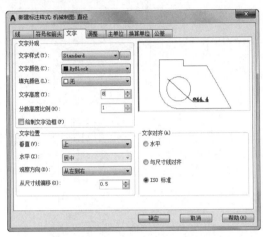

图 10-22 设置"文字"选项卡 1

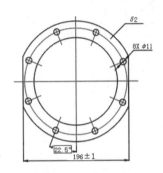

图 10-23 直径标注

③ 单击"注释"选项卡"文字"面板中的"多行文字"按钮 **A**,弹出"文字编辑器"选项卡,标注文字 EQS。结果如图 10-24 所示。

文字标注结果如图 10-25 所示。

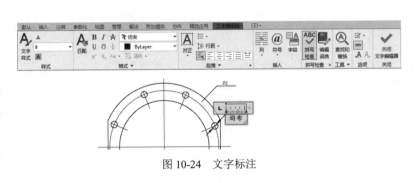

图 10-24 文字标注

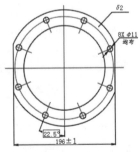

图 10-25 文字标注结果

④ 单击"默认"选项卡"注释"面板中的"标注样式"按钮,选择"标注样式"列表中的"机械制图"样式,单击"替代"按钮,弹出"替代当前样式:机械制图标注"对话框,在"文字"选项卡的"文字外观"选项组中勾选"绘制文字边框"复选框,在"文字对齐"选项组中选中"ISO 标准"单选按钮,如图 10-26 所示。单击"确定"按钮。

⑤ 单击"默认"选项卡"注释"面板中的"直径"按钮◎，标注直径。结果如图 10-27 所示。

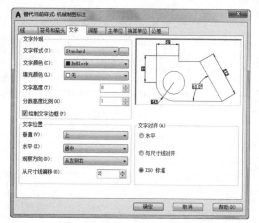

图 10-26　替代标注样式设置

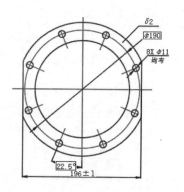

图 10-27　直径标注

⑥ 选中刚才标注的直径尺寸，将光标放置在文字下方的夹点处，夹点颜色由蓝色变成红色，并弹出快捷菜单，选择"仅移动文字"命令，如图 10-28 所示，适当移动尺寸数字到合适位置。结果如图 10-29 所示。

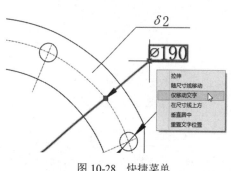

图 10-28　快捷菜单

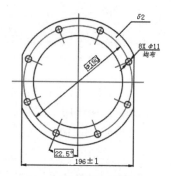

图 10-29　移动尺寸数字

⑦ 采用同样的方法，再次替代当前标注样式，弹出"替代当前样式：机械制图"对话框，在"公差"选项卡的"公差格式"选项组中选择"极限偏差"方式，设置"精度"为 0，"上偏差"为 1，"下偏差"为 0，"高度比例"为 0.5，"垂直位置"为"中"，其余采用默认设置，如图 10-30 所示；在"文字"选项卡"文字对齐"选项组中选中"与尺寸线对齐"单选按钮，其余采用默认设置，如图 10-31 所示。单击"确定"按钮。

⑧ 单击"默认"选项卡"注释"面板中的"直径"按钮◎，标注内部同心圆的带公差直径，如图 10-32 所示。调整尺寸数字到适当位置，如图 10-33 所示。

⑨ 采用同样的方法，再次替代当前标注样式，弹出"替代当前样式：机械制图"对话框，在"公差"选项卡"公差格式"选项组中选择"极限偏差"方式，设置"精度"为 0，"上偏差"为 0，"下偏差"为 1，"高度比例"为 0.5，"垂直位置"为"中"，其余采用默认设置，如图 10-34 所示。单击

"确定"按钮。

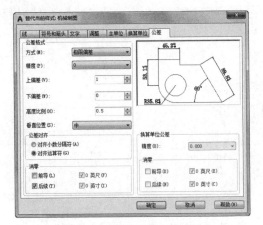

图 10-30　设置"公差"选项卡 1

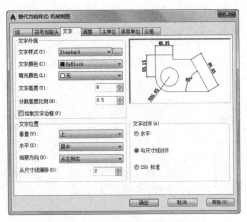

图 10-31　设置"文字"选项卡 2

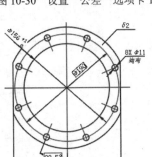

图 10-32　带公差直径标注

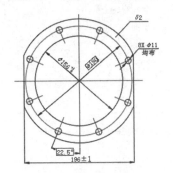

图 10-33　移动尺寸数字

⑩ 单击"默认"选项卡"注释"面板中的"直径"按钮◯，标注外部同心圆的带公差直径，并调整尺寸数字到适当位置。结果如图 10-35 所示。

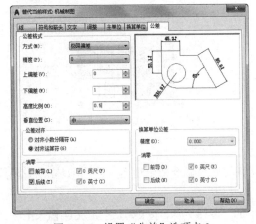

图 10-34　设置"公差"选项卡 2

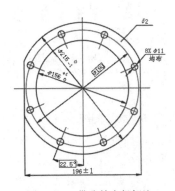

图 10-35　带公差直径标注

📢 **注意：**

> 在标注样式的"公差"选项卡"公差格式"选项组的"下偏差"设置过程中，系统自动默认下极限偏差为负值，即在输入的数字前加一个负号，这一点需要读者格外注意。

（5）标注几何公差。

① 在命令行中输入 QLEADER 命令。命令行提示与操作如下：

```
命令：QLEADER✓
指定第一个引线点或 [设置(S)] <设置>：✓
(弹出"引线设置"对话框，如图 10-36 所示。在"注释"选项卡中选中"公差"单选按钮，在"引线和箭头"
选项卡中选中"直线"单选按钮，将"点数"设置为 2，将"角度约束"都设置为水平，单击"确定"按钮)
指定第一个引线点或 [设置(S)] <设置>： (利用"对象捕捉"指定标注位置)
指定下一点： (指定引线长度)
指定下一点：✓
```

（a）

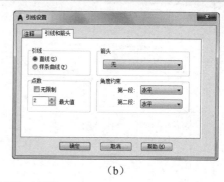
（b）

图 10-36　"引线设置"对话框

② 弹出"形位公差"对话框，如图 10-37 所示。单击"符号"，弹出"特征符号"对话框，如图 10-38 所示，选择一种形位几何符号。在公差 1、公差 2 和基准 1、基准 2、基准 3 文本框中输入公差值和基准面符号，单击"确定"按钮。结果如图 10-39 所示。

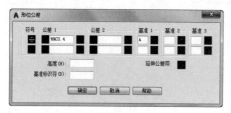

图 10-37　"形位公差"对话框

图 10-38　"特征符号"对话框

（6）标注基准面符号。

① 绘制基准面符号。利用"矩形""图案填充""直线"等命令指定适当尺寸绘制基准面符号，如图 10-40 所示。

② 输入文字。单击"注释"选项卡"文字"面板中的"多行文字"按钮**A**，指定文字输入区域，弹出"文字编辑器"选项卡，指定文字高度为 8，在基准面符号中输入文字 A，如图 10-41 所示。

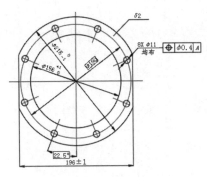

图 10-39　形位公差标注

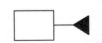

图 10-40　插入的基准面符号

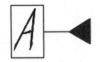

图 10-41　输入文字

③ 移动和旋转基准面符号。单击"默认"选项卡"修改"面板中的"移动"按钮✢和"旋转"按钮↻，将输入文字的基准面符号移动到适当位置并进行旋转，完成基准面符号标注，如图 10-42 所示。

（7）标注表面结构图形符号。

① 插入表面结构图形符号图块。单击"默认"选项卡"绘图"面板中的"直线"按钮╱，绘制表面结构图形符号。命令行提示与操作如下：

```
命令：_line
指定第一个点：（适当指定一点）
指定下一点或 [放弃(U)]: 5　（鼠标水平向左）
指定下一点或[退出(E)/放弃(U)]: @5<-60
指定下一点或[关闭(C)/退出(X)/放弃(U)]: @10<60
指定下一点或[关闭(C)/退出(X)/放弃(U)]: 15
```

结果如图 10-43 所示。将绘制的表面结构图形符号移动到如图 10-44 所示的图形中。

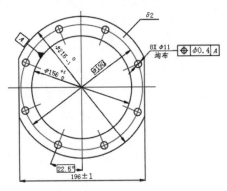

图 10-42　绘制的基准面符号

图 10-43　表面结构图形符号

② 标注文字。单击"注释"选项卡"文字"面板中的"多行文字"按钮**A**。命令行提示与操作如下：

```
命令：MDTEXT↙
当前文字样式：样式 1　文字高度:2.5 注释性：否
```

指定第一角点：（指定文字起始角点）
指定对角点或[高度（H）/对正（J）/行距（L）/旋转（R）/样式（S）/宽度（W）/栏（C）]：H↙
指定高度<2.5>:10↙
指定对角点或[高度（H）/对正（J）/行距（L）/旋转（R）/样式（S）/宽度（W）/栏（C）]：（指定对角点）
输入文字：Ra6.4

（8）标注技术要求。单击"注释"选项卡"文字"面板中的"多行文字"按钮**A**，标注技术要求。结果如图 10-45 所示。

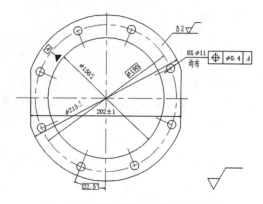

图 10-44　插入表面结构图形符号图块

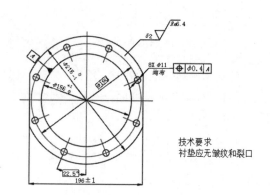

图 10-45　标注技术要求

（9）填写标题栏。标题栏是反映图形属性的一个重要的信息来源，用户可以在其中查找零部件的材料、设计者及修改等信息。其填写过程与标注文字的过程相似，这里不再赘述，如图 10-46 所示为填写好的标题栏。

止动垫圈		材料		比例	1:1
		数量		共 张第 张	
制图					
审核					

图 10-46　填写好的标题栏

（10）单击"快速访问"工具栏中的"保存"按钮 **⊟**，保存文件。零件最终结果如图 10-1 所示。

练习提高　实例 110——垫圈零件图

利用简单零件完整零件图的绘制方法，在实例 108 的基础上，对如图 10-11 所示的垫圈零件图进行后续绘制，其流程如图 10-47 所示。

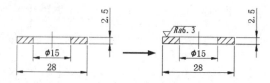

图 10-47　垫圈零件图标注

📋 **思路点拨：**

（1）标注尺寸。
（2）标注表面结构图形符号。
（3）填写标题栏。

10.2 螺 纹 零 件

螺母和螺栓配合组成螺纹紧固件，是机械和工业上最常见的连接零件，具有连接方便，承受力强等优点。由于用量巨大，适用场合普遍，现在已经形成国家标准，其参数已经固定，所以在绘制螺纹零件时，一定不要随便设置参数，要参照相关国家标准按照规范的参数进行绘制。

本节通过两个螺纹类零件的绘制过程帮助读者初步掌握机械工程制图中螺纹类零件图的一般绘制过程。

完全讲解 实例 111——螺堵视图

扫一扫，看视频

如图 10-48 所示为要绘制的螺堵零件图。该零件图的视图由一个主视图结合两个局部放大图来描述。本实例介绍其视图的绘制过程。

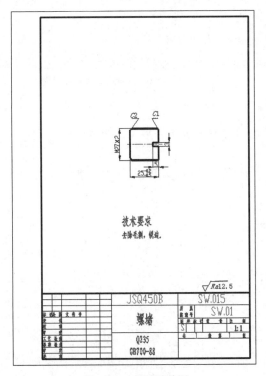

图 10-48 螺堵零件图

操作步骤：

（1）单击"快速访问"工具栏中的"新建"按钮，系统打开"选择样板"对话框，选择"A4样板图模板.dwt"样板文件为模板，单击"打开"按钮，进入绘图环境。

（2）单击"快速访问"工具栏中的"保存"按钮，弹出"另存为"对话框，输入文件名称"SW.015 螺堵"，单击"确定"按钮，退出对话框。

（3）在"图层特性管理器"选项板中选择 ZXX 图层，并将该图层置为当前。

（4）单击"默认"选项卡"绘图"面板中的"直线"按钮，绘制水平中心线{（100,185），（130,185）}。

（5）选择步骤（4）绘制的中心线，右击在弹出的快捷菜单中选择"特性"命令，弹出"特性"选项板，在"线型比例"文本框中输入 5。中心线绘制结果如图 10-49 所示。

（6）在"图层特性管理器"选项板中选择 CSX 图层，将该图层置为当前。

（7）单击"默认"选项卡"绘图"面板中的"直线"按钮，绘制轮廓线，点坐标为（102,185）、（@0,13.5）、（@25,0）、（@0,-12）、（@-5,0）、（@0,-1.5）。结果如图 10-50 所示。

（8）单击"默认"选项卡"修改"面板中的"倒角"按钮，对轮廓进行倒角操作。结果如图 10-51 所示。

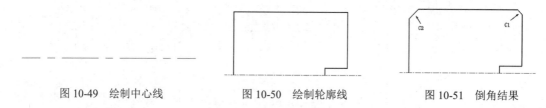

图 10-49　绘制中心线　　　图 10-50　绘制轮廓线　　　图 10-51　倒角结果

（9）单击"默认"选项卡"修改"面板中的"偏移"按钮和"延伸"按钮，将最上端水平直线向下偏移 1，并延伸到两条倒角斜线位置，同时将延伸后的直线设为 XSX 图层。结果如图 10-52 所示。

（10）单击"默认"选项卡"修改"面板中的"镜像"按钮，镜像水平中心线上方图形。结果如图 10-53 所示。

图 10-52　修剪偏移直线　　　图 10-53　镜像结果

练习提高　实例 112——圆螺母视图

利用螺纹类零件视图的绘制方法，绘制如图 10-54 所示的圆螺母零件图的视图，其流程如图 10-55 所示。

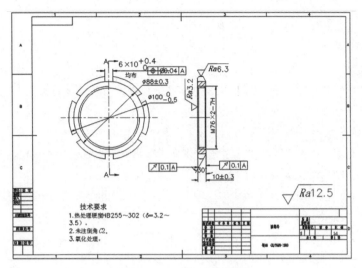

图 10-54　圆螺母零件图

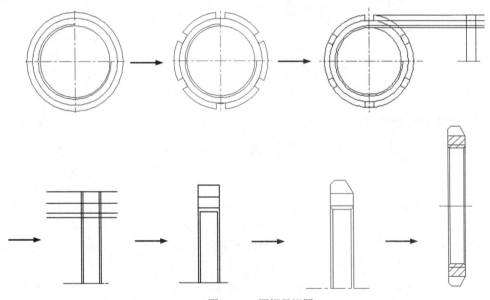

图 10-55　圆螺母视图

思路点拨：

（1）先设置图层，然后利用"圆""偏移""修剪""镜像""阵列"等命令绘制主视图。
（2）利用"直线""倒角""偏移""修剪""镜像""图案填充"等命令绘制左视图。

完全讲解　实例 113——螺堵零件图

本实例在实例 111 的基础上进行操作，完成如图 10-48 所示的螺堵零件图。主要工作是标注尺寸、标注、表面结构图形符号、添加文字说明和填写标题栏。

扫一扫，看视频

📐操作步骤:

1. 标注视图尺寸

（1）在"图层特性管理器"选项板中选择 BZ 图层，将该图层置为当前。

（2）标注水平尺寸。单击"默认"选项卡"注释"面板中的"线性"按钮⊢，标注孔深度为 5 和水平总尺寸为 25。结果如图 10-56 所示。

（3）标注竖直尺寸。单击"默认"选项卡"注释"面板中的"线性"按钮⊢，标注孔直径尺寸为 3、外轮廓尺寸为 M27×2。结果如图 10-57 所示。

（4）引线标注。单击"默认"选项卡"注释"面板中的"引线"按钮⌐，利用引线标注倒角 C1、C2。结果如图 10-58 所示。

（5）编辑标注文字。双击水平标注 25，在弹出的"文字格式"编辑器中输入 25-0.2^-0.5，利用"堆叠"按钮，添加上偏差-0.2，下偏差-0.5。结果如图 10-59 所示。

图 10-56　标注水平尺寸

图 10-57　标注竖直尺寸

图 10-58　引线标注

图 10-59　添加上下偏差

2. 添加表面结构的图形符号

（1）单击"默认"选项卡"绘图"面板中的"直线"按钮╱，绘制表面结构的图形符号轮廓。结果如图 10-60 所示。

（2）单击"默认"选项卡"块"面板中的"定义属性"按钮✎，弹出"属性定义"对话框，设置"属性"选项，在"标记"框中输入"粗糙度符号"，在"提示"框中输入"请输入粗糙度值"，在"默认"框中输入 3.2，单击"确定"按钮。结果如图 10-61 所示。

（3）单击"插入"选项卡"块定义"面板中"创建块"下拉列表框中的"写块"按钮🗔，弹出"写块"对话框，选择步骤（2）绘制的表面结构的图形符号，输入名称"粗糙度符号 3.2"；单击"确定"按钮，弹出"编辑属性"对话框，输入粗糙度符号为 3.2，单击"确定"按钮，表面结构的图形符号效果如图 10-62 所示。

（4）双击表面结构的图形符号值，弹出"增强属性编辑器"对话框，将 3.2 改为 12.5。

（5）单击"默认"选项卡"修改"面板中的"移动"按钮✛，将步骤（4）修改后的表面结构的图形符号放置到标题栏上方。结果如图 10-63 所示。

图 10-60　绘制表面结构
　　　　　的图形符号

图 10-61　写入属性值

图 10-62　输入表面结构
　　　　　的图形符号值

图 10-63　插入图形符号

3．添加文字说明

（1）在"图层特性管理器"选项板中选择 WZ 图层，将图层置为当前。

（2）单击"默认"选项卡"注释"面板中的"文字样式"按钮 **A**，弹出"文字样式"对话框，将"长仿宋"样式置为当前。

（3）单击"默认"选项卡"注释"面板中的"多行文字"按钮 **A**，标注技术要求。结果如图 10-64 所示。

（4）在命令行中输入 WBLOCK，选择步骤（3）绘制的技术要求，创建块"技术要求 1"。

（5）单击"默认"选项卡"注释"面板中的"多行文字"按钮 **A**，标注标题栏。结果如图 10-65 所示。

图 10-64　绘制技术要求

图 10-65　标注标题栏

（6）单击"快速访问"工具栏中的"保存"按钮 ，保存文件。零件最终结果如图 10-48 所示。

练习提高　实例 114——圆螺母零件图

利用螺纹类零件完整零件图的绘制方法，在实例 112 的基础上对如图 10-54 所示的圆螺母零件图进行后续绘制，其流程如图 10-66 所示。

扫一扫，看视频

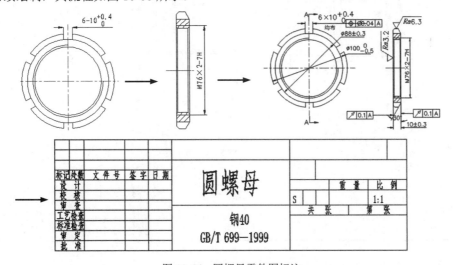

图 10-66　圆螺母零件图标注

📓 **思路点拨：**

（1）标注尺寸。
（2）标注表面结构图形符号。
（3）填写技术要求与标题栏。

10.3　轴杆类零件

轴杆类零件是机械中常见的零件，大多是细长对称结构，可以利用基本的绘图命令来实现绘制，也可以利用图形的对称性绘制一半，然后利用镜像命令来处理完成。

本节通过两个轴杆类零件的绘制过程帮助读者初步掌握机械工程制图中轴杆类零件图的一般绘制过程。

完全讲解　实例 115——轴视图

如图 10-67 所示为要绘制的轴零件图。该零件图的视图由一个主视图结合两个局部放大图来描述。本实例介绍其视图的绘制过程。

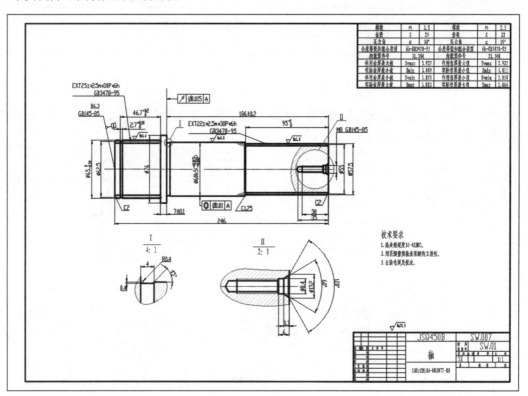

图 10-67　轴零件图

扫一扫，看视频

操作步骤：

1. 绘制中心线网格

（1）在"图层特性管理器"选项板中选择 ZXX 图层，将该图层置为当前。

（2）单击"默认"选项卡"绘图"面板中的"直线"按钮 ／，绘制相交中心线 {（113, 247），（376, 247）}。

（3）单击"默认"选项卡"修改"面板中的"偏移"按钮 ⊏，分别向上、向下偏移 31.25。

（4）单击"默认"选项卡"绘图"面板中的"直线"按钮 ／，绘制过坐标（125, 247）的直线。

（5）单击"默认"选项卡"修改"面板中的"偏移"按钮 ⊏，选择中间水平直线，分别向上偏移 26、27.5、28.75、29、29.6、30、32.5、38。

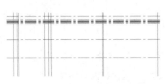

（6）单击"默认"选项卡"修改"面板中的"偏移"按钮 ⊏，选择左侧竖直直线，依次向右偏移 6.3、2.7、44、7、4、85.75、1.25、95。结果如图 10-68 所示。

图 10-68　绘制中心线

2. 绘制主视图轮廓

（1）在"图层特性管理器"选项板中选择 CSX 图层，将该图层置为当前。

（2）单击"默认"选项卡"绘图"面板中的"直线"按钮 ／，绘制轮廓图。结果如图 10-69 所示。

（3）单击"默认"选项卡"绘图"面板中的"直线"按钮 ／、"删除"按钮 ✎ 和"修剪"按钮 ✂，修剪多余辅助线。结果如图 10-70 所示。

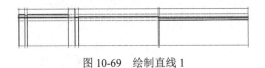
图 10-69　绘制直线 1

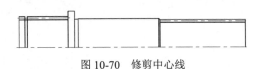
图 10-70　修剪中心线

（4）单击"默认"选项卡"修改"面板中的"倒角"按钮 ／，倒角距离设置为 2，选择倒角边。结果如图 10-71 所示。

（5）单击"默认"选项卡"绘图"面板中的"直线"按钮 ／，绘制螺孔。结果如图 10-72 所示。

（6）在"图层特性管理器"选项板中选择 XSX 图层，将该图层置为当前。

（7）单击"默认"选项卡"绘图"面板中的"圆弧"按钮 ／，绘制齿轮线。结果如图 10-73 所示。

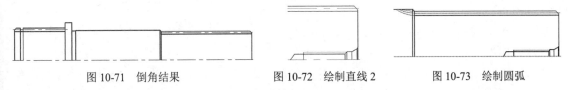

图 10-71　倒角结果　　　　图 10-72　绘制直线 2　　　　图 10-73　绘制圆弧

（8）单击"默认"选项卡"修改"面板中的"镜像"按钮 ⚠，镜像上步绘制的轮廓线。镜像结果如图 10-74 所示。

（9）单击"默认"选项卡"绘图"面板中的"圆"按钮⊙和"圆弧"按钮╱，绘制放大图边界及剖视图边界。结果如图 10-75 所示。

3. 绘制放大图 1

（1）在"图层特性管理器"选项板中选择 CSX 图层，将该图层置为当前。

（2）单击"默认"选项卡"绘图"面板中的"直线"按钮╱，在空白处绘制相交直线。结果如图 10-76 所示。

（3）单击"默认"选项卡"修改"面板中的"偏移"按钮⊂，分别将水平直线向下偏移 1.6，将竖直直线向右偏移 14.4、16。结果如图 10-77 所示。

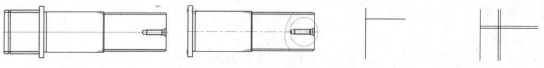

| 图 10-74　镜像结果 | 图 10-75　绘制边界线 | 图 10-76　绘制直线 3 | 图 10-77　偏移结果 |

（4）单击"默认"选项卡"修改"面板中的"圆角"按钮╱，设置圆角距离为 1.6，进行圆角操作。结果如图 10-78 所示。

（5）单击"默认"选项卡"绘图"面板中的"直线"按钮╱和"修剪"按钮╳，绘制剩余图形。结果如图 10-79 所示。

（6）在"图层特性管理器"选项板中选择 XSX 图层，将该图层置为当前。

（7）单击"默认"选项卡"绘图"面板中的"样条曲线拟合"按钮∾，绘制局部放大图边界。结果如图 10-80 所示。

| 图 10-78　圆角操作 | 图 10-79　修剪图形 | 图 10-80　放大图边界 |

4. 绘制放大图 2

（1）单击"默认"选项卡"修改"面板中的"复制"按钮⊙，复制主视图的螺孔部分到空白处。

（2）单击"默认"选项卡"修改"面板中的"缩放"按钮□，将复制结果放大两倍。结果如图 10-81 所示。

（3）单击"默认"选项卡"绘图"面板中的"样条曲线拟合"按钮∾，绘制局部放大图边界。结果如图 10-82 所示。

（4）单击"默认"选项卡"绘图"面板中的"图案填充"按钮▨，选择 ANSI31 图样，设置"颜色"为"青色"，"比例"为 1；单击"拾取点"按钮▦，在绘图区中选择添加边界，按 Enter 键返回对话框；单击"确定"对话框，完成设置。填充结果如图 10-83 所示。

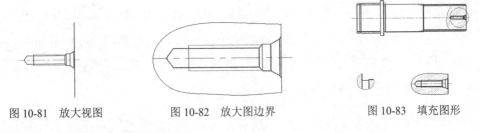

图 10-81 放大视图　　　图 10-82 放大图边界　　　图 10-83 填充图形

练习提高　实例 116——传动轴视图

利用轴杆类零件视图的绘制方法，绘制如图 10-84 所示的传动轴零件图的视图，其流程如扫一扫，看视频图 10-85 所示。

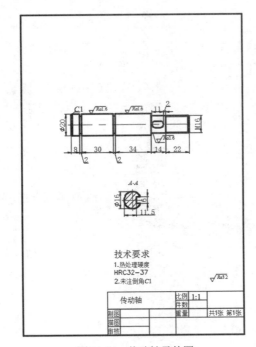

图 10-84 传动轴零件图

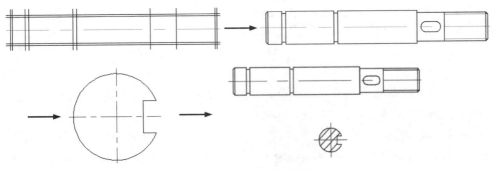

图 10-85 传动轴视图

📋 **思路点拨：**

（1）先设置图层，然后利用"直线""偏移""修剪""倒角"等命令绘制主视图。

（2）利用"直线""圆""偏移""修剪""图案填充"等命令绘制断面图。

完全讲解　实例 117——轴零件图

本实例在实例 115 的基础上进行操作，完成如图 10-67 所示的轴零件图。主要工作是标注尺寸、标注表面结构图形符号、绘制参数表、添加文字说明和填写标题栏。

🏃 **操作步骤：**

1. 添加尺寸标注

（1）在"图层特性管理器"选项板中选择 BZ 图层，将该图层置为当前。

（2）修改标注样式。单击"默认"选项卡"注释"面板中的"标注样式"按钮，弹出"标注样式管理器"对话框，如图 10-86 所示。单击"修改"按钮，弹出"修改标注样式 ISO-25"对话框，如图 10-87 所示，打开"线"选项卡，在"颜色""线型""线宽"下拉列表中选择"Bylayer（随层）"；打开"符号和箭头"选项卡，设置"箭头大小"为 4；打开"文字"选项卡，设置"文字颜色"为"Bylayer（随层）"，"文字高度"为 5，"文字对齐"方式为"ISO 标准"；打开"主单位"选项卡，设置"小数分隔符"为"句点"，单击"确定"按钮，退出对话框，完成设置。

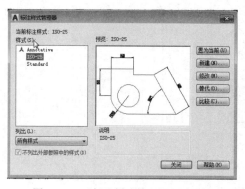

图 10-86　"标注样式管理器"对话框

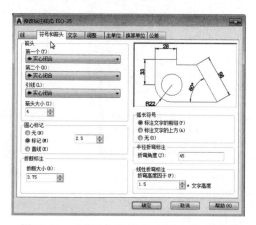

图 10-87　"修改标注样式：ISO-25"对话框

（3）添加水平基本尺寸。

① 单击"默认"选项卡"注释"面板中的"线性"按钮，标注水平间距为 2.7。

② 单击"注释"选项卡"标注"面板"连续"下拉菜单中的"基线"按钮，标注水平尺寸为 46.7。结果如图 10-88 所示。

③ 单击"默认"选项卡"注释"面板中的"线性"按钮和"注释"选项卡"标注"面板"连续"下拉菜单中的"基线"按钮，标注轴段水平尺寸为 95、186；单击"默认"选项卡"注释"

面板中的"线性"按钮├┤和"注释"选项卡"标注"面板"连续"下拉菜单中的"基线"按钮├┤，标注轴段水平尺寸为 30、35、246。

④ 单击"默认"选项卡"注释"面板中的"线性"按钮├┤，标注轴段水平尺寸为 7。标注结果如图 10-89 所示。

图 10-88 标注尺寸

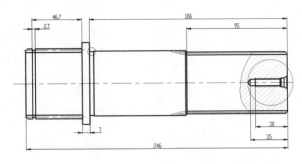

图 10-89 标注水平尺寸

（4）添加竖直基本尺寸。单击"默认"选项卡"注释"面板中的"线性"按钮├┤，标注轴段直径值为 62.5、65、76、60、55、57.5、8。标注结果如图 10-90 所示。

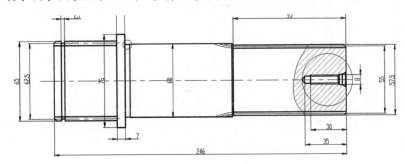

图 10-90 标注竖直尺寸

（5）编辑标注文字。双击标注尺寸，弹出"文字编辑器"，修改文字标注，右击，在弹出的快捷菜单中选择"堆叠"命令。修改结果如图 10-91 所示。

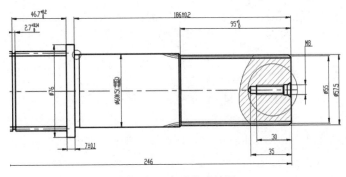

图 10-91 标注修改结果

（6）标注局部视图。单击"替代"按钮，弹出"替代标注样式"对话框，打开"主单位"选项卡，分别设置"比例因子"为 0.25、0.5；添加局部放大图标注。结果如图 10-92 所示。

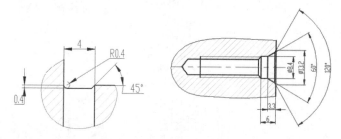

图 10-92 局部放大图

（7）引线标注。单击"默认"选项卡"注释"面板中的"引线"按钮 🖉，利用引线命令标注倒角。结果如图 10-93 所示。

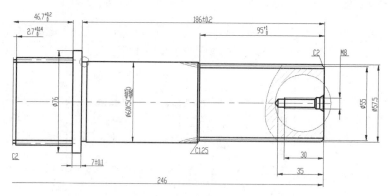

图 10-93 倒角标注

2. 添加几何公差

（1）在命令行中输入 QLEADER 命令，添加几何公差。命令行提示与操作如下：

```
命令： QLEADER ✔
指定第一个引线点或 [设置(S)] <设置>：✔
(弹出"引线设置"对话框，如图 10-94 所示。在"注释"选项卡中选中"公差"单选按钮，在"引线和箭头"选项卡中选中"直线"单选按钮，将"点数"设置为 3，将"箭头"设置为"实心闭合"，单击"确定"按钮。)
指定第一个引线点或 [设置(S)] <设置>：(利用"对象捕捉"指定标注位置)
指定下一点： (指定引线长度)
指定下一点：✔
```

（2）弹出"形位公差"对话框，单击"符号"，弹出"特征符号"对话框，选择一种形位公差符号。在公差 1、2 和基准 1、2、3 文本框中输入公差值和基准面符号，单击"确定"按钮。结果如图 10-95 所示。

使用同样的方法添加其余几何公差。结果如图 10-96 所示。

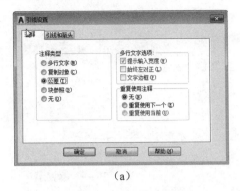 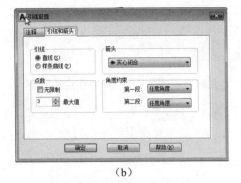

（a） （b）

图 10-94 "引线设置"对话框

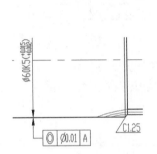

图 10-95 添加形位公差结果

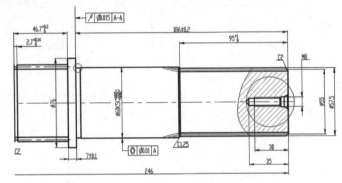

图 10-96 添加结果

3．添加其余参数标注

单击"默认"选项卡"注释"面板中的"引线"按钮 ，标注参数说明。结果如图 10-97 所示。

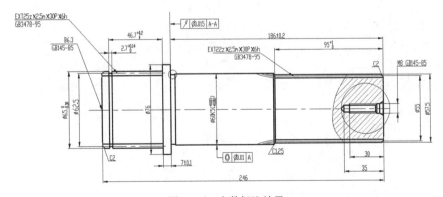

图 10-97 参数标注结果

🔊 **说明：**

为视图添加引线标注时，有以下几种方法：

（1）利用"直线"命令和"多行文字"绘制标注（如果有箭头，利用"多段线"命令绘制）。

（2）在命令行中输入 LEADER 命令（可设置有无箭头）。

（3）在命令行中输入 QLEADER 命令（可设置有无箭头，若要插入"几何公差"，只可用此种方法）。

4. 插入基准符号及表面结构的图形符号

（1）单击"默认"选项卡"块"面板中的"插入"按钮▭，在弹出的"块"对话框中，选择"基准符号 A"和"表面结构图形符号 3.2"插入适当位置。结果如图 10-98 所示。

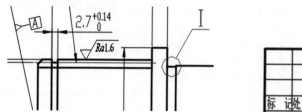

图 10-98　插入对象

（2）单击"默认"选项卡"修改"面板中的"分解"按钮，分解图块，以便后续修改工作。

（3）单击"默认"选项卡"修改"面板中的"复制"按钮 ❀ 和"旋转"按钮 ↻，放置、修改其余表面结构的图形符号。结果如图 10-99 所示。

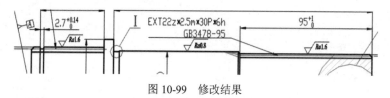

图 10-99　修改结果

🔊 说明：

> 插入多种表面结构的图形符号时，可采用以下方法：
>
> （1）重复执行"插入块"命令，在命令行中可设置旋转角度，表面结构的图形符号值。
>
> （2）完成一次插入后，可利用"分解""复制""旋转"等命令放置其余表面结构的图形符号。
>
> 读者可自行利用不同方法练习绘制。最终结果如图 10-100 所示。

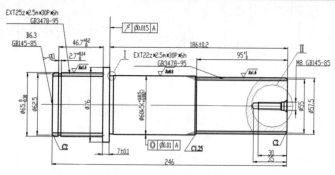

图 10-100　插入图块结果

5．绘制参数表

（1）在"图层特性管理器"选项板中选择 XSX 图层，将该图层置为当前。

（2）单击"默认"选项卡"绘图"面板中的"直线"按钮／和"修改"面板中的"偏移"按钮⊆，绘制右上角表格。绘制结果如图 10-101 所示。

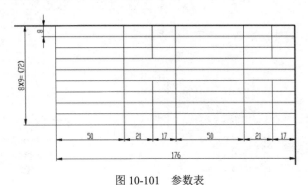

图 10-101 参数表

6．添加文字说明

（1）在"图层特性管理器"选项板中选择 WZ 图层，将该图层置为当前。

（2）单击"默认"选项卡"注释"面板中的"文字样式"按钮**A**，弹出"文字样式"对话框，将"长仿宋"样式置为当前。

（3）标注视图文字。单击"默认"选项卡"绘图"面板中的"直线"按钮／和"块"面板中的"插入"按钮，插入"视图Ⅰ"，标注局部放大图符号。结果如图 10-102 所示。

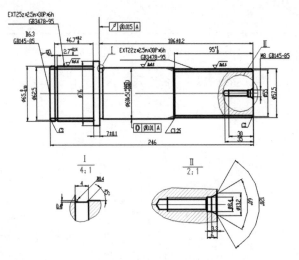

图 10-102 符号标注

（4）标注参数表。单击"默认"选项卡"注释"面板中的"多行文字"按钮**A**，标注表格内参数。结果如图 10-103 所示。

🔊 **说明：**

> 绘制上述参数表也可以利用"插入表格"命令，完成插入后，单击单元格，使列宽拉到合适的长度，同样将其余列的列宽拉到合适的长度。然后双击单元格，打开多行文字编辑器，在各单元格中输入相应的文字或数据，并将多余的单元格合并；也可以将前面绘制的表格插入该图中，然后进行修改调整，最终完成参数表的绘制。

（5）添加技术要求。单击"默认"选项卡"注释"面板中的"多行文字"按钮**A**，输入技术要求。结果如图 10-104 所示。

模数	m	2.5	模数	m	2.5
齿数	Z	25	齿数	Z	22
压力角	α	30°	压力角	α	30°
公差等级和配合类别	6h-GB3478-95		公差等级和配合类别	6h-GB3478-95	
相配零件号	31.304		相配零件号	31.308	
作用齿厚最大值	Smax	3.927	作用齿厚最大值	Smax	3.927
实际齿厚最小值	Smin	3.809	实际齿厚最小值	Smin	3.811
作用齿厚最小值	Svmin	3.853	作用齿厚最小值	Svmin	3.854
实际齿厚最大值	Smax	3.883	实际齿厚最大值	Smax	3.884

图 10-103　添加参数

技术要求

1. 热处理硬度35-41HRC。
2. 用花键量规检查花键的互换性。
3. 去除毛刺及锐边。

图 10-104　添加技术要求

（6）添加标题栏文字。单击"默认"选项卡"注释"面板中的"多行文字"按钮**A**，标注标题栏内文字。结果如图 10-105 所示。

			JSQ450B	SW.007	
标记 处数	文件号		轴	所属 装配号	SW.01
设 计				图样标记 重量 比例	
校 审				S	1:1
工艺检查			20Cr2Ni4A-GB3077-88	共	张	张常	张
标准检查					
审 批					

图 10-105　标注标题栏

扫一扫，看视频

（7）单击"快速访问"工具栏中的"保存"按钮 💾，保存文件。零件最终结果如图 10-67 所示。

练习提高　实例 118——传动轴零件图

利用轴杆类零件完整零件图的绘制方法，在实例 116 的基础上对如图 10-84 所示的传动轴零件图进行后续绘制，其流程如图 10-106 所示。

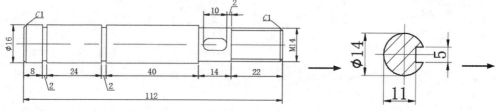

图 10-106　传动轴零件图标注

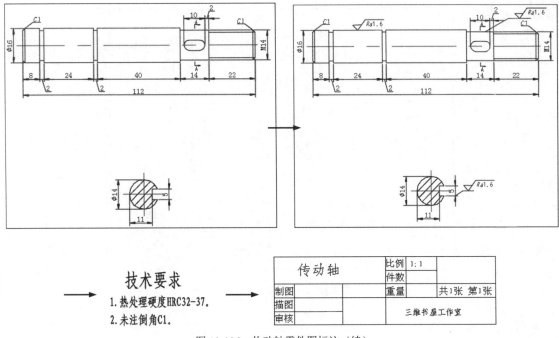

图 10-106　传动轴零件图标注（续）

📋 思路点拨：

（1）标注尺寸。
（2）标注表面结构图形符号。
（3）填写技术要求与标题栏。

10.4　盘盖类零件

盘盖类零件是机械制图中常见的零件图形，这类零件一般有沿周围分布的孔、槽等结构，常用主视图和其他视图结合起来表示这些结构的分布情况或形状。此类零件主要加工面是在车床上加工的，因此其主视图也按加工位置将轴线水平放置。

本节通过讲解两个盘盖类零件的绘制过程，帮助读者初步掌握机械工程制图中盘盖类零件图的一般绘制过程。

完全讲解　实例 119——前端盖视图

如图 10-107 所示为要绘制的前端盖零件图。该零件图的视图由一个主视图结合左视图以及一个局部放大图来描述。本实例介绍其视图的绘制过程。

扫一扫，看视频

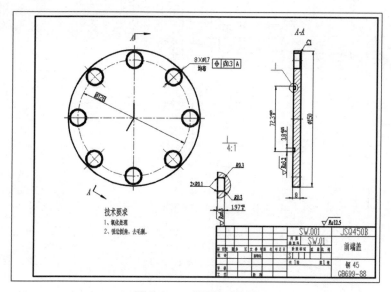

图 10-107　前端盖零件图

操作步骤：

1．新建图层

（1）单击"快速访问"工具栏中的"新建"按钮，系统打开"选择样板"对话框，选择"A3 样板图模板.dwt"样板文件为模板，单击"打开"按钮，进入绘图环境。

（2）单击"默认"选项卡"图层"面板中的"图层特性"按钮，打开"图层特性管理器"选项板，新建图层 FZX，图层的颜色、线型、线宽等属性状态设置如图 10-108 所示。

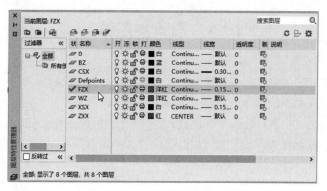

图 10-108　图层设置

2．绘制中心线

（1）在"图层特性管理器"选项板中选择 ZXX 图层，将该图层置为当前。

（2）单击"默认"选项卡"绘图"面板中的"直线"按钮，绘制相交中心线{（60,180），（220,

180）}{（140，260），（140，100）}。

（3）选择步骤（2）绘制的中心线，右击，在弹出的快捷菜单中选择"特性"命令，弹出"特性"选项板，在"线型比例"文本框中输入 0.3。中心线绘制结果如图 10-109 所示。

（4）单击"默认"选项卡"绘图"面板中的"圆"按钮⊙，捕捉中心线交点为圆心，绘制直径为 128 的圆，同步骤（3）一样设置圆线宽比例。结果如图 10-110 所示。

图 10-109　绘制相交中心线　　　　　　图 10-110　绘制圆 1

3. 绘制主视图

（1）在"图层特性管理器"选项板中选择 CSX 图层，将该图层置为当前。

（2）单击"默认"选项卡"绘图"面板中的"圆"按钮⊙，捕捉中心线交点为圆心，绘制直径为 150 的圆。绘制结果如图 10-111 所示。

（3）单击"默认"选项卡"绘图"面板中的"圆"按钮⊙，捕捉中心线与圆上交点为圆心，绘制直径为 17、18.4 的圆。绘制结果如图 10-112 所示。

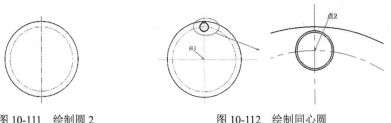

图 10-111　绘制圆 2　　　　　　图 10-112　绘制同心圆

（4）在"图层特性管理器"选项板中选择 ZXX 图层，将该图层置为当前。

（5）单击"默认"选项卡"绘图"面板中的"直线"按钮╱，捕捉辅助直线适当点绘制中心线。绘制结果如图 10-113 所示。

（6）单击"默认"选项卡"修改"面板中的"环形阵列"按钮，阵列绘制的同心圆与竖直中心线，阵列的项目数为 8。阵列结果如图 10-114 所示。

 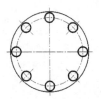

图 10-113　绘制中心线　　　　　　图 10-114　环形阵列结果

4．绘制 *A-A* 剖视图

（1）在"图层特性管理器"选项板中选择 FZX 图层，将该图层置为当前。

（2）单击"默认"选项卡"绘图"面板中的"直线"按钮✎，捕捉左侧适当点向右绘制水平直线。结果如图 10-115 所示。

📢 说明：

> 左视图是在主视图的基础上生成的，因此需要借助主视图的位置信息确定对应点尺寸值，这时就需要从主视图引出相应的辅助定位线。

（3）单击"默认"选项卡"修改"面板中的"偏移"按钮⊆，将最下方水平直线 1 依次向上偏移 32.35、36.15。偏移结果如图 10-116 所示。

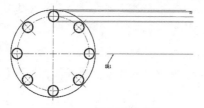
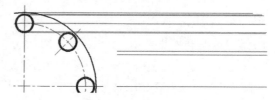

图 10-115　绘制辅助直线　　　　　　　图 10-116　偏移水平直线

（4）单击"默认"选项卡"绘图"面板中的"直线"按钮✎，捕捉辅助直线适当点，绘制竖直直线。结果如图 10-117 所示。

（5）单击"默认"选项卡"修改"面板中的"偏移"按钮⊆，将步骤（4）中绘制的竖直直线依次向右偏移 1.97、7、8。偏移结果如图 10-118 所示。

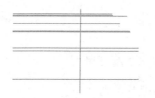
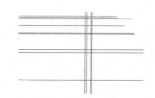

图 10-117　绘制竖直直线　　　　　　　图 10-118　偏移竖直直线

（6）在"图层特性管理器"选项板中选择 CSX 图层，将该图层置为当前。

（7）单击"默认"选项卡"绘图"面板中的"矩形"按钮口，捕捉辅助线交点，绘制矩形。

（8）单击"默认"选项卡"绘图"面板中的"直线"按钮✎，捕捉辅助直线适当点。绘制结果如图 10-119 所示。

（9）在"图层特性管理器"选项板中选择 ZXX 图层，将该图层置为当前。

（10）单击"默认"选项卡"绘图"面板中的"直线"按钮✎，捕捉辅助直线适当点绘制中心线。绘制结果如图 10-120 所示。

图 10-119　绘制其余轮廓　　　　　图 10-120　绘制水平中心线

（11）单击"默认"选项卡"修改"面板中的"删除"按钮，删除所有辅助线。结果如图 10-121 所示。

（12）单击"默认"选项卡"修改"面板中的"分解"按钮，分解剖视图中的矩形。

（13）单击"默认"选项卡"修改"面板中的"圆角"按钮，指定圆角半径为 0.1 和 0.3，进行圆角处理。结果如图 10-122 所示。

（14）单击"默认"选项卡"修改"面板中的"修剪"按钮，修剪多余线段。结果如图 10-123 所示。

（15）单击"默认"选项卡"修改"面板中的"镜像"按钮，向下镜像图形。绘制结果如图 10-124 所示。

图 10-121　删除辅助线　　图 10-122　倒圆角结果　　图 10-123　修剪结果 1　　图 10-124　镜像结果 1

（16）单击"默认"选项卡"修改"面板中的"删除"按钮，删除多余线段。结果如图 10-125 所示。

5．绘制局部视图

（1）单击"默认"选项卡"修改"面板中的"复制"按钮，复制局部视图。结果如图 10-126 所示。

（2）单击"默认"选项卡"修改"面板中的"缩放"按钮，将局部视图放大 4 倍。

（3）在"图层特性管理器"选项板中选择 XSX 图层，将该图层置为当前。

（4）单击"默认"选项卡"绘图"面板中的"圆弧"按钮，绘制圆弧。结果如图 10-127 所示。

（5）单击"默认"选项卡"修改"面板中的"修剪"按钮，修剪多余线段。结果如图 10-128 所示。

图 10-125 剖视图绘制结果　　图 10-126 复制结果　　图 10-127 绘制圆弧　　图 10-128 修剪结果 2

6. 绘制剖切符号

（1）在"图层特性管理器"选项板中选择 CSX 图层，将该图层置为当前。

（2）单击"默认"选项卡"绘图"面板中的"多段线"按钮⌐, 绘制剖切符号。绘制结果如图 10-129 所示。

（3）单击"默认"选项卡"绘图"面板中的"直线"按钮╱, 捕捉中心线交点，向上绘制竖直直线。结果如图 10-130 所示。

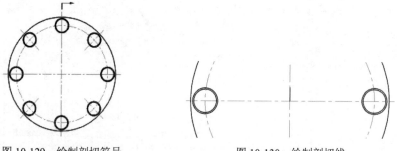

图 10-129 绘制剖切符号　　　　　　　图 10-130 绘制剖切线

（4）单击"插入"选项卡"块定义"面板中"创建块"下拉列表处的"写块"按钮▭, 弹出"写块"对话框，选择剖切符号，创建"剖切符号"。

（5）单击"默认"选项卡"修改"面板中的"镜像"按钮⚠, 选择块作为镜像对象，水平中心线作为镜像线。结果如图 10-131 所示。

（6）单击"默认"选项卡"修改"面板中的"旋转"按钮↻, 旋转步骤（5）镜像的图形，角度为-30°。结果如图 10-132 所示。

（7）在"图层特性管理器"选项板中选择 XSX 图层，将该图层置为当前。

（8）单击"默认"选项卡"绘图"面板中的"圆"按钮⊙, 绘制适当大小的圆作为局部视图边界。绘制结果如图 10-133 所示。

7. 填充图形

单击"默认"选项卡"绘图"面板中的"图案填充"按钮▩, 选择 ANSI31 的填充图案，在绘图区选择边界，单击"确定"按钮，退出对话框。填充结果如图 10-134 所示。

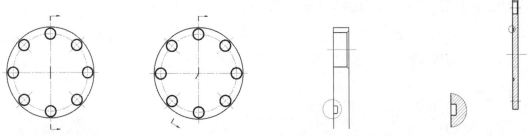

图 10-131 镜像结果　　图 10-132 旋转结果　　图 10-133 绘制局部视图边界　　图 10-134 填充结果

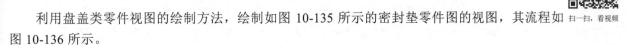

扫一扫，看视频

练习提高 实例 120——密封垫视图

利用盘盖类零件视图的绘制方法，绘制如图 10-135 所示的密封垫零件图的视图，其流程如图 10-136 所示。

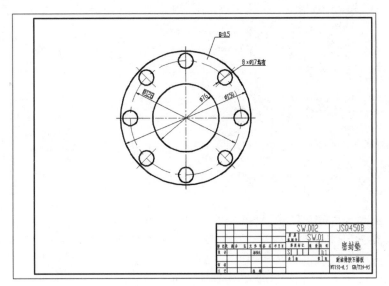

图 10-135 密封垫零件图

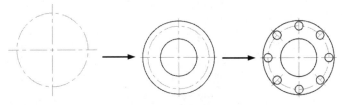

图 10-136 密封垫视图

思路点拨：

（1）先设置图层，然后利用"直线""圆"等命令绘制轴线和基本轮廓。
（2）利用"圆""阵列"等命令完成绘制。

完全讲解　实例 121——前端盖零件图

本实例在实例 119 的基础上进行操作，完成如图 10-107 所示的前端盖零件图。主要工作是标注尺寸、标注表面结构图形符号、添加文字说明和填写标题栏。

操作步骤：

1. 标注视图尺寸

（1）在"图层特性管理器"选项板中选择 BZ 图层，将该图层置为当前。

（2）单击"默认"选项卡"注释"面板中的"标注样式"按钮，弹出"标注样式管理器"对话框，单击"修改"按钮，弹出"修改标注样式"对话框，在"符号和箭头"选项卡中设置"箭头大小"为 4；在"文字"选项卡中设置"文字高度"为 5，勾选"绘制文字边框"复选框，选中"文字对齐"选项组中"与尺寸线对齐"单选按钮；在"主单位"选项卡的"小数分隔符"下拉列表中选择"句点"，单击"确定"按钮，退出对话框，完成设置。

（3）单击"默认"选项卡"注释"面板中的"直径"按钮，标注主视图中圆的理论正确尺寸 $\phi128$。命令行操作与提示如下：

```
命令: _dimdiameter
选择圆弧或圆：（选择要标注的圆）
标注文字 = 128
指定尺寸线位置或 [多行文字(M)/文字(T)/角度(A)]：
```

结果如图 10-137 所示。

注意：

在步骤（3）绘制的直径标注上单击，选中标注，将鼠标放置到标注文字下方蓝色夹点上，夹点变为红色，同时弹出快捷菜单，如图 10-138 所示。选择"仅移动文字"命令，标注文字变为浮动，将文字移动到尺寸线之间。结果如图 10-139 所示。

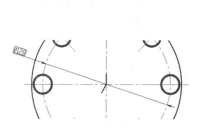

图 10-137　标注直径

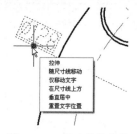

图 10-138　弹出快捷菜单

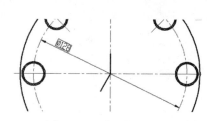

图 10-139　移动标注文字

（4）单击"默认"选项卡"注释"面板中的"标注样式"按钮，弹出"标注样式管理器"对话框，单击"替代"按钮，弹出"替代标注样式"对话框，打开"文字"选项卡，取消勾选"绘制文字边框"复选框，选中"ISO 标准"单选按钮，单击"确定"按钮，退出对话框，完成设置。

（5）单击"默认"选项卡"注释"面板中的"直径"按钮，标注孔尺寸标注"8-$\phi17$ 均布"。

结果如图 10-140 所示。

（6）单击"默认"选项卡"注释"面板中的"引线"按钮 🖉，利用引线标注局部视图圆角值 $2 \times R0.1$、$R0.3$、$R0.3$、$C1$。结果如图 10-141 所示。

图 10-140　标注孔　　　　　　　图 10-141　引线标注

（7）单击"默认"选项卡"绘图"面板中的"多段线"按钮 ⟶，绘制引线箭头，箭头的起点宽度为 1.5，端点宽度为 0，长度适当。结果如图 10-142 所示。

（8）单击"默认"选项卡"注释"面板中的"线性"按钮 ⊢，标注剖视图水平与竖直基本尺寸 $\phi 150$、8。结果如图 10-143 所示。

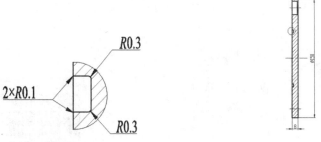

图 10-142　绘制多段线　　　　　　图 10-143　标注剖视图基本尺寸

（9）使用同样的方法，弹出"替代标注样式"对话框，打开"公差"选项卡，设置"方式"为"极限偏差"，"精度"为 0.00，"上偏差"为 0.25，"下偏差"为 0，"高度比例"为 0.5，"垂直位置"为"中"，其他设置默认；打开"文字"选项卡，选中"与尺寸线对齐"单选按钮，单击"确定"按钮，退出对话框，完成设置。

（10）单击"默认"选项卡"注释"面板中的"线性"按钮 ⊢，标注竖直尺寸为 3.8。结果如图 10-144 所示。同步骤（9），在"公差"选项卡中修改"上偏差"为 0.19。

（11）单击"注释"选项卡"标注"面板"连续"下拉菜单中的"基线"按钮 ⊢，标注线性尺寸为 72.3。结果如图 10-145 所示。

（12）使用同样的方法，弹出"替代标注样式"对话框，在"公差"选项卡中设置"上偏差"为 0.1，在"主单位"选项卡中设置"比例因子"为 0.25，其他设置默认，单击"确定"按钮，退出对话框，完成设置。

（13）单击"默认"选项卡"注释"面板中的"线性"按钮 ⊢，标注竖直尺寸为 1.97。结果如图 10-146 所示。

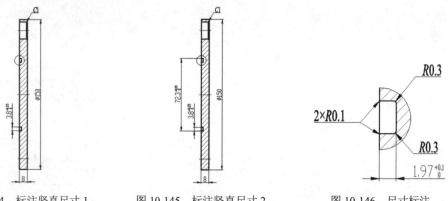

图 10-144　标注竖直尺寸 1　　　　图 10-145　标注竖直尺寸 2　　　　图 10-146　尺寸标注

2．添加几何公差

（1）单击"注释"选项卡"标注"面板中的"公差"按钮，弹出"形位公差"对话框，如图 10-147 所示。

（2）单击"符号"，弹出"特征符号"对话框，如图 10-148 所示，选择一种形位公差符号。在公差 1、2 和基准 1、2、3 文本框中输入公差值和基准面符号，单击"确定"按钮。结果如图 10-149 所示。

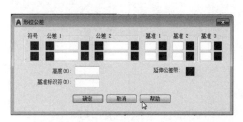

图 10-147　"形位公差"对话框

图 10-148　"特征符号"对话框

3．添加表面结构的图形符号

（1）单击"默认"选项卡"块"面板中的"插入"按钮，将步骤 2 绘制的表面结构的图形符号放置到适当位置。

（2）单击"默认"选项卡"绘图"面板中的"直线"按钮，在插入的图形符号下方绘制直线。结果如图 10-150 所示。

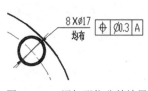

图 10-149　添加形位公差结果

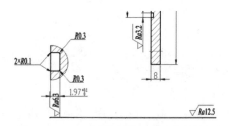

图 10-150　表面结构的图形符号绘制结果

4．添加文字说明

（1）在"图层特性管理器"选项板中选择 WZ 图层，将该图层置为当前。

（2）单击"默认"选项卡"注释"面板中的"多行文字"按钮A和"绘图"面板中的"直线"按钮，在绘图区适当位置输入视图名称与倒角标志，指定文字高度为7。结果如图 10-151 所示。

（3）单击"插入"选项卡"块定义"面板中"创建块"下拉列表处的"写块"按钮，弹出"写块"对话框，选择剖视图标注 A-A，创建"剖视图 A-A"图块，如图 10-151 所示。

（4）单击"绘图"工具栏中的"多行文字"按钮**A**，标注技术要求。

（5）单击"插入"选项卡"块定义"面板中"创建块"下拉列表处的"写块"按钮，弹出"写块"对话框，选择步骤（4）绘制的技术要求，创建块"技术要求 2"。

（6）单击"绘图"工具栏中的"多行文字"按钮**A**，标注标题栏。结果如图 10-152 所示。

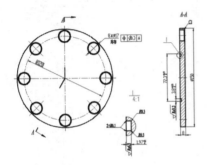

图 10-151　文字说明

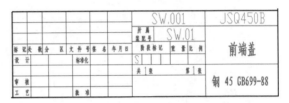

图 10-152　标注标题栏

（7）单击"快速访问"工具栏中的"保存"按钮，保存文件，零件最终结果如图 10-107 所示。

扫一扫，看视频

练习提高　实例 122——密封垫零件图

利用盘盖类零件完整零件图的绘制方法，在实例 120 的基础上对如图 10-135 所示的密封垫零件图进行后续绘制，其流程如图 10-153 所示。

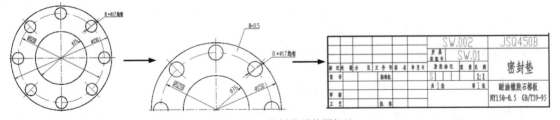

图 10-153　密封垫零件图标注

思路点拨：

（1）标注尺寸。
（2）标注文字说明。
（3）填写标题栏。

10.5　轴套类零件

轴套类零件顾名思义就是和轴配合的一些盘套类零件，和盘盖类零件最大的区别是有孔结构。

本节通过讲解两个轴套类零件的绘制过程，帮助读者初步掌握机械工程制图中轴套类零件图的一般绘制过程。

完全讲解　实例 123——花键套视图

如图 10-154 所示为要绘制的花键套零件图。该零件图的视图由一个主视图结合左视图来描述。本实例介绍其视图的绘制过程。

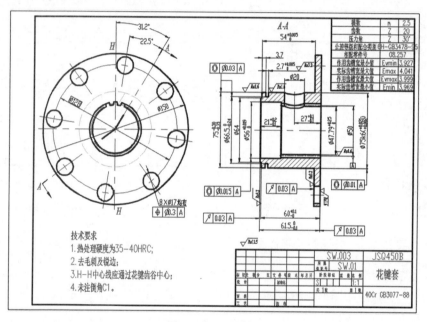

图 10-154　花键套

操作步骤：

1. 新建图层

（1）单击"快速访问"工具栏中的"新建"按钮，系统打开"选择样板"对话框，选择"A3样板图模板.dwt"样板文件为模板，单击"打开"按钮，进入绘图环境。

（2）单击"快速访问"工具栏中的"保存"按钮，弹出"另存为"对话框，输入文件名称"SW.003 花键套"，单击"确定"按钮，退出对话框。

（3）单击"默认"选项卡"图层"面板中的"图层特性"按钮，新建图层 XX，图层的颜色、线型、线宽等属性状态设置如图 10-155 所示。

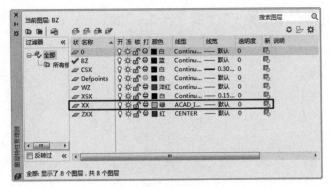

图 10-155　新建图层

2．绘制中心线

（1）在"图层特性管理器"选项板中选择 ZXX 图层，将该图层置为当前。

（2）单击"默认"选项卡"绘图"面板中的"直线"按钮／，绘制相交中心线 {（30,180），（190, 180）}{（110,260），（110,100）}。

（3）单击"默认"选项卡"绘图"面板中的"圆"按钮⊙，捕捉中心线交点为圆心，绘制直径为 128 的圆。

（4）单击"默认"选项卡"绘图"面板中的"直线"按钮／，继续绘制中心线，指定直线的坐标为 {（110,180），（@85<58.8）}{（110,223），（110,260）}{（225,180），（325,180）}。结果如图 10-156 所示。

3．绘制主视图

（1）在"图层特性管理器"选项板中选择 CSX 图层，将该图层置为当前。

（2）单击"默认"选项卡"绘图"面板中的"圆"按钮⊙，捕捉中心线交点为圆心，绘制直径为 150 的圆。绘制结果如图 10-157 所示。

（3）单击"默认"选项卡"绘图"面板中的"圆"按钮⊙，捕捉中心线与圆上交点为圆心，绘制直径为 17、19.4 的圆。绘制结果如图 10-158 所示。

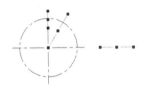

图 10-156　绘制中心线　　　　图 10-157　绘制圆 1　　　　图 10-158　绘制圆 2

（4）单击"默认"选项卡"修改"面板中的"旋转"按钮С，旋转圆与中心线，旋转角度为-8.7。结果如图 10-159 所示。

（5）单击"默认"选项卡"修改"面板中的"环形阵列"按钮⸪，阵列上步旋转的圆及中心线。阵列结果如图 10-160 所示。

（6）单击"默认"选项卡"绘图"面板中的"圆"按钮⊙，绘制直径为 75 的圆。结果如图 10-161 所示。

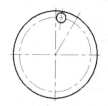
图 10-159　旋转结果 1

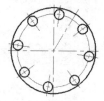
图 10-160　环形阵列结果

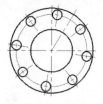
图 10-161　圆绘制结果 1

（7）单击"默认"选项卡"绘图"面板中的"圆"按钮⊙，绘制外齿顶圆、分度圆和齿根圆，圆心坐标为（110,180），直径分别为 53.75、50、47.79。结果如图 10-162 所示。

（8）单击"默认"选项卡"修改"面板中的"偏移"按钮⊑，将竖直中心线向左侧偏移 1.594、2.174，将过中心点斜向中心线分别向两侧偏移 10。结果如图 10-163 所示。

（9）单击"默认"选项卡"修改"面板中的"旋转"按钮↻，旋转偏移中心线，角度为-15°。结果如图 10-164 所示。

图 10-162　圆绘制结果 2

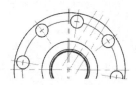
图 10-163　偏移结果

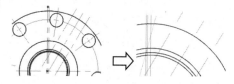
图 10-164　旋转中心线

（10）单击"默认"选项卡"绘图"面板中的"圆弧"按钮，捕捉线交点，绘制三点圆弧。绘制结果如图 10-165 所示。

（11）单击"默认"选项卡"修改"面板中的"修剪"按钮和"删除"按钮，修剪多余边线。结果如图 10-166 所示。

（12）将分度圆设置为 ZXX 图层，将外圆与修剪后的偏移直线设置为 XX 图层。结果如图 10-167 所示。

（13）单击"默认"选项卡"修改"面板中的"镜像"按钮⧎，镜像圆弧。结果如图 10-168 所示。

图 10-165　绘制圆弧

图 10-166　修剪结果 1

图 10-167　图层转换结果

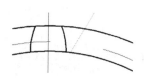
图 10-168　镜像结果 1

（14）单击"默认"选项卡"修改"面板中的"旋转"按钮 ↺，旋转步骤（13）镜像的图形，指定基点为（110,180），进行复制旋转，角度为18°和-18°。复制旋转结果如图10-169所示。

（15）单击"默认"选项卡"修改"面板中的"修剪"按钮 ✂，修剪多余边线。结果如图10-170所示。

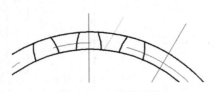

图 10-169　旋转结果 2　　　　　　　　　图 10-170　修剪结果 2

4. 绘制 *A-A* 剖视图

（1）单击"默认"选项卡"绘图"面板中的"多段线"按钮 ⌐，绘制外轮廓线，指定坐标为（320,180）、（@0,75）、（@-6,0）、（@0,-37.5）、（@-47.6,0）、（@0,-4.25）、（@-2.7,0）、（@0,4.25）、（@-3.7,0）、（@0,-5.5）、（@-1.5,0）、（@0,-32）。结果如图10-171所示。

（2）单击"默认"选项卡"修改"面板中的"分解"按钮 ▥，分解步骤（1）绘制的多段线。

（3）单击"默认"选项卡"修改"面板中的"偏移"按钮 ⊂，将水平直线依次向上偏移23.895、24.595、25、26.975、28、28.7，将右侧竖直直线依次向左偏移17、27、37、39.8、40.5、60.8。偏移结果如图10-172所示。

（4）单击"默认"选项卡"绘图"面板中的"直线"按钮 ╱ 和"圆弧"按钮 ⌒，绘制轮廓线。结果如图10-173所示。

（5）单击"默认"选项卡"修改"面板中的"修剪"按钮 ✂，修剪多余直线，同时修改轮廓图层。结果如图10-174所示。

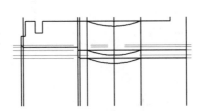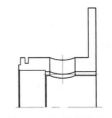

图 10-171　绘制外轮廓线　　图 10-172　偏移直线 1　　图 10-173　绘制竖直直线　　图 10-174　修剪结果 3

（6）单击"默认"选项卡"修改"面板中的"倒角"按钮 ⌐，选择图10-174中的边线，设置倒角距离为0.7，进行倒角操作。结果如图10-175所示。

（7）单击"默认"选项卡"修改"面板中的"镜像"按钮 ⚐，镜像上面绘制的轮廓。结果如图10-176所示。

（8）单击"默认"选项卡"修改"面板中的"偏移"按钮 ⊂，将镜像结果中最底端水平直线依次向上偏移2.5、11、19.5，同时设置偏移直线图层。结果如图10-177所示。

（9）单击"默认"选项卡"修改"面板中的"删除"按钮 🖋、"修剪"按钮 🔧 和"镜像"按钮 ⚠，整理剩余图形。结果如图 10-178 所示。

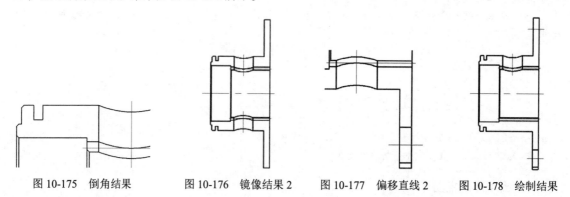

图 10-175　倒角结果　　　图 10-176　镜像结果 2　　图 10-177　偏移直线 2　　图 10-178　绘制结果

5．绘制剖切符号

（1）单击"默认"选项卡"块"面板中的"插入"按钮 🔤，弹出"块"对话框，插入"剖切符号"图块，捕捉中心线交点为插入点。结果如图 10-179 所示。

（2）单击"默认"选项卡"修改"面板中的"镜像"按钮 ⚠，选择插入的剖切符号图块作为镜像对象，水平中心线作为镜像线。镜像结果如图 10-180 所示。

（3）单击"默认"选项卡"修改"面板中的"旋转"按钮 ↻，选择上方剖切符号，捕捉中心线交点旋转角度为-31.2°；选择下方剖切符号，捕捉中心线交点，旋转角度为-54°。结果如图 10-181 所示。

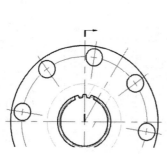

图 10-179　插入剖切符号

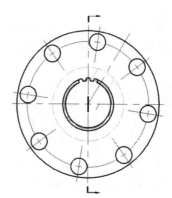

图 10-180　镜像结果 3

6．填充视图

（1）在"图层特性管理器"选项板中选择 XSX 图层，将该图层置为当前。

（2）单击"默认"选项卡"绘图"面板中的"图案填充"按钮 🔳，选择 ANSI31 填充图案，在"颜色"下拉列表中选择"洋红"，单击"边界"选项组下"拾取点"按钮 🔳，在绘图区选择边界，单击"确定"按钮，退出对话框。填充结果如图 10-182 所示。

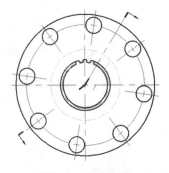

图 10-181　旋转结果 3

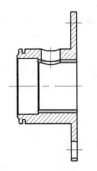

图 10-182　填充结果

练习提高　实例 124——支撑套视图

利用轴套类零件视图的绘制方法，绘制如图 10-183 所示的支撑套零件图的视图，其流程如 扫一扫，看视频 图 10-184 所示。

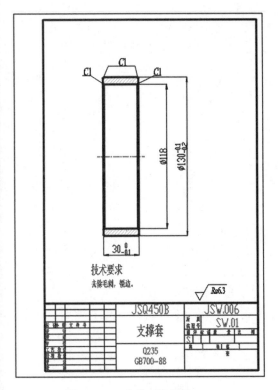

图 10-183　支撑套零件图

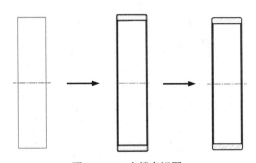

图 10-184　支撑套视图

📔 **思路点拨：**

（1）先设置图层，然后利用"直线""偏移"等命令绘制轴线和基本轮廓。

（2）利用"偏移""倒角""图案填充"等命令完成绘制。

完全讲解 实例 125——花键套零件图

本实例在实例 123 的基础上进行操作，完成如图 10-154 所示的花键套零件图。主要工作是标注尺寸、标注表面结构图形符号、绘制参数表、添加文字说明和填写标题栏。

操作步骤：

1. 标注视图尺寸

（1）在"图层特性管理器"选项板中选择 BZ 图层，将该图层置为当前。

（2）设置标注样式。单击"默认"选项卡"注释"面板中的"标注样式"按钮，弹出"标注样式管理器"对话框，在"符号和箭头"选项卡中设置"箭头大小"为 4；在"文字"选项卡中设置"文字高度"为 5，勾选"绘制文字边框"复选框，选中"文字对齐"选项组中的"与尺寸线对齐"单选按钮；在"主单位"选项卡的"小数分隔符"下拉列表中选择"句点"，单击"确定"按钮，退出对话框，完成设置。

（3）直径标注。单击"默认"选项卡"注释"面板中的"直径"按钮，标注主视图中圆理论正确值 ϕ128。结果如图 10-185 所示。

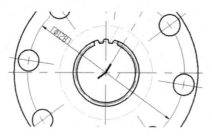

图 10-185 标注直径

（4）替代标注样式。单击"默认"选项卡"注释"面板中的"标注样式"按钮，弹出"标注样式管理器"对话框；单击"替代"按钮，弹出"替代标注样式"对话框，打开"文字"选项卡，取消勾选"绘制文字边框"复选框，选中"ISO 标准"单选按钮；打开"主单位"选项卡，在"角度标注"选项组下选择"精度"为 0.0，单击"确定"按钮，退出对话框，完成设置。

（5）直径标注。单击"默认"选项卡"注释"面板中的"直径"按钮，绘制主视图圆尺寸值 ϕ150、8×ϕ17 均布。结果如图 10-186 所示。

（6）角度标注。单击"默认"选项卡"注释"面板中的"角度"按钮，标注角度为 31.2°、22.5°。结果如图 10-187 所示。

（7）替代标注样式。使用同样的方法，弹出"替代标注样式"对话框，打开"文字"选项卡，选中"与尺寸线对齐"单选按钮；打开"公差"选项卡，设置"方式"为"极限偏差"，"精度"为 0.00，"上偏差"为 0.1，"下偏差"为 0，"高度比例"为 0.67，"垂直位置"为"中"，勾选"后续"复选框，其他设置默认，单击"确定"按钮，退出对话框，完成设置。

（8）标注水平尺寸。单击"默认"选项卡"注释"面板中的"线性"按钮，标注水平尺寸为

60。结果如图 10-188 所示。

图 10-186 标注圆

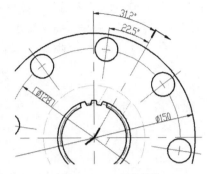

图 10-187 角度标注

（9）标注其余水平尺寸。使用同样的方法，在"公差"选项卡中，设置对应上下偏差，利用"线性标注"命令标注其余水平尺寸为 61.5、21、27、20、2.7、3.7、54。结果如图 10-189 所示。

（10）标注竖直尺寸。使用同样的方法，标注竖直尺寸为 56、64、66.5、75、ϕ47.79、ϕ50、ϕ75k6。结果如图 10-190 所示。

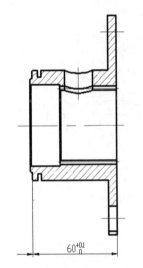

图 10-188 标注水平尺寸

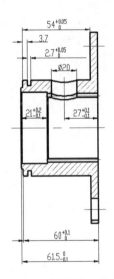

图 10-189 标注其余水平尺寸

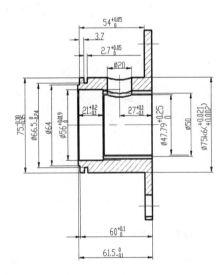

图 10-190 标注竖直尺寸

2．添加基准符号

（1）单击"默认"选项卡"块"面板中的"插入"按钮，插入块"基准符号 A"，设置旋转角度为 180°。

（2）单击"默认"选项卡"修改"面板中的"分解"按钮，分解基准符号。

（3）单击"默认"选项卡"修改"面板中的"旋转"按钮，旋转文字。结果如图 10-191 所示。

3. 添加几何公差

（1）单击"注释"选项卡"标注"面板中的"公差"按钮 ⊞，弹出"形位公差"对话框，如图 10-192 所示；单击"符号"，弹出"特征符号"对话框，选择一种形位公差符号。在公差 1、2 和基准 1、2、3 文本框中输入公差值和基准面符号；单击"确定"按钮。结果如图 10-193 所示。

图 10-191　多行文字绘制结果

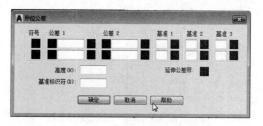

图 10-192　"形位公差"对话框

使用同样的方法添加其余几何公差。

（2）单击"默认"选项卡"绘图"面板中的"多段线"按钮 ⌐，添加引线，其中引线箭头宽度为 1.33，长度为 4。结果如图 10-194 所示。

图 10-193　添加形位公差结果

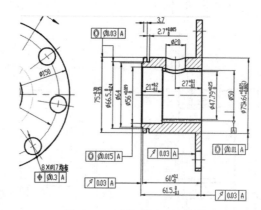

图 10-194　添加其余几何公差

4. 添加表面结构的图形符号

（1）单击"默认"选项卡"块"面板中的"插入"按钮 ⌐，弹出"块"对话框，选择"粗糙度符号 3.2"图块。在绘图区适当位置放置表面结构的图形符号。修改结果如图 10-195 所示。

（2）继续插入表面结构的图形符号，将表面结构的图形符号放置到适当位置。结果如图 10-196 所示。

5. 绘制参数表

（1）在"图层特性管理器"选项板中选择 XSX 图层，将该图层置为当前。

（2）单击"默认"选项卡"绘图"面板中的"直线"按钮 ／，在右上角绘制表格，表格尺寸如图 10-197 所示。

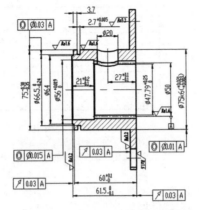

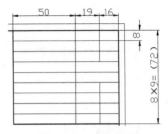

图 10-195　修改表面结构的图形符号值　　图 10-196　绘制表面结构的图形符号　　图 10-197　表格尺寸

6. 添加文字说明

（1）在"图层特性管理器"选项板中选择 WZ 图层，将该图层置为当前。

（2）单击"默认"选项卡"注释"面板中的"文字样式"按钮 A，将"长仿宋"文字样式置为当前。

（3）单击"默认"选项卡"块"面板中的"插入"按钮，选择"剖面视图 A-A"图块，并将其插入到视图中。

（4）单击"默认"选项卡"注释"面板中的"多行文字"按钮 A，在绘图区适当位置输入文字，指定文字高度为 5。结果如图 10-198 所示。

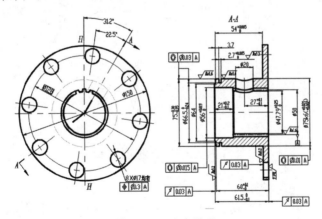

图 10-198　文字说明

（5）单击"默认"选项卡"注释"面板中的"多行文字"按钮 A，标注技术要求。

（6）单击"默认"选项卡"注释"面板中的"多行文字"按钮 A，标注右上角参数表格。结果如图 10-199 所示。

（7）单击"默认"选项卡"注释"面板中的"多行文字"按钮 A，标注标题栏。结果如图 10-200 所示。

模数	m	2.5
齿数	Z	20
压力角	α	30°
公差等级和配合类别		6H-GB3478-95
相配零件号		08.257
作用齿槽宽最小值	Evmin	3.927
实际齿槽宽最大值	Emax	4.041
作用齿槽宽最大值	Evmax	3.999
实际齿槽宽最小值	Emin	3.969

图 10-199　填写参数

图 10-200　标注标题栏

（8）单击"快速访问"工具栏中的"保存"按钮，保存文件。零件最终结果如图 10-154所示。

练习提高　实例 126——支撑套零件图

利用轴套类零件完整零件图的绘制方法，在实例 124 的基础上对如图 10-183 所示的支撑套零件图进行后续绘制，其流程如图 10-201 所示。

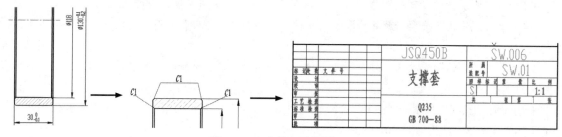

图 10-201　支撑套零件图标注

📋 **思路点拨：**

（1）标注尺寸。
（2）标注表面结构图形符号。
（3）填写技术要求与标题栏。

10.6　齿轮类零件

齿轮是机器中的传动零件。本节通过讲解两个齿轮类零件的绘制过程来帮助读者初步掌握机械工程制图中齿轮类零件图的一般绘制过程。

完全讲解　实例 127——输入齿轮视图

如图 10-202 所示为要绘制的输入齿轮零件图。该零件图的视图由一个主视图结合左视图来描述。本实例介绍其视图的绘制过程。

扫一扫，看视频

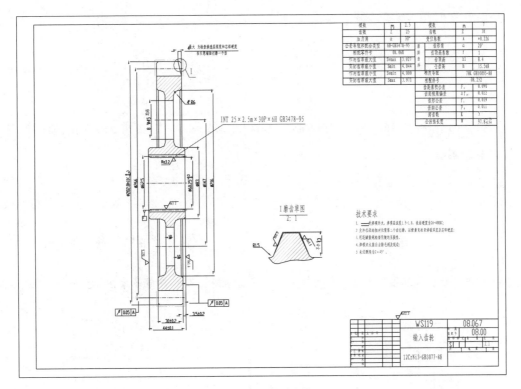

图 10-202 输入齿轮

![操作步骤图标]操作步骤：

1. 新建图层

（1）单击"快速访问"工具栏中的"新建"按钮 ，系统打开"选择样板"对话框，选择"A2样板图模板.dwt"样板文件为模板，单击"打开"按钮 ，进入绘图环境。

（2）单击"快速访问"工具栏中的"保存"按钮 ，弹出"另存为"对话框，输入文件名称"08.067 输入齿轮"，单击"确定"按钮，退出对话框。

2. 绘制中心线网格

（1）在"图层特性管理器"选项板中选择 ZXX 图层，将该图层置为当前。

（2）单击"默认"选项卡"绘图"面板中的"直线"按钮 ，绘制相交中心线{（150, 225），（210, 225）}{（158, 225），（158, 366.4）}。绘制结果如图 10-203 所示。

（3）单击"默认"选项卡"修改"面板中的"偏移"按钮 ，将水平中心线向上偏移 30.125、31.25、33.125、41.5、51、73.5、96、108、124.6、133、141.4。结果如图 10-204 所示。

（4）单击"默认"选项卡"修改"面板中的"偏移"按钮 ，将竖直中心线分别向右偏移 10.5、2、8、10、8、2、3.5。结果如图 10-205 所示。

图 10-203　绘制中心线　　　　图 10-204　偏移水平直线　　　　图 10-205　偏移竖直直线

3. 绘制轮廓线

（1）在"图层特性管理器"选项板中选择 CSX 图层，将该图层置为当前。

（2）单击"默认"选项卡"绘图"面板中的"直线"按钮／，绘制轮廓线。结果如图 10-206 所示。

（3）单击"默认"选项卡"修改"面板中的"删除"按钮 ，删除多余辅助中心线。结果如图 10-207 所示。

（4）单击"默认"选项卡"修改"面板中的"修剪"按钮 ，修剪多余图元。结果如图 10-208 所示。

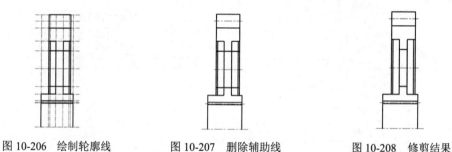

图 10-206　绘制轮廓线　　　　图 10-207　删除辅助线　　　　图 10-208　修剪结果

（5）单击"默认"选项卡"修改"面板中的"圆角"按钮 ，设置圆角半径为 6。结果如图 10-209 所示。

（6）单击"默认"选项卡"修改"面板中的"倒角"按钮 和"修剪"按钮 ，选择倒角边线，倒角为 $C2$，进行倒角操作并修剪多余图元。结果如图 10-210 所示。

（7）单击"默认"选项卡"修改"面板中的"镜像"按钮 ，选择水平中心线上方图形作为镜像对象。镜像结果如图 10-211 所示。

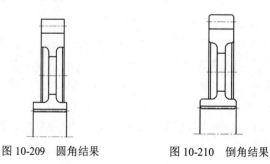

图 10-209　圆角结果　　　　图 10-210　倒角结果　　　　图 10-211　镜像图形

（8）单击"默认"选项卡"图层"面板中的"图层特性"按钮，打开"图层特性管理器"选项板，新建 MP 图层，并将其置为当前。图层设置如图 10-212 所示。

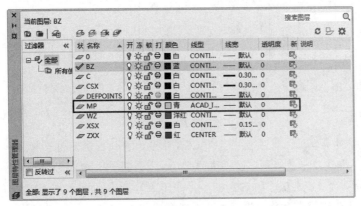

图 10-212　新建图层

（9）单击"默认"选项卡"修改"面板中的"偏移"按钮，将图形向外偏移 2，同时利用"夹点编辑"功能，适当调整直线长度。结果如图 10-213 所示。

（10）单击"默认"选项卡"修改"面板中的"镜像"按钮，镜像图 10-206 中的毛坯轮廓线。结果如图 10-214 所示。

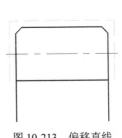

图 10-213　偏移直线

图 10-214　镜像结果

（11）在"图层特性管理器"选项板中选择 XSX 图层，将该图层置为当前。

（12）单击"默认"选项卡"绘图"面板中的"直线"按钮，绘制直线。命令行提示与操作如下：

```
命令：_line
指定第一个点：（选择如图 10-215 所示中的点 1）
指定下一点或 [放弃(U)]：@-4,16.8
指定下一点或 [退出(E)/放弃(U)]：
```

结果如图 10-215 所示。

（13）单击"默认"选项卡"绘图"面板中的"圆"按钮和"直线"按钮，绘制放大图边界及引出线。结果如图 10-216 所示。

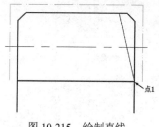

图 10-215　绘制直线

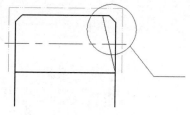

图 10-216　绘制圆

4. 绘制磨齿草图

（1）在"图层特性管理器"选项板中选择 CSX 图层，将该图层置为当前。

（2）单击"默认"选项卡"绘图"面板中的"直线"按钮 ╱，绘制磨齿轮廓线，在空白处选择起点，其余点坐标分别为（@5, 0）、（@32<67）、（@10, 0）。绘制结果如图 10-217 所示。

（3）单击"默认"选项卡"修改"面板中的"圆角"按钮 ╭，绘制半径为 3 的圆角。结果如图 10-218 所示。

图 10-217　绘制直线

图 10-218　倒圆角结果

（4）单击"默认"选项卡"修改"面板中的"偏移"按钮 ⬰ 和"旋转"按钮 ↻，向下偏移直线 1，距离为 1，旋转复制直线 2，角度为-2°，删除直线 1、修剪偏移与旋转后的直线。结果如图 10-219 所示。

（5）单击"默认"选项卡"修改"面板中的"镜像"按钮 ⚌，以过直线 3 右端点的竖直直线为镜像线，镜像左侧图形。结果如图 10-220 所示。

（6）在"图层特性管理器"选项板中选择 XSX 图层，将该图层置为当前。

（7）单击"默认"选项卡"绘图"面板中的"样条曲线拟合"按钮 ⁀，捕捉圆角端点，绘制局部放大图边界。结果如图 10-221 所示。

图 10-219　编辑图形

图 10-220　镜像结果

图 10-221　绘制边界线

5．填充图形

单击"默认"选项卡"绘图"面板中的"图案填充"按钮▨，弹出"图案填充与渐变色"对话框，选择 ANSI31 图样，"颜色"项选择"青色"；单击"拾取点"按钮▦，在绘图区中选择添加边界，按 Enter 键，返回对话框；单击"确定"对话框，完成设置。填充结果如图 10-222 所示。

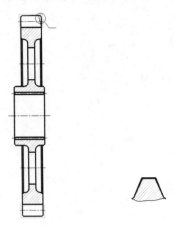

图 10-222　填充图形

练习提高　实例 128——锥齿轮轴视图

利用齿轮类零件视图的绘制方法，绘制如图 10-223 所示的锥齿轮轴零件图的视图，其流程如图 10-224 所示。

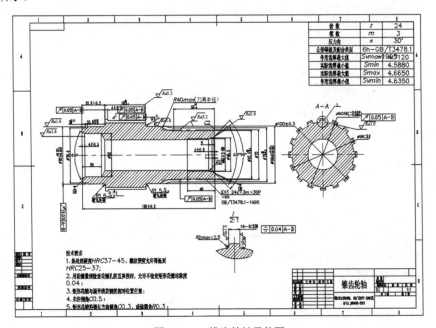

图 10-223　锥齿轮轴零件图

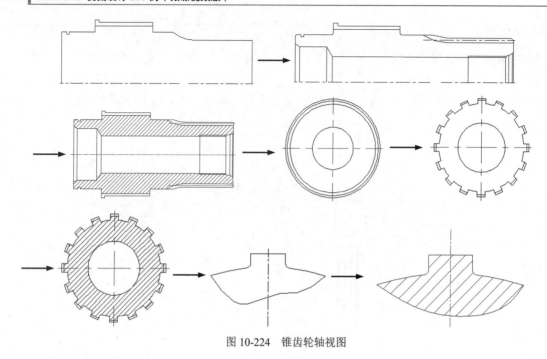

图 10-224　锥齿轮轴视图

📋 **思路点拨：**

> （1）先设置图层，然后利用"直线""偏移""修剪""图案填充"等命令绘制主视图。
> （2）利用"直线""圆""偏移""修剪""阵列""图案填充"等命令绘制左视图。
> （3）利用"缩放""修剪""圆角""样条曲线"等命令绘制局部放大图。

扫一扫，看视频

完全讲解　实例 129——输入齿轮零件图

本实例在实例 127 的基础上进行操作，完成如图 10-202 所示的输入齿轮零件图。主要工作是标注尺寸、标注表面结构图形符号、绘制参数表、添加文字说明和填写标题栏。

🔧 **操作步骤：**

1．添加尺寸标注

（1）在"图层特性管理器"选项板中选择 BZ 图层，将该图层置为当前。

（2）修改标注样式。单击"默认"选项卡"注释"面板中的"标注样式"按钮▲，弹出"标注样式管理器"对话框。单击"修改"按钮，弹出"修改标注样式"对话框，在"文字"选项卡中"文字对齐"选项组选中"ISO 标准"单选按钮，其他设置默认。在"主单位"选项卡中设置"精度"为 0.00，在"消零"选项组中勾选"后续"复选框；在"调整"选项卡的"优化"选项组中勾选"在尺寸界线之间绘制尺寸线"复选框，单击"确定"按钮，退出对话框，完成设置。

（3）标注竖直尺寸。

①　单击"默认"选项卡"注释"面板中的"线性"按钮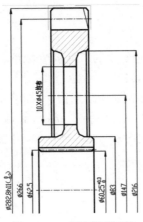，标注齿顶圆直径为 $\phi60.25$。

编辑标注文字。双击标注尺寸，弹出"文字编辑器"，修改文字标注，右击，在弹出的快捷菜单中选择"堆叠"命令。结果如图 10-225 所示。

②　单击"默认"选项卡"注释"面板中的"线性"按钮，分别标注分度圆直径为 $\phi62.5$、竖直尺寸为 $\phi83$、$\phi147$、$\phi216$、$\phi266$、$\phi282.8h11(0^{\wedge}-0.32)$、孔直径为 "$10\times \phi45$ 均布"。结果如图 10-225 所示。

图 10-225　标注竖直尺寸

（4）标注水平尺寸。

①　单击"默认"选项卡"注释"面板中的"线性"按钮，分别标注水平尺寸为 3.5、30、44、10、10 和竖直尺寸为"不小于 13"。

②　单击"默认"选项卡"注释"面板中的"线性"按钮，标注水平尺寸为 4，修改文字为"4 最大　为检查渗碳层深度和芯部硬度在任意端面打磨一个齿"。结果如图 10-226 所示。

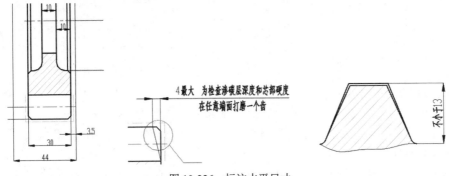

图 10-226　标注水平尺寸

（5）替代标注尺寸。

单击"默认"选项卡"注释"面板中的"标注样式"按钮，在打开的"标注样式管理器"的样式列表中选择 STANDARD，单击"替代"按钮。系统打开"替代当前样式"对话框，方法同前，选择"公差"选项卡，在"公差格式"选项组中，设置"精度"值为 0.0，"方式"为"对称"，"上偏差"为 0.2，勾选"消零"选项组下"后续"复选框，设置完成后单击"确定"按钮。

📢 说明：

> AutoCAD 默认上偏差的值为正或零，下偏差的值为负或零，所以在"上偏差"和"下偏差"微调框中输入数值时，不必同时输入正负号，标注时，系统会自动加上。另外，新标注样式所规定的上下偏差在该标注样式进行标注的每个尺寸是不可变的，即每个尺寸都是相同的偏差，如果要改变上下偏差的数值，必须替代或新建标注样式。

（6）更新标注样式。

① 单击"注释"选项卡"标注"面板中的"更新"按钮 📷，选取主视图上的线性尺寸 30，即可为该尺寸添加尺寸偏差。结果如图 10-227 所示。

② 重复"更新"按钮 📷，选取主视图上的线性尺寸 30，添加上下偏差。

③ 在"标注样式管理器"对话框中单击"替代"按钮，修改"公差"选项卡中"上偏差"为 0.1。

④ 单击"更新"按钮 📷，选取主视图上的线性尺寸 44，添加上下偏差。结果如图 10-228 所示。

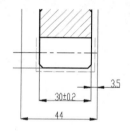

图 10-227 标注更新

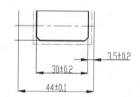

图 10-228 标注更新结果

📢 说明：

> 标注草图尺寸中最终要求标注文字与默认标注文字不同时，可采用下面 3 种不同方法：
> （1）执行尺寸标注命令完成标注后，双击标注文字，弹出"文字编辑器"，修改要编辑的文字。
> （2）执行尺寸标注命令完成标注后，在"标注样式管理器"对话框中修改标注样式，单击"注释"选项卡"标注"面板中的"更新"按钮 📷，单击要修改的标注，完成修改。
> （3）在"标注样式管理器"对话框中修改标注样式，执行尺寸标注命令。

其中，后两种方法主要用于添加上下偏差。

（7）引线标注。单击"默认"选项卡"注释"面板中的"引线"按钮 ⌐，标注主视图中的圆角尺寸 4×R6，同样的方法标注磨齿草图，标注圆角尺寸为 R1.5。结果如图 10-229 所示。

（8）插入基准符号。

① 单击"默认"选项卡"块"面板中的"插入"按钮 📥，选择"基准符号 A"图块，旋转 180°，将其插入主视图。

② 单击"默认"选项卡"修改"面板中的"分解"按钮 📄 和"旋转"按钮 ↻，将文字旋转 180°。结果如图 10-230 所示。

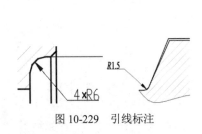
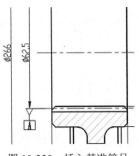

图 10-229 引线标注 图 10-230 插入基准符号

2. 添加几何公差

（1）在命令行中输入 QLEADER 命令。命令行提示与操作如下：

```
命令： QLEADER ↙
指定第一个引线点或 [设置(S)] <设置>： ↙
(弹出"引线设置"对话框，在"注释"选项卡中选中"公差"单选按钮；在"引线和箭头"选项卡中选中
"直线"单选按钮，将"点数"设置为3，其余参数默认，单击"确定"按钮。)
指定第一个引线点或 [设置(S)] <设置>：(利用"对象捕捉"指定标注位置)
指定下一点： (指定引线长度)
指定下一点： ↙
```

（2）弹出"形位公差"对话框，单击"符号"，弹出"特征符号"对话框，选择一种形位公差符号。在公差1、2和基准1、2、3文本框中输入公差值和基准面符号，单击"确定"按钮。结果如图 10-231 所示。

（3）继续执行上述命令。最终结果如图 10-232 所示。

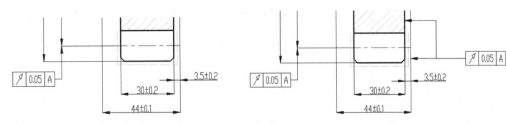

图 10-231 添加形位公差结果 图 10-232 几何公差结果

（4）单击"默认"选项卡"块"面板中的"插入"按钮，选择"粗糙度符号 3.2"图块，将其插入适当位置。命令行提示与操作如下：

```
命令： _insert
指定插入点或 [基点(B)/比例(S)/X/Y/Z/旋转(R)]：
输入属性值
请输入粗糙度值 <3.2>：
```

（5）继续在不同面上插入表面结构的图形符号，单击"默认"选项卡"修改"面板中的"分解"按钮和"旋转"按钮，调整表面结构的图形符号值放置角度。结果如图 10-233 所示。

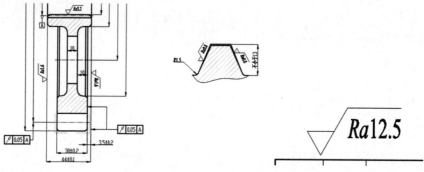

图 10-233　插入表面结构的图形符号

3. 绘制参数表

（1）在"图层特性管理器"选项板中选择 XSX 图层，将该图层置为当前。

（2）单击"默认"选项卡"绘图"面板中的"直线"按钮 ╱ 和"修剪"按钮 ，绘制表格，设置表格行高为 8。结果如图 10-234 所示。

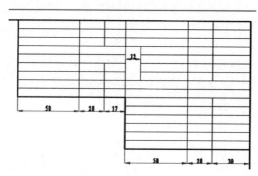

图 10-234　绘制表格

4. 添加文字说明

（1）在"图层特性管理器"选项板中选择 WZ 图层，将该图层置为当前。

（2）单击"默认"选项卡"注释"面板中的"文字样式"按钮 A，弹出"文字样式"对话框，将"长仿宋"置为当前。

（3）标注视图文字。单击"默认"选项卡"绘图"面板中的"直线"按钮 ╱ 和"注释"面板中的"多行文字"按钮 A，标注剖面符号等文字。结果如图 10-235 所示。

（4）单击"默认"选项卡"注释"面板中的"多行文字"按钮 A，标注技术要求。结果如图 10-236 所示。

（5）单击"默认"选项卡"注释"面板中的"多行文字"按钮 A，标注右上角表格中文字。结果如图 10-237 所示。

（6）单击"默认"选项卡"注释"面板中的"多行文字"按钮 A，标注标题栏。结果如图 10-238 所示。

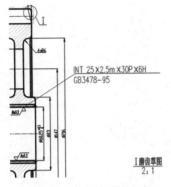

INT 25×2.5m×30P×6H
GB3478-95

I 磨齿草图
2:1

图 10-235 标注视图文字

技术要求

1. ▬▬ 处渗碳淬火，渗碳层深度1.5-1.8，表面硬度为26-40HRC；
2. 允许在径向相对位置第二个齿打磨，以便重复检查渗碳深度及芯部硬度；
3. 用花键量规检查花键的互换性；
4. 渗碳淬火前应去除毛刺及锐边；
5. 未注倒角为C2。

图 10-236 标注技术要求

模数	m	2.5	模数	m	7
齿数	Z	25	齿数	Z	38
压力角	α	30°	变位系数	x	+0.226
公差等级和配合类型	6H-GB3478-95		齿形角	α	20°
相配零件号	08.068		原始齿形 齿顶高系数	f	1
作用齿厚最大值	Svmax	3.927	齿顶高	h1	8.4
实际齿厚最小值	Smin	4.044	全齿高	h	15.568
作用齿厚最小值	Svmin	4.000	精度等级	7HK GB10095-88	
实际齿厚最大值	Smax	3.971	相配件号	08.252	
			齿距累积公差	F_r	0.090
			齿距极限偏差	$\pm f_{pt}$	0.022
			齿形公差	f_f	0.019
			齿向公差	f_β	0.011
			跨齿数	K	5
			公法线长度	W	97.8

图 10-237 标注表格

		WS119		08.067	
标记 处数 更改文件号			所属 装配号	08.00	
设 计		输入齿轮	图样标记 重量 比例		
校 对			S		1:1
审 核			共 张 第 张		
工艺 检查		12CrNi3-GB3077-88			
标准 审 定					
批 准					

图 10-238 标注标题栏

（7）单击"快速访问"工具栏中的"保存"按钮，保存文件。零件的最终结果如图 10-202 所示。

练习提高 实例 130——锥齿轮轴零件图

扫一扫，看视频

利用齿轮类零件完整零件图的绘制方法，在实例 128 的基础上对如图 10-223 所示的锥齿轮轴零件图进行后续绘制，其流程如图 10-239 所示。

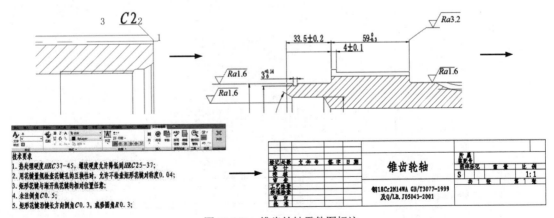

图 10-239 锥齿轮轴零件图标注

📋 **思路点拨：**

（1）标注尺寸。
（2）标注表面结构图形符号。
（3）绘制参数表。
（4）填写技术要求与标题栏。

10.7　叉架类零件

叉架类零件也是机械设计中一类典型的零件。这类零件的特点是根据零件所应用的场合不同，其结构变化千差万别，往往由于其特殊的应用特点导致结构比较复杂，构造不太规范。因此，在绘制此类零件时，一定要选择好视图的方向、种类和不同视图的搭配，做到既简洁，又完整地表达零件结构形状。

本节通过讲解两个叉架类零件的绘制过程来帮助读者初步掌握机械工程制图中叉架类零件图的一般绘制过程。

扫一扫，看视频

完全讲解　实例 131——齿轮泵机座视图

如图 10-240 所示为要绘制的齿轮泵机座零件图。该零件图的视图由一个主视图结合左视图来描述。本实例介绍其视图的绘制过程。

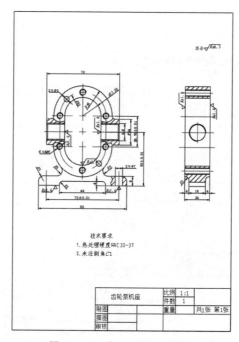

图 10-240　齿轮泵机座零件图

操作步骤:

1. 新建图层

(1)单击"快速访问"工具栏中的"新建"按钮，打开"选择样板"对话框，选择 A4 样板图.dwt，将其文件命名为"齿轮泵机座设计.dwg"并保存。

(2)单击"默认"选项卡"图层"面板中的"图层特性"按钮，在弹出的"图层特性管理器"选项板中创建"中心线""实体""尺寸标注""标题栏"4 个图层，其中"中心线"图层的线型为 CENTER，其他图层的线型为 Continuous。

2. 绘制齿轮泵机座主视图

(1)将"中心线"图层设置为当前图层。单击"默认"选项卡"绘图"面板中的"直线"按钮，绘制 3 条水平直线，坐标点分别为{(47,205),(107,205)}{(40,190),(114,190)}{(47,176.24),(107,176.24)}；绘制一条竖直直线，坐标点为{(77,235),(77,146.24)}，如图 10-241 所示。

(2)将"实体"图层设置为当前图层。绘制圆，单击"默认"选项卡"绘图"面板中的"圆"按钮，分别以上下两条中心线和竖直中心线的交点为圆心，分别绘制半径为 17.25、22 和 28 的圆，并将半径为 22 的圆设置为"中心线"图层。结果如图 10-242 所示。

(3)绘制直线。单击"默认"选项卡"绘图"面板中的"直线"按钮，绘制圆的切线，再单击"默认"选项卡"修改"面板中的"修剪"按钮，对图形进行修剪。结果如图 10-243 所示。注意，在中间绘制中心线圆时，有一个图层切换过程。

(4)绘制销孔和螺栓孔。单击"默认"选项卡"绘图"面板中的"圆"按钮，绘制销孔和螺栓孔。结果如图 10-244 所示。注意，螺纹大径用细实线绘制。

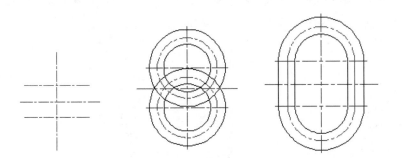
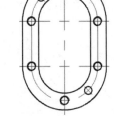

图 10-241 绘制中心线　　图 10-242 绘制圆　　图 10-243 绘制直线　　图 10-244 绘制销孔和螺栓孔

(5)绘制底座。单击"默认"选项卡"修改"面板中的"偏移"按钮，将中间的水平中心线向下分别偏移 41、46 和 50，将竖直中心线向两侧分别偏移 22 和 42.5，并调整直线的长度，将偏移后的直线设置为"实体"图层。单击"默认"选项卡"修改"面板中的"修剪"按钮，对图形进行修剪。单击"默认"选项卡"修改"面板中的"圆角"按钮，进行圆角处理。绘制结果如图 10-245 所示。

（6）绘制底座螺栓孔。单击"默认"选项卡"修改"面板中的"偏移"按钮 🔼，将中心线向左右两侧分别偏移 35，右侧偏移后的中心线再分别向两侧偏移 3.5，并将偏移后的直线放置在"实体"图层。切换到"细实线"图层，单击"默认"选项卡"绘图"面板中的"样条曲线拟合"按钮 ﾉ，在底座上绘制曲线构成剖切平面界线。单击"默认"选项卡"绘图"面板中的"图案填充"按钮 ▨，绘制剖面线。结果如图 10-246 所示。

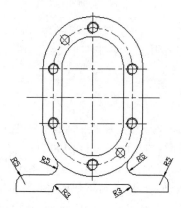

图 10-245　绘制底座图

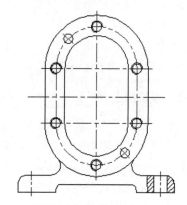

图 10-246　绘制底座螺栓孔

（7）绘制进出油管。单击"默认"选项卡"修改"面板中的"偏移"按钮 🔼，将竖直中心线分别向两侧偏移 34 和 35，将中间的水平中心线分别向两侧偏移 7、8 和 12，将偏移 8 后的直线改为"细实线"图层，将偏移后的其他直线改为"实体"图层，并在"实体"图层绘制倒角斜线。单击"默认"选项卡"修改"面板中的"修剪"按钮 ⟋，对图形进行修剪。结果如图 10-247 所示。

（8）细化进出油管。单击"默认"选项卡"修改"面板中的"圆角"按钮 ⬚，进行圆角处理，圆角半径为 3；单击"默认"选项卡"绘图"面板中的"样条曲线拟合"按钮 ﾉ，再绘制曲线构成剖切平面；单击"默认"选项卡"绘图"面板中的"图案填充"按钮 ▨，绘制剖面线，完成主视图的绘制。结果如图 10-248 所示。

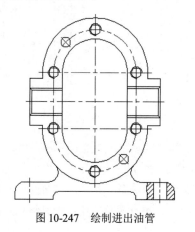

图 10-247　绘制进出油管

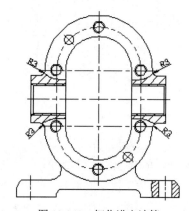

图 10-248　细化进出油管

3．绘制齿轮泵机座左视图

（1）绘制定位直线。单击"默认"选项卡"绘图"面板中的"直线"按钮 ✎，以主视图中特征点为起点，利用"对象捕捉"和"正交"功能绘制水平定位线。结果如图 10-249 所示。

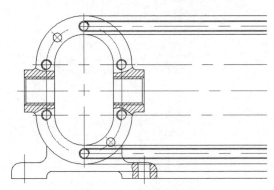

图 10-249　绘制定位直线

（2）绘制剖视图轮廓线。单击"默认"选项卡"绘图"面板中的"直线"按钮 ✎，绘制一条竖直直线{（175,235），（175,140）}；单击"默认"选项卡"修改"面板中的"偏移"按钮 ◰，将竖直直线向左分别偏移 4、20、24 和 12；单击"默认"选项卡"绘图"面板中的"圆"按钮 ⊙，绘制直径分别为 15 和 16 的圆，其中，直接为 15 的圆在"实体"图层，直径为 16 的圆在"细实线"图层；单击"默认"选项卡"修改"面板中的"修剪"按钮 ✁，对图形多余图线进行修剪。结果如图 10-250 所示。

（3）图形倒圆角。单击"默认"选项卡"修改"面板中的"圆角"按钮 ◲，采用修剪、半径模式，对剖视图进行倒圆角操作，圆角半径为 3。结果如图 10-251 所示。

（4）绘制剖面线。单击"默认"选项卡"绘图"面板中的"图案填充"按钮 ◨，切换到"细实线"图层，绘制剖面线。结果如图 10-252 所示。

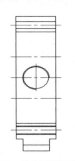

图 10-250　绘制剖视图轮廓线

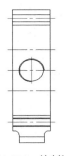

图 10-251　绘制圆角

图 10-252　绘制剖面线

扫一扫，看视频

练习提高　实例 132——凸轮卡爪视图

利用叉架类零件视图的绘制方法，绘制如图 10-253 所示的凸轮卡爪零件图的视图，其流程如图 10-254 所示。

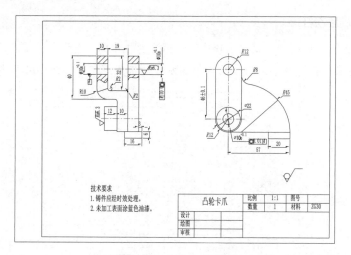

图 10-253　凸轮卡爪零件图

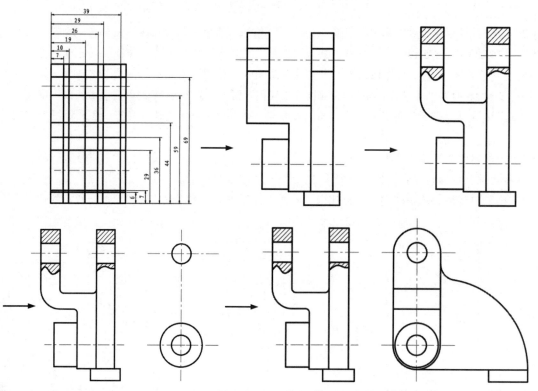

图 10-254　凸轮卡爪视图

📋 **思路点拨：**

（1）先设置图层，然后利用"直线""偏移""修剪""样条曲线""图案填充"等命令绘制主视图。

（2）利用"直线""圆""偏移""修剪""圆角""图案填充"等命令绘制左视图。

完全讲解 实例 133——齿轮泵机座零件图

本实例在实例 131 的基础上进行操作，完成如图 10-240 所示的齿轮泵机座零件图。主要工作是标注尺寸、标注表面结构图形符号、添加文字说明和填写标题栏。

操作步骤：

1. 添加尺寸标注

（1）切换图层。将"尺寸标注"图层设置为当前图层。单击"默认"选项卡"注释"面板中的"标注样式"按钮，新建"机械制图标注"样式，并将其设置为当前使用的标注样式。

（2）主视图尺寸标注。单击"注释"选项卡"标注"面板中的"线性"按钮、"半径"按钮和"直径"按钮，对视图进行尺寸标注。其中标注尺寸公差时要替代标注样式。结果如图 10-255 所示。

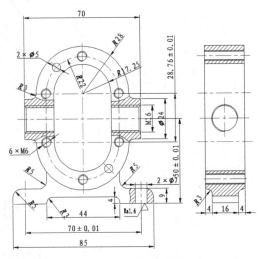

图 10-255 视图尺寸标注

2. 表面粗糙度与剖切符号标注

按照前面章节学过的方法标注表面粗糙度和剖切符号。

3. 填写标题栏

按照前面章节学过的方法填写技术要求与标题栏。将"标题栏"图层设置为当前图层，在标题栏中填写"齿轮泵机座"。齿轮泵机座设计最终结果如图 10-240 所示。

练习提高 实例 134——凸轮卡爪零件图

利用叉架类零件完整零件图的绘制方法，在实例 132 的基础上对如图 10-253 所示的凸轮卡爪零件图进行后续绘制，其流程如图 10-256 所示。

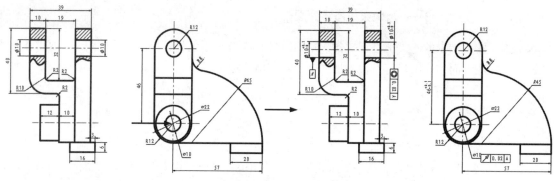

图 10-256 凸轮卡爪零件图标注

📋 **思路点拨：**

（1）标注尺寸。
（2）标注形位公差。
（3）填写技术要求与标题栏。

10.8 箱体类零件

箱体类零件一般为框架或壳体结构，由于需要设计和表达的内容相对较多，这类零件一般属于机械零件中最复杂的零件。

本节通过讲解两个箱体类零件的绘制过程来帮助读者初步掌握机械工程制图中箱体类零件图的一般绘制过程。

完全讲解 实例 135——减速器箱盖视图

扫一扫，看视频

如图 10-257 所示为要绘制的减速器箱盖零件图。该零件图的视图由一个主视图结合左视图来描述。本实例介绍其视图的绘制过程。

🔧 **操作步骤：**

1. 配置绘图环境

（1）建立新文件。

① 建立新文件。启动 AutoCAD 2020 应用程序，单击"快速访问"工具栏中的"新建"按钮，打开"选择样板"对话框，单击"打开"按钮右侧的下拉按钮，以"无样板打开-公制（M）"方式建立新文件，将新文件命名为"减速器箱盖.dwg"并保存。

② 创建新图层。单击"默认"选项卡"图层"面板中的"图层特性"按钮，打开"图层特性管理器"选项板，新建并设置每一个图层，如图 10-258 所示。

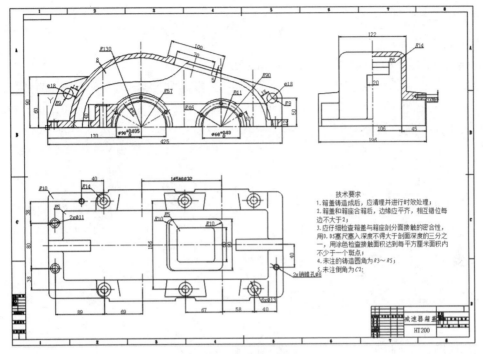

图 10-257　减速器箱盖

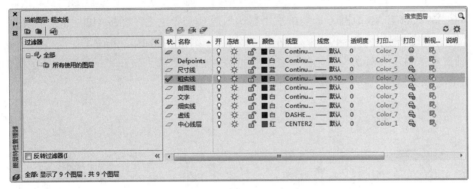

图 10-258　新建并设置图层

（2）设置文字和尺寸标注样式。

① 设置文字标注样式。单击"默认"选项卡"注释"面板中的"文字样式"按钮，打开"文字样式"对话框。创建"技术要求"文字样式，在"字体名"下拉列表框中选择"仿宋"，"字体样式"设置为"常规"，在"高度"文本框中输入 5.0000。设置完成后，单击"应用"按钮，完成"技术要求"文字标注格式的设置。

② 创建新标注样式。单击"默认"选项卡"注释"面板中的"标注样式"按钮，打开"标注样式管理器"对话框，创建"机械制图标注"样式，各属性与前面章节设置相同，并将其设置为当前使用的标注样式。

2. 绘制箱盖主视图

（1）绘制中心线。

① 切换图层。将"中心线"图层设置为当前图层。

② 绘制中心线。单击"默认"选项卡"绘图"面板中的"直线"按钮，绘制一条水平直线{(0,0)，(425,0)}，绘制5条竖直直线{(170,0)，(170,150)}{(315,0)，(315,120)}{(101,0)，(101,100)}{(248,0)，(248,100)}{（373,0)，（373,100）}，如图 10-259 所示。

图 10-259　绘制中心线

（2）绘制主视图外轮廓。

① 切换图层。将"粗实线"图层设置为当前图层。

② 绘制圆。单击"默认"选项卡"绘图"面板中的"圆"按钮，以 a 点为圆心，绘制半径分别为130、60、57、47 和 45 的圆，重复单击"默认"选项卡"绘图"面板中的"圆"按钮，以 b 点为圆心，绘制半径分别为90、49、46、36 和 34 的圆。结果如图 10-260 所示。

③ 绘制直线。单击"默认"选项卡"绘图"面板中的"直线"按钮，绘制两个大圆的切线，如图 10-261 所示。

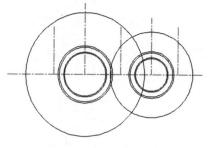

图 10-260　绘制圆

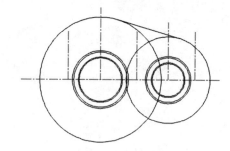

图 10-261　绘制切线

④ 修剪图形。单击"默认"选项卡"修改"面板中的"修剪"按钮，修剪视图中多余的线段。结果如图 10-262 所示。

⑤ 偏移直线。单击"默认"选项卡"修改"面板中的"偏移"按钮，将水平中心线分别向上偏移 12、38 和 40，将最左边的竖直中心线分别向左偏移 14，然后向两边偏移 6.5 和 12，将最右边的竖直中心线向右偏移 25，并将偏移后的线段切换到粗实线。结果如图 10-263 所示。

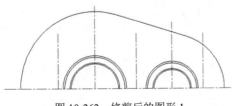
图 10-262 修剪后的图形 1

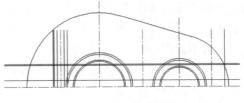
图 10-263 偏移结果

⑥ 修剪图形。单击"默认"选项卡"修改"面板中的"修剪"按钮，修剪视图中多余的线段。结果如图 10-264 所示。

⑦ 绘制直线。单击"默认"选项卡"绘图"面板中的"直线"按钮，连接两端。结果如图 10-265 所示。

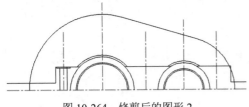
图 10-264 修剪后的图形 2

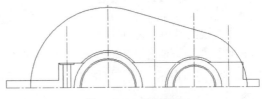
图 10-265 绘制直线

⑧ 偏移直线。单击"默认"选项卡"修改"面板中的"偏移"按钮，将最左端的直线向右偏移 12。重复"偏移"命令，将偏移后的直线分别向两边偏移 5.5 和 8.5；重复"偏移"命令，将直线 1 向下偏移 2。

同理，单击"默认"选项卡"修改"面板中的"偏移"按钮，将最右端直线向左偏移 12；重复"偏移"命令，将偏移后的直线分别向两边偏移 4 和 5。结果如图 10-266 所示。

⑨ 绘制斜线。单击"默认"选项卡"绘图"面板中的"直线"按钮，连接右端偏移后的直线端点。

⑩ 修剪处理。单击"默认"选项卡"修改"面板中的"修剪"按钮和"删除"按钮，修剪和删除多余的线段，将中心线切换到"中心线"图层。结果如图 10-267 所示。

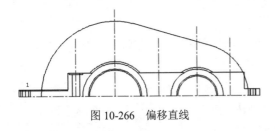
图 10-266 偏移直线

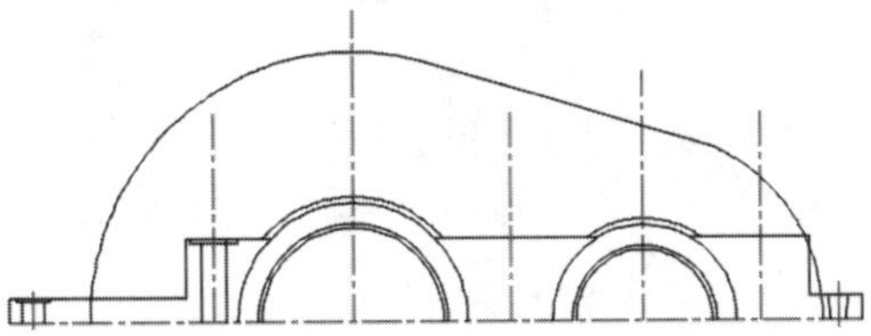

图 10-267 修剪处理

（3）绘制透视盖。

① 绘制中心线。将"中心线"图层设置为当前图层。单击"默认"选项卡"绘图"面板中的"直线"按钮，绘制坐标为{（260,87），（@40<74）}的中心线。

② 偏移直线。单击"默认"选项卡"修改"面板中的"偏移"按钮，将步骤①绘制的中心线分别向左右两边偏移 50 和 35。重复"偏移"命令，将箱盖轮廓线向内偏移 8，再将轮廓线向外偏移 5，并将偏移后的中心线切换到"粗实线"图层。

③ 绘制样条曲线。将"细实线"图层设置为当前图层。单击"绘图"工具栏中的"样条曲线"按钮，绘制样条曲线。

④ 修剪处理。单击"默认"选项卡"修改"面板中的"修剪"按钮，修剪多余的线段，运用"打断"命令，将不可见部分线段打断，并将不可见部分线段切换到"虚线"图层。结果如图 10-268 所示。

（4）绘制左吊耳。

① 偏移处理。将"粗实线"图层设置为当前图层。单击"默认"选项卡"修改"面板中的"偏移"按钮，将水平中心线向上偏移 60 和 90；重复"偏移"命令，将外轮廓线向外偏移 15。

② 绘制圆。单击"默认"选项卡"绘图"面板中的"圆"按钮，以偏移后的外轮廓线和偏移 60 的水平直线交点为圆心，绘制半径分别为 9 和 18 的圆。

③ 绘制直线。单击"默认"选项卡"绘图"面板中的"直线"按钮，以左上端点为起点绘制与 R18 圆相切的直线；重复"直线"命令，以 R18 圆的切点为起点，以偏移 90 的直线与外轮廓线交点为端点绘制直线。

④ 修剪图形。单击"默认"选项卡"修改"面板中的"修剪"按钮和"删除"按钮，修剪和删除多余的线段。结果如图 10-269 所示。

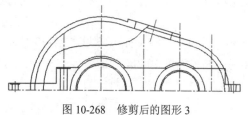

图 10-268　修剪后的图形 3

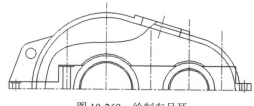

图 10-269　绘制左吊耳

（5）绘制右吊耳。

① 偏移处理。单击"默认"选项卡"修改"面板中的"偏移"按钮，将水平中心线向上偏移 50；重复"偏移"命令，将外轮廓线向外偏移 15。

② 绘制圆。单击"默认"选项卡"绘图"面板中的"圆"按钮，以偏移后的外轮廓线和偏移 50 的水平直线交点为圆心，绘制半径分别为 9 和 18 的圆。

③ 绘制直线。单击"默认"选项卡"绘图"面板中的"直线"按钮，以右上端点为起点绘制与 R18 圆相切的直线；重复"直线"命令，以外轮廓圆弧线端点为起点绘制与 R18 圆相切的直线。

④ 修剪图形。单击"默认"选项卡"修改"面板中的"修剪"按钮和"删除"按钮，修剪和删除多余的线段，结果如图 10-270 所示。

（6）绘制端盖安装孔。

① 绘制直线。将"中心线"图层设置为当前图层。单击"默认"选项卡"绘图"面板中的"直

线"按钮，以坐标点{（170,0），（@60<30）}绘制中心线；重复"直线"命令，以坐标点{（315,0），
（@50<30）}绘制中心线。

② 绘制中心圆。单击"默认"选项卡"绘图"面板中的"圆"按钮，分别以（170,0）、（315,0）
为圆心，绘制半径分别为 52 和 41 的圆。

③ 绘制圆。将"粗实线"图层设置为当前图层，单击"默认"选项卡"绘图"面板中的"圆"
按钮，分别以步骤②绘制的中心圆和直线交点为圆心，绘制半径分别为 2.5 和 3 的圆。

④ 阵列圆。单击"默认"选项卡"修改"面板中的"环形阵列"按钮，将步骤③步绘制的圆和
中心线绕圆心阵列，阵列个数为 3，项目间角度为 60°，并将半径为 3 的圆放置在"细实线"图层。

⑤ 修剪处理。单击"默认"选项卡"修改"面板中的"修剪"按钮，修剪多余的线段。结果
如图 10-271 所示。

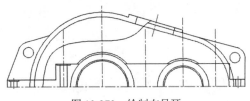 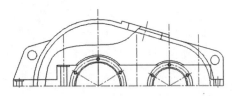

图 10-270　绘制右吊耳　　　　　　　图 10-271　绘制端盖安装孔

（7）细节处理。

① 绘制样条曲线。将"细实线"图层设置为当前图层。单击"绘图"工具栏中的"样条曲线"
按钮，绘制样条曲线。

② 修剪曲线。单击"默认"选项卡"修改"面板中的"修剪"按钮，修剪多余的线段。

③ 圆角处理。单击"默认"选项卡"修改"面板中的"圆角"按钮，对图形进行圆角处理，
设置圆角半径为 3。

④ 图案填充。将"剖面线"图层设置为当前图层。单击"默认"选项卡"绘图"面板中的"图
案填充"按钮，打开"图案填充创建"选项卡，选择 ANSI31 图案，设置比例为 2。

⑤ 绘制直线。将"粗实线"图层设置为当前图层。单击"默认"选项卡"绘图"面板中的"直
线"按钮，绘制箱盖主视图底面直线。结果如图 10-272 所示。

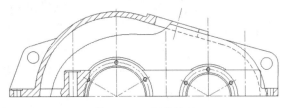

图 10-272　细节处理

3．绘制箱盖俯视图

（1）绘制中心线。

① 在状态栏中单击"对象捕捉追踪"按钮，打开对象捕捉追踪功能，将"中心线"图层设置为

当前图层。

② 绘制中心线。单击"默认"选项卡"绘图"面板中的"直线"按钮 ，绘制水平中心线和竖直中心线，如图 10-273 所示。

③ 偏移处理。单击"默认"选项卡"修改"面板中的"偏移"按钮 ，将水平中心线向上偏移 78 和 40。重复"偏移"命令，将第一条竖直中心线向右偏移 49。结果如图 10-274 所示。

（2）绘制俯视图外轮廓。

① 偏移处理。单击"默认"选项卡"修改"面板中的"偏移"按钮 ，将水平中心线向上偏移 61、93 和 98，将偏移后的直线切换到"粗实线"图层。

图 10-273　绘制中心线

图 10-274　偏移中心线

② 绘制直线。将"粗实线"图层设置为当前图层。单击"默认"选项卡"绘图"面板中的"直线"按钮 ，分别连接两端直线端点。结果如图 10-275 所示。

③ 偏移处理。单击"默认"选项卡"修改"面板中的"偏移"按钮 ，将步骤②绘制的直线向内偏移 27，结果如图 10-276 所示。

图 10-275　绘制直线

图 10-276　偏移处理

④ 修剪处理。单击"默认"选项卡"修改"面板中的"修剪"按钮 ，修剪多余的线段。结果如图 10-277 所示。

⑤ 绘制圆。单击"默认"选项卡"绘图"面板中的"圆"按钮 ，以 a 点为圆心，绘制半径分别为 8.5 和 5.5 的圆。重复"圆"命令，以 b 点为圆心，绘制半径分别为 4 和 5 的同心圆。重复"圆"命令，以 c 点为圆心，绘制半径分别为 14、12 和 6.5 的圆。

⑥ 复制圆。单击"默认"选项卡"修改"面板中的"复制"按钮 ，将 c 点处半径为 12 和 6.5 的两个同心圆复制到 d 点和 e 点处，单击"默认"选项卡"绘图"面板中的"圆"按钮 ，以 e 点为圆心绘制半径为 25 的圆。结果如图 10-278 所示。

图 10-277　修剪处理

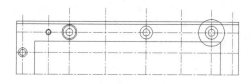

图 10-278　绘制圆

⑦ 绘制圆。单击"默认"选项卡"绘图"面板中的"圆"按钮⊙，以图 10-277 中的 a、b 两点为圆心，绘制半径分别为 60、49 的圆。

⑧ 绘制直线。采用对象追踪功能，单击"默认"选项卡"绘图"面板中的"直线"按钮✐，对应主视图在适当位置绘制直线。

⑨ 修剪图形。单击"默认"选项卡"修改"面板中的"修剪"按钮⊬和"删除"按钮✍，修剪和删除多余的线段。

⑩ 圆角处理。单击"默认"选项卡"修改"面板中的"圆角"按钮◻，对俯视图进行倒圆角处理，圆角半径分别为 10、5 和 3。结果如图 10-279 所示。

⑪ 绘制直线。采用对象追踪功能，单击"默认"选项卡"绘图"面板中的"直线"按钮✐，对应主视图在适当位置绘制直线。

⑫ 镜像直线。单击"默认"选项卡"修改"面板中的"镜像"按钮⚞，对步骤⑪绘制的斜线进行镜像。

⑬ 修剪图形。单击"默认"选项卡"修改"面板中的"修剪"按钮⊬和"删除"按钮✍，修剪和删除多余的线段。

⑭ 圆角处理。单击"默认"选项卡"修改"面板中的"圆角"按钮◻，进行倒圆角，圆角半径为 3，并修剪多余的线段。

⑮ 绘制直线。单击"默认"选项卡"绘图"面板中的"直线"按钮✐，绘制直线。如果如图 10-280 所示。

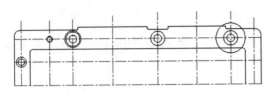
图 10-279　修剪和圆角处理

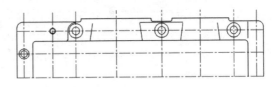
图 10-280　绘制直线

（3）绘制透视盖。

① 修剪图形。单击"默认"选项卡"修改"面板中的"打断"按钮◻，对中心线进行打断。单击"默认"选项卡"修改"面板中的"删除"按钮✍，删除多余的线段。单击"默认"选项卡"修改"面板中的"拉长"按钮✐，拉长水平中心线。

② 偏移处理。单击"默认"选项卡"修改"面板中的"偏移"按钮⚎，将第一条水平中心线向上偏移 30 和 45，并将偏移后的直线切换为"粗实线"图层。

③ 绘制直线。采用对象捕捉追踪功能，单击"默认"选项卡"绘图"面板中的"直线"按钮✐，对应主视图中的透视盖图形绘制直线。

④ 修剪图形。单击"默认"选项卡"修改"面板中的"修剪"按钮⊬和"删除"按钮✍，修剪和删除多余的线段。

⑤ 圆角处理。单击"默认"选项卡"修改"面板中的"圆角"按钮◻，对透视孔进行倒圆角处理，圆角半径分别为 5 和 10。结果如图 10-281 所示。

（4）绘制吊耳。

① 偏移处理。单击"默认"选项卡"修改"面板中的"偏移"按钮 ，将第一条水平中心线向上偏移 10，并将偏移后的直线切换为"粗实线"图层。

② 绘制直线。采用对象捕捉追踪功能，对应主视图中的吊耳图形绘制直线。

③ 修剪图形。单击"默认"选项卡"修改"面板中的"修剪"按钮 和"删除"按钮 ，修剪和删除多余的线段。

④ 圆角处理，单击"默认"选项卡"修改"面板中的"圆角"按钮 ，对吊耳进行倒圆角处理，圆角半径为 3。

⑤ 继续修剪。单击"默认"选项卡"修改"面板中的"修剪"按钮 ，修建多余的线段。结果如图 10-282 所示。

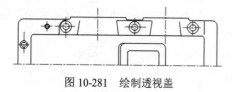
图 10-281　绘制透视盖

图 10-282　绘制吊耳

（5）完成俯视图。

① 镜像处理。单击"默认"选项卡"修改"面板中的"镜像"按钮 ，将俯视图沿第一条水平中心线进行镜像。结果如图 10-283 所示。

② 偏移处理。单击"默认"选项卡"修改"面板中的"偏移"按钮 ，将第一条水平中心线向下偏移 40，继续将最右边的竖直中心线向右偏移 40，并重新编辑中心线。

③ 移动圆。单击"默认"选项卡"修改"面板中的"移动"按钮 ，将图 10-277 中 b 点处的两个同心圆移动到 f 点处。结果如图 10-284 所示。

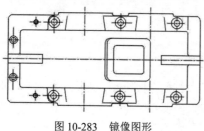
图 10-283　镜像图形

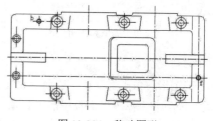
图 10-284　移动图形

④ 删除中心线。结果如图 10-285 所示。

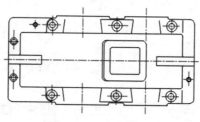
图 10-285　完成俯视图

4．绘制箱盖左视图

（1）绘制左视图外轮廓。

① 绘制中心线。将"中心线"图层设置为当前图层。单击"默认"选项卡"绘图"面板中的"直线"按钮，绘制一条竖直中心线。

② 绘制直线。将"粗实线"图层设置为当前图层。采用对象追踪功能，单击"默认"选项卡"绘图"面板中的"直线"按钮，绘制一条水平直线。

③ 偏移处理。单击"默认"选项卡"修改"面板中的"偏移"按钮，将水平直线分别向上偏移 12、40、57、60、90 和 130。重复"偏移"命令，将竖直中心线向左偏移 10、61、93 和 98，将偏移后的直线切换到"粗实线"图层。结果如图 10-286 所示。

④ 绘制直线。单击"默认"选项卡"绘图"面板中的"直线"按钮，连接图 10-286 中的 1、2 两点。

⑤ 修剪图形。单击"默认"选项卡"修改"面板中的"修剪"按钮和"删除"按钮，修剪图形中多余的线段。结果如图 10-287 所示。

（2）绘制剖视图。

① 沿竖直中心线进行镜像。结果如图 10-288 所示。

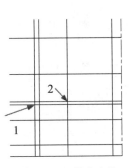

图 10-286　偏移直线

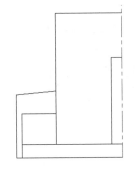

图 10-287　修剪后的图形

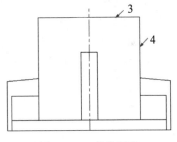

图 10-288　镜像图形

② 镜像处理。单击"默认"选项卡"修改"面板中的"镜像"按钮，将左视图中的左半部分沿竖直中心线进行偏移。单击"默认"选项卡"修改"面板中的"偏移"按钮，将直线 3 和直线 4 向内偏移 8；重复"偏移"命令，将最下边的水平直线向上偏移 45。

③ 修剪图形。单击"默认"选项卡"修改"面板中的"修剪"按钮和"删除"按钮，修剪和删除多余的线段。结果如图 10-289 所示。

④ 绘制端盖安装孔。单击"默认"选项卡"修改"面板中的"偏移"按钮，将最下边的水平线向上偏移 52，将偏移后的直线切换到"中心线"图层。重复"偏移"命令，将偏移后的中心线向左右两边分别偏移 2.5 和 3；重复"偏移"命令，将最右端的竖直直线向左偏移 16 和 20，将偏移距离为 2.5 的直线切换到"粗实线"图层，偏移距离为 3 的直线切换到"细实线"图层。单击"默认"选项卡"修改"面板中的"修剪"按钮和"删除"按钮，修剪多余的线段。结果如图 10-290 所示。

⑤ 绘制直线。单击"默认"选项卡"绘图"面板中的"直线"按钮，绘制直线。单击"默

认"选项卡"修改"面板中的"修剪"按钮 ⊬，修剪多余的直线。绘制完成的端盖安装孔如图 10-291 所示。

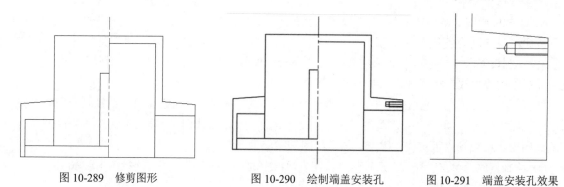

图 10-289　修剪图形　　　图 10-290　绘制端盖安装孔　　　图 10-291　端盖安装孔效果

⑥ 绘制透视孔。单击"默认"选项卡"修改"面板中的"偏移"按钮 ☐，将竖直中心线向右偏移 30，将偏移后的直线切换到"粗实线"图层。单击"默认"选项卡"绘图"面板中的"直线"按钮 ☐，采用对象捕捉追踪功能，捕捉主视图中透视孔上的点，绘制水平直线。单击"默认"选项卡"修改"面板中的"修剪"按钮 ⊬ 和"删除"按钮 ☐，修剪多余的线段。结果如图 10-292 所示。

（3）细节处理。

① 圆角处理。单击"默认"选项卡"修改"面板中的"圆角"按钮 ☐，对左视图进行圆角处理，圆角半径分别为 14、6 和 3。

② 倒角处理。单击"默认"选项卡"修改"面板中的"倒角"按钮 ☐，对右边轴孔进行倒角处理，倒角距离为 2，调用"直线"命令，连接倒角后的孔。结果如图 10-293 所示。

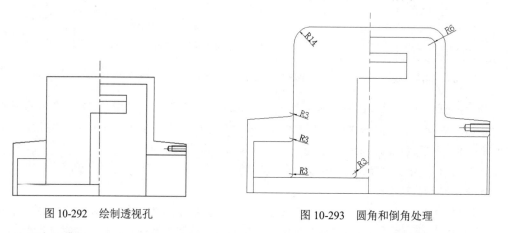

图 10-292　绘制透视孔　　　　　　　图 10-293　圆角和倒角处理

③ 填充图案。将"剖面线"图层设置为当前图层。单击"默认"选项卡"绘图"面板中的"图案填充"按钮 ☐，打开"图案填充和渐变色"对话框，选择 ANSI31 图案，设置比例为 2，填充图形。结果如图 10-294 所示。

箱盖绘制完成，如图 10-295 所示。

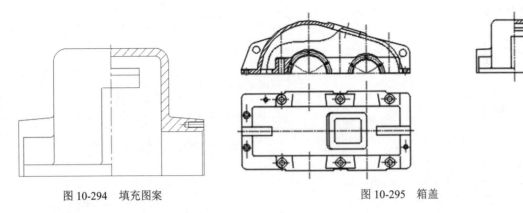

图 10-294 填充图案　　　　　　　　　　图 10-295 箱盖

扫一扫，看视频

练习提高　实例 136——减速器箱体视图

利用箱体类零件视图的绘制方法，绘制如图 10-296 所示的减速器箱体零件图的视图，其流程如图 10-297 所示。

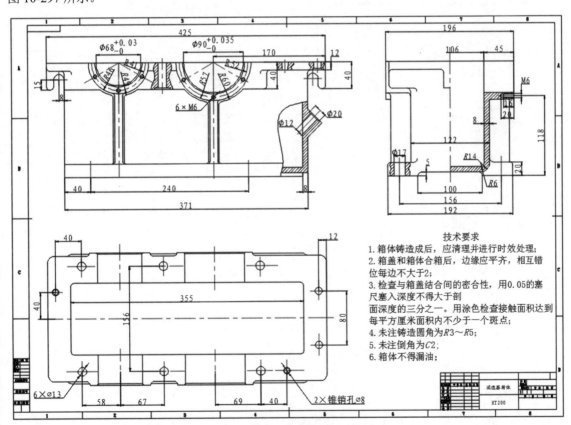

图 10-296 减速器箱体零件图

技术要求

1. 箱体铸造成后，应清理并进行时效处理；
2. 箱盖和箱体合箱后，边缘应平齐，相互错位每边不大于2；
3. 检查与箱盖结合间的密合性，用0.05的塞尺塞入深度不得大于剖面深度的三分之一。用涂色检查接触面积达到每平方厘米面积内不少于一个斑点；
4. 未注铸造圆角为R3～R5；
5. 未注倒角为C2；
6. 箱体不得漏油；

HT200

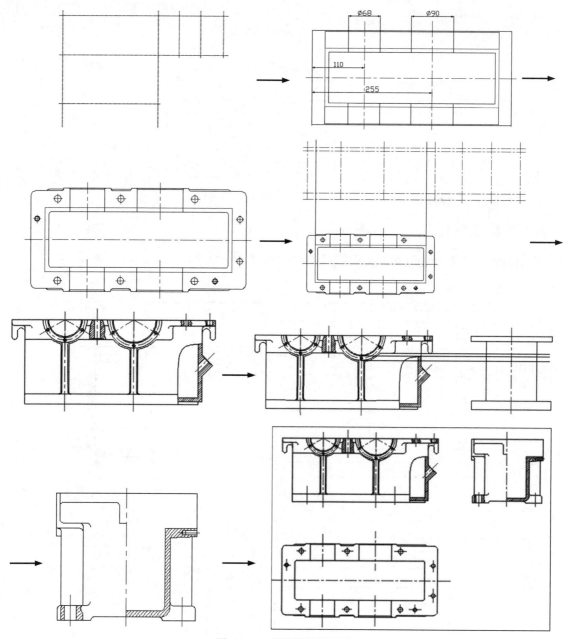

图 10-297　减速器箱体视图

✐ **思路点拨:**

（1）先设置图层，绘制轴线，然后绘制俯视图。

（2）利用"主俯长对正"尺寸关系绘制主视图。

（3）利用"主左高平齐，俯左宽相等"尺寸关系绘制左视图。

完全讲解　实例 137——减速器箱盖零件图

本实例在实例 135 的基础上进行操作，完成如图 10-257 所示的减速器箱盖零件图。主要工作是标注尺寸、标注表面结构图形符号、添加文字说明和填写标题栏。

操作步骤：

1. 俯视图尺寸标注

（1）切换图层。将"尺寸线"图层设置为当前图层。单击"默认"选项卡"注释"面板中的"标注样式"按钮，将"机械制图标注"样式设置为当前使用的标注样式。

（2）修改标注样式。单击"默认"选项卡"注释"面板中的"标注样式"按钮，打开"标注样式管理器"对话框，选中"机械制图标注"样式，然后单击"修改"按钮，弹出"修改标注样式（机械制图标注）"对话框。打开"文字"选项卡，选择"ISO 标准"，单击"确定"按钮，完成修改。

（3）俯视图无公差尺寸标注。单击"注释"选项卡"标注"面板中的"线性"按钮、"半径"按钮和"直径"按钮，对俯视图进行尺寸标注。结果如图 10-298 所示。

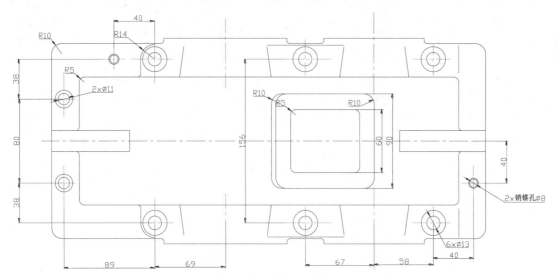

图 10-298　无公差尺寸标注

（4）俯视图公差尺寸标注。单击"默认"选项卡"注释"面板中的"标注样式"按钮，打开"标注样式管理器"对话框，建立一个名为"副本机械制图标注（带公差）"的样式，设置"基础样式"为"机械制图标注"。在"新建标注样式"对话框中设置"公差"选项卡，并将"副本机械制图样式（带公差）"的样式设置为当前使用的标注样式。

（5）主视图带公差尺寸标注。单击"注释"选项卡"标注"面板中的"线性"按钮，对俯视图进行带公差尺寸标注。结果如图 10-299 所示。

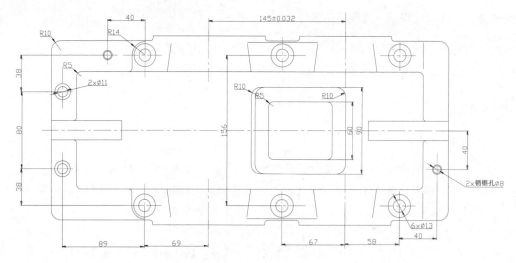

图 10-299　带公差尺寸标注

2. 主视图尺寸标注

（1）主视图无公差尺寸标注。切换到"机械制图标注"标注样式，单击"注释"选项卡"标注"面板中的"线性"按钮 ⊟、"对齐"按钮 ↖、"半径"按钮 ◎ 和"直径"按钮 ◎，对主视图进行无公差尺寸标注。结果如图 10-300 所示。

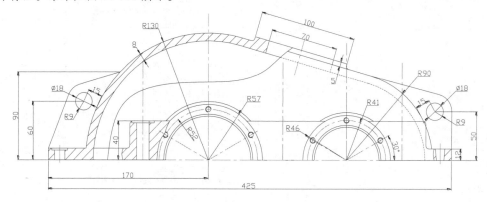

图 10-300　主视图无公差尺寸标注

（2）修改带公差标注样式。单击"默认"选项卡"注释"面板中的"标注样式"按钮 ↙，打开"标注样式管理器"对话框，选中"副本机械制图标注（带公差）"样式，单击"替代"按钮，打开"替代当前样式：副本 机械制图标注（带公差）"对话框，设置"公差"选项卡，并把"副本机械制图样式（带公差）"的样式设置为当前使用的标注样式。

（3）主视图带公差尺寸标注。单击"注释"选项卡"标注"面板中的"线性"按钮 ⊟，对主视图进行带公差尺寸标注。使用前面章节所学的带公差尺寸标注的方法，进行公差编辑修改。结果如图 10-301 所示。

3．侧视图尺寸标注

（1）切换当前标注样式。将"机械制图标注"样式设置为当前使用的标注样式。

（2）侧视图无公差尺寸标注。单击"注释"选项卡"标注"面板中的"线性"按钮⊟和"直径"按钮◎，对侧视图进行无公差尺寸标注。结果如图 10-302 所示。

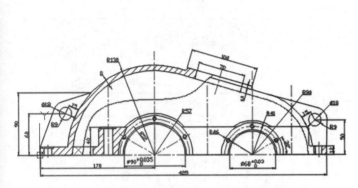

图 10-301　主视图带公差尺寸标注

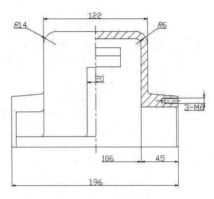

图 10-302　侧视图尺寸标注

4．标注技术要求

（1）设置文字标注格式。单击"默认"选项卡"注释"面板中的"文字样式"按钮，打开"文字样式"对话框，在"样式名"下拉列表框中选择"技术要求"，输入高度为 8，单击"应用"按钮，将其设置为当前使用的文字样式。

（2）文字标注。单击"注释"选项卡"文字"面板中的"多行文字"按钮A，打开"文字编辑器"选项卡，在其中填写技术要求，如图 10-303 所示。

图 10-303　标注技术要求

5．填写标题栏

将已经绘制好的 A1 横向样板图图框复制到当前图形中，并调整到适当位置。

将"标题栏"图层设置为当前图层，在标题栏中填写"减速器箱盖"。减速器箱盖设计的最终结果如图 10-257 所示。

扫一扫，看视频

练习提高　实例 138——减速器箱体零件图

　　利用箱体类零件完整零件图的绘制方法，在实例 136 的基础上对如图 10-296 所示的减速器箱体零件图进行后续绘制，其流程如图 10-304 所示。

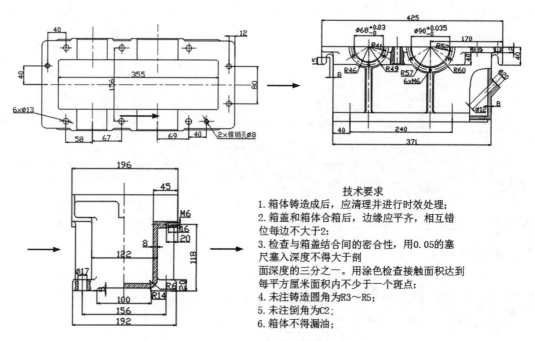

技术要求
1. 箱体铸造成后，应清理并进行时效处理；
2. 箱盖和箱体合箱后，边缘应平齐，相互错位每边不大于2；
3. 检查与箱盖结合间的密合性，用0.05的塞尺塞入深度不得大于剖
面深度的三分之一。用涂色检查接触面积达到每平方厘米面积内不少于一个斑点；
4. 未注铸造圆角为R3～R5；
5. 未注倒角为C2；
6. 箱体不得漏油；

图 10-304　减速器箱体零件图标注

📋 **思路点拨：**

　　（1）标注尺寸。
　　（2）标注公差。
　　（3）填写技术要求与标题栏。

第11章 装 配 图

内容简介

装配图是表达机器、部件或组件的图样。在产品设计中，一般先绘制出装配图，然后根据装配图绘制零件图。在产品制造中，机器、部件、组件的工作，都必须根据装配图来进行。因此，装配图在生产中起着非常重要的作用。

本章将通过实例介绍装配图的绘制方法。

11.1 部件装配图

部件是机器的一部分，有些机器装配图比较复杂，这样可以先绘制其中的部件装配图。本节通过讲解两个部件装配图的绘制过程来帮助读者初步掌握机械工程制图中装配图的一般绘制过程。

完全讲解 实例 139——箱体总成视图

如图 11-1 所示为要绘制的箱体总成装配图。该装配图的视图由主视图和俯视图配合一组局部放大图来描述。本实例介绍其视图的绘制过程。

操作步骤：

1. 新建文件

（1）单击"快速访问"工具栏中的"新建"按钮□，系统打开"选择样板"对话框，选择"A0样板图模板.dwt"样板文件为模板，单击"打开"按钮，进入绘图环境。

（2）单击"快速访问"工具栏中的"保存"按钮🖫，弹出"另存为"对话框，输入文件名称"SW.03箱体总成"，单击"确定"按钮，退出对话框。

2. 创建图块

（1）单击"快速访问"工具栏中的"打开"按钮☞，打开"第11章\零件图\SW.25 底板"文件，关闭 BZ、XSX 图层。

（2）单击"插入"选项卡"块定义"面板中"创建块"下拉列表中的"写块"按钮🖳，弹出"写块"对话框，选择前视图与俯视图中的图形，创建"底板图块"，如图 11-2 所示。

（3）使用同样的方法，创建"吊耳板图块""侧板图块""后箱板图块""油管座图块""安装板30 图块""轴承座图块""筋板图块"，如图 11-3 所示。

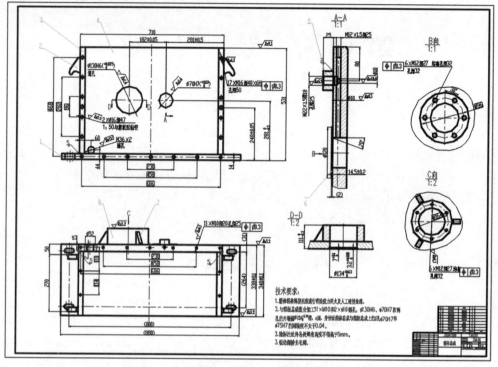

图 11-1　箱体总成装配图

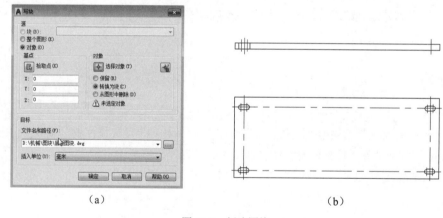

（a）　　　　　　　　　　　　　（b）

图 11-2　创建图块

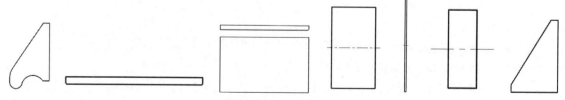

图 11-3　创建其余图块

3. 拼装装配图

（1）在"图层特性管理器"选项板中选择 CSX 图层，将该图层置为当前。

（2）单击"默认"选项卡"块"面板中的"插入"下拉列表中的"最近使用的块"选项，弹出"块"选项板，单击控制选项中的浏览按钮，选择"底板图块"，在屏幕上指定插入点，单击"确定"按钮。插入结果如图 11-4 所示。

📢 **说明：**

> 由于图纸大小等原因，某些零件图会进行比例缩放，在标题栏中已标明比例值，在插入装配图时，应统一比例，可以直接创建图块，在图块插入时还原比例为 1∶1；也可先把图形缩放成 1∶1，再创建块，插入块。

（3）单击"默认"选项卡"块"面板中的"插入"下拉列表中的"最近使用的块"选项，弹出"块"选项板，单击控制选项中的浏览按钮，选择"后箱板图块"，设置比例值为 4，在屏幕上指定插入点，插入图块。

（4）单击"默认"选项卡"修改"面板中的"分解"按钮 🗗，分解图块。

（5）单击"默认"选项卡"修改"面板中的"移动"按钮 ✛，捕捉后箱板水平边线中心，放置图块。结果如图 11-5 所示。

（6）插入块。单击"默认"选项卡"块"面板中的"插入"下拉列表中的"最近使用的块"选项，弹出"块"选项板，单击控制选项中的"浏览"按钮，选择"侧板图块"，设置比例值为 2，"旋转角度"为−90，捕捉后箱板左侧边线端点，放置图块。结果如图 11-6 所示。

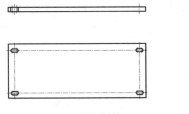 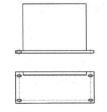 

图 11-4　插入图块　　　　11-5　移动"后箱板图块"　　　图 11-6　插入"侧板"图块

📢 **说明：**

> 图块的旋转角度设置规则为：以水平向右即为转动 0°，逆时针旋转为正角度值，顺时针旋转为负角度值。

（7）插入块。单击"默认"选项卡"块"面板中的"插入"下拉列表中的"最近使用的块"选项，弹出"块"选项板，单击控制选项中的"浏览"按钮，选择"吊耳板图块.dwg"，捕捉侧板左侧边线上端点，放置图块。结果如图 11-7 所示。

（8）移动图块。单击"默认"选项卡"修改"面板中的"移动"按钮 ✛，沿侧板左侧边线向下移动 50。结果如图 11-8 所示。

（9）插入块。单击"默认"选项卡"块"面板中的"插入"下拉列表中的"最近使用的块"选项，弹出"块"选项板，单击控制选项中的浏览按钮，将"油管座图块""安装板 30 图块""轴承座图块（比例为 4）""筋板图块"按照装配关系放置到适当位置。结果如图 11-9 所示。

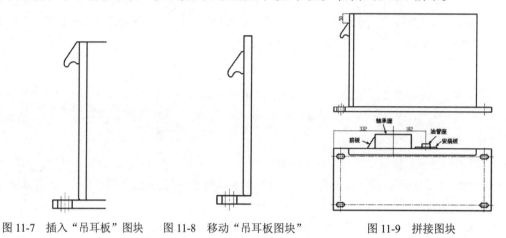

图 11-7　插入"吊耳板"图块　　图 11-8　移动"吊耳板图块"　　　　图 11-9　拼接图块

📢 **说明：**

> 设置图块的比例有以下几种方法。
> （1）在弹出的"块"选项卡中"比例"选项组下分别设置 X 向、Y 向、Z 向比例；或在"块单位"选项下"比例"文本框中输入比例值。
> （2）退出对话框，在命令行中输入 S，设置比例因子。
> （3）完成插入后，利用"缩放"按钮📐设置缩放比例。

4．补全装配图

（1）单击"默认"选项卡"绘图"面板中的"直线"按钮╱和"偏移"按钮⊆，在俯视图中绘制侧板部分，绘制竖直直线，并将直线向右偏移 25。结果如图 11-10 所示。

（2）单击"默认"选项卡"修改"面板中的"镜像"按钮⚠，向右侧镜像"侧板图块""吊耳板图块"，将其放置到"后箱板图块"右侧。绘制结果如图 11-11 所示。

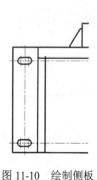

图 11-10　绘制侧板

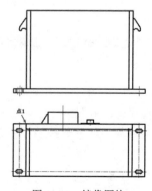

图 11-11　镜像图块

（3）单击"默认"选项卡"修改"面板中的"分解"按钮🔗，分解"底板图块"。

（4）单击"默认"选项卡"修改"面板中的"旋转"按钮↺，将"底板图块"俯视图绕中心旋转 180°。

（5）单击"默认"选项卡"绘图"面板中的"矩形"按钮▢，捕捉图 11-11 中的点 1，绘制矩形，另一交点坐标为（@-50,-20）。

（6）单击"默认"选项卡"修改"面板中的"分解"按钮🔗，分解矩形。

（7）单击"默认"选项卡"修改"面板中的"偏移"按钮⬳，将矩形左侧边线向右偏移 42，完成吊耳板俯视图绘制。结果如图 11-12 所示。

（8）单击"默认"选项卡"修改"面板中的"复制"按钮🔗和"镜像"按钮◭，将上步绘制的吊耳板俯视图向下复制 250，同时镜像复制后的结果。绘制结果如图 11-13 所示。

（9）单击"默认"选项卡"绘图"面板中的"直线"按钮╱，在轴承座图块内部绘制侧面筋板图。结果如图 11-14 所示。

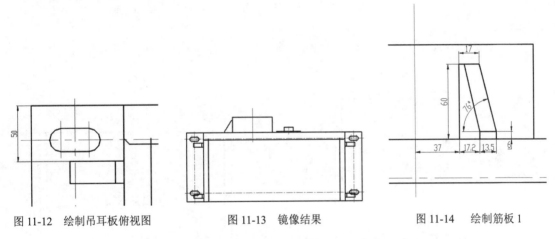

图 11-12　绘制吊耳板俯视图　　　　图 11-13　镜像结果　　　　图 11-14　绘制筋板 1

（10）在"图层特性管理器"选项板中选择 ZXX 图层，将该图层置为当前。

（11）单击"默认"选项卡"绘图"面板中的"直线"按钮╱和"偏移"按钮⬳，绘制孔定位线。结果如图 11-15 所示。

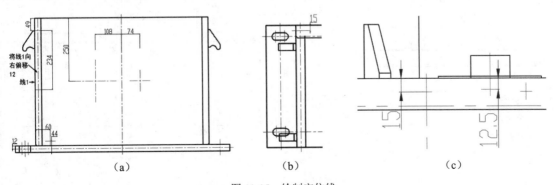

（a）　　　　　　　　　（b）　　　　　　　　　（c）

图 11-15　绘制定位线

（12）在"图层特性管理器"选项板中选择 CSX 图层，将图层置为当前。

（13）单击"绘图"工具栏中的"圆"按钮◎，在后箱板上绘制孔，尺寸设置如下。

① 孔 1：R8、R7；

② 孔 2：R8；

③ 孔 3：ϕ130；

④ 孔 4：ϕ70；

⑤ 孔 5：R18、R17；

⑥ 孔 6：R5、R4；

⑦ 孔 7：R6、R5。

绘制结果如图 11-16 所示。

（14）单击"默认"选项卡"修改"面板中的"复制"按钮❀，将孔 1 沿 Y 轴负方向复制，与第一点位移依次为 93、186、282、375、468；将孔 6 沿 Y 轴负方向复制，与第一点位移依次为 111、225；将孔 1 最下方复制结果以及俯视图中的孔 6 共同沿 X 轴正方向复制，与第一点位移依次为 114、228、343。

（15）单击"默认"选项卡"修改"面板中的"打断"按钮凸，打断、修剪中心线。结果如图 11-17 所示。

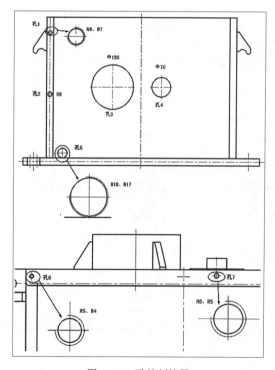

图 11-16　孔绘制结果

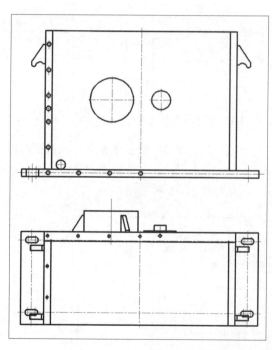

图 11-17　复制孔

（16）单击"默认"选项卡"修改"面板中的"镜像"按钮⚊，向右侧镜像孔 1、孔 2 与孔 6

阵列结果。结果如图 11-18 所示。

（17）单击"默认"选项卡"绘图"面板中的"直线"按钮／、"偏移"按钮⟪ 和"修剪"按钮
⇥，捕捉前视图孔的中心线，将中心线向两侧偏移 17、18、26，绘制孔 5 俯视图。结果如图 11-19
所示。

（18）单击"默认"选项卡"绘图"面板中的"样条曲线拟合"按钮ᴎ，绘制剖面界线。

（19）单击"默认"选项卡"绘图"面板中的"图案填充"按钮▦，选择填充边界，绘制图层
切换到 XSX。结果如图 11-20 所示。

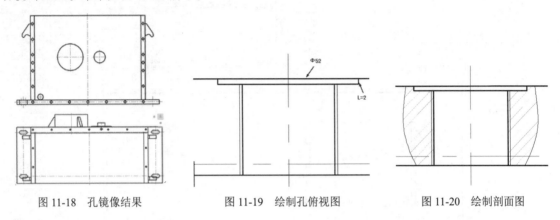

图 11-18　孔镜像结果　　　　　图 11-19　绘制孔俯视图　　　　　图 11-20　绘制剖面图

5. 修剪装配图

（1）单击"默认"选项卡"修改"面板中的"分解"按钮🗗，选择所有图块进行分解。

（2）单击"默认"选项卡"修改"面板中的"修剪"按钮⇥、"删除"按钮✐ 与"打断于点"
按钮▭等，对装配图进行细节修剪。结果如图 11-21 所示。

📢 说明：

> 　修剪规则：装配图中两个零件接触表面只绘制一条实线，非接触表面以及非配合表面绘制两条实
> 线；两个或两个以上零件的剖面图相互连接时，需要使其剖面线各不相同，以便区分，但同一个零件在
> 不同位置的剖面线必须保持一致。

6. 绘制焊缝

（1）单击"默认"选项卡"修改"面板中的"复制"按钮🎨、"镜像"按钮⟁ 和"绘图"面板
中的"图案填充"按钮▦，绘制焊缝。结果如图 11-22 所示。

（2）单击"插入"选项卡"块定义"面板中"创建块"下拉列表中的"写块"按钮🗗，弹出"写
块"对话框，选择单面焊缝，创建"焊缝 5 图块"。

（3）单击"默认"选项卡"修改"面板中的"缩放"按钮⬚，选择绘制完成的视图，输入比
例为 0.5。

（4）单击"默认"选项卡"修改"面板中的"移动"按钮✢，分别捕捉前视图与俯视图左下角
点将其移动到（135,470）、（135,100）。绘制结果如图 11-23 所示。

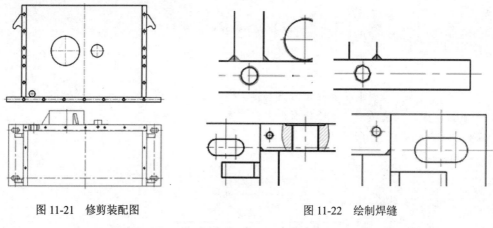

图 11-21　修剪装配图　　　　　　　　　　　　　　图 11-22　绘制焊缝

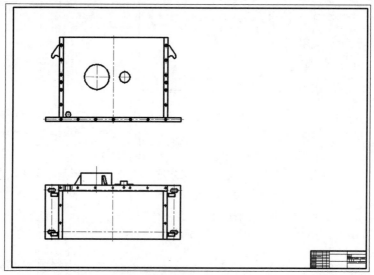

图 11-23　视图放置结果

7. 绘制剖视图 *A-A*

绘制螺纹孔图块。

（1）单击"默认"选项卡"绘图"面板中的"直线"按钮 ╱，在空白处绘制螺纹孔轮廓。结果如图 11-24 所示。

（2）单击"插入"选项卡"块定义"面板中"创建块"下拉列表中的"写块"按钮 ，弹出"写块"对话框，创建块"螺纹孔 M22 图块"。

（3）单击"默认"选项卡"块"面板中的"插入"按钮 ，插入"后箱板图块"，设置"旋转角度"为 90°，"比例"为 4，将图块放置到空白处。

（4）使用同样的方法继续插入"油管座图块""安装板 30 图块""螺纹孔 M22 图块"。

（5）单击"默认"选项卡"修改"面板中的"移动"按钮 ✛，按图 11-25 配合图块。

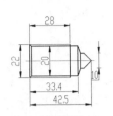

图 11-24 绘制螺纹孔

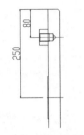

图 11-25 放置图块

🔊 说明：

打开"线宽"，图形显示线宽，可以更直观、生动的显示绘制结果；但在某些局部区域由于线宽会遮盖图形，不利于图形显示；因此，本章在绘图过程中不再赘述线宽的打开与关闭。读者在绘图过程中可灵活使用此命令，合理显示图形。

（6）单击"默认"选项卡"绘图"面板中的"样条曲线拟合"按钮∿，在 XSX 图层绘制剖面线。

（7）单击"默认"选项卡"修改"面板中的"分解"按钮，分解图块。

（8）单击"默认"选项卡"修改"面板中的"删除"按钮，删除多余对象。结果如图 11-26 所示。

（9）单击"默认"选项卡"修改"面板中的"偏移"按钮，将线 1 向右偏移 6.5、7.5、12.5、17.5、18.5；将线 2 向下偏移 25；将线 3 分别向两侧偏移 35。

（10）单击"默认"选项卡"修改"面板中的"倒角"按钮和"镜像"按钮⚠，选择安装板部分，距离为 2，倒角为 20°。

（11）单击"修改"工具栏中的"修剪"按钮，修剪图形。结果如图 11-27 所示。

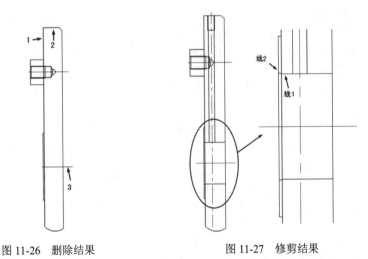

图 11-26 删除结果   图 11-27 修剪结果

（12）在"图层特性管理器"选项板中选择 XSX 图层，将该图层置为当前。

（13）单击"默认"选项卡"绘图"面板中的"图案填充"按钮▨，弹出"图案填充与渐变色"对话框，选择"样例"为ASI31，颜色为"绿色"，"角度"为0，"比例"为2，单击"拾取点"按钮▦，在图中选择后箱板部分；完成选择后，按回车键，返回对话框，设置"角度"为90，其余参数设置不变，单击"拾取点"按钮▦，在图中选择其余部分。填充结果11-28所示。

（14）单击"默认"选项卡"块"面板中的"插入"下拉列表中的"最近使用的块"选项，弹出"块"选项板，单击控制选项中的浏览按钮，选择"焊缝5图块"，比例设置为0.4，在屏幕上指定适当插入点和旋转角度，将该图块插入图形中。绘制结果如图11-29所示。

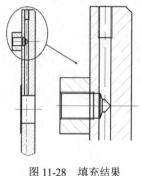

图 11-28　填充结果

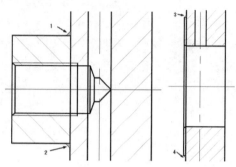

图 11-29　绘制焊缝

8. 绘制 B 向视图

（1）在"图层特性管理器"选项板中选择 ZXX 图层，将该图层置为当前。

（2）单击"默认"选项卡"绘图"面板中的"直线"按钮╱，在空白处绘制竖直、水平两条相交中心线。

📢 **说明:**

> 中心线的作用是确定零件三视图的布置位置和主要结构的相对位置，长度不需要很精确，可以根据需要随时调整其长度，相互之间的间距则要根据中心线所表示的具体含义来分别对待。简单而言，视图之间的中心线间距不必精确设置，同一视图内的中心线间距必须准确。

（3）在"图层特性管理器"选项板中选择 CSX 图层，将该图层置为当前。

单击"默认"选项卡"绘图"面板中的"圆"按钮⊙，捕捉步骤（2）绘制的相交中心线交点，分别绘制 $\phi120$、$\phi96$，$\phi70$ 的圆，其中 $\phi96$ 的圆在 ZXX 图层上。

（4）单击"默认"选项卡"绘图"面板中的"圆"按钮⊙，捕捉 $\phi96$ 的圆与水平中心线的交点作为圆心，绘制 $\phi12$、$\phi10$ 的圆。结果如图 11-30 所示。

（5）单击"默认"选项卡"修改"面板中的"打断"按钮▯和"打断与点"按钮▯，打断 $\phi12$ 的圆与水平中心线，将圆弧放置在 XSX 层。结果如图 11-31 所示。

📢 **说明:**

> 执行"打断"命令，按照逆时针方向，删除所选两点间图元时，如图 11-31 中选择打断点时，先选择左上点，再选择左下点，删除小圆弧；反之，则删除大圆弧。

（6）单击"默认"选项卡"修改"面板中的"环形阵列"按钮 ⊶，阵列 $\phi12$ 的圆、$\phi10$ 的圆弧、打断的水平中心线，阵列个数为 6。结果如图 11-32 所示。

📢 说明：

> 也可以直接利用"圆弧"命令绘制 $\phi12$ 的圆弧。

（7）在"图层特性管理器"选项板中选择 XSX 图层，将该图层置为当前。

（8）单击"默认"选项卡"绘图"面板中的"样条曲线拟合"按钮 ∿，绘制 B 向视图边界。结果如图 11-33 所示。

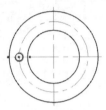

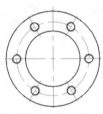

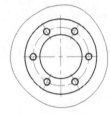

图 11-30　绘制圆　　　图 11-31　打断圆与直线　　　图 11-32　阵列圆　　　图 11-33　绘制 B 向视图边界

9. 绘制 C 向视图

按照绘制 B 向视图的方法绘制 C 向视图，其中，圆尺寸值为 $\phi200$、$\phi164$、$\phi130$、$\phi12$、$\phi10$，C 向视图比例为 1：2，绘图时尺寸减半。结果如图 11-34 所示。

（1）单击"默认"选项卡"修改"面板中的"偏移"按钮 ⊑ 和"绘图"面板中的"直线"按钮 ∕，将线 1 向两侧各偏移 5，连接偏移线与外圆交点 1、2，绘制竖直直线，将竖直直线右偏移 3、20。结果如图 11-35 所示。

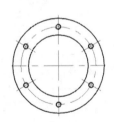

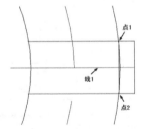

图 11-34　绘制 C 向视图　　　　　　　　图 11-35　偏移直线 1

（2）单击"默认"选项卡"修改"面板中的"延伸"按钮 ⟶，延伸、修剪筋板。结果如图 11-36 所示。

（3）单击"默认"选项卡"修改"面板中的"环形阵列"按钮 ⊶，阵列步骤（2）修剪的筋板部分，阵列个数为 3。结果如图 11-37 所示。

（4）在"图层特性管理器"选项板中选择 XSX 图层，将该图层置为当前。

（5）单击"默认"选项卡"绘图"面板中的"样条曲线拟合"按钮 ∿，绘制 C 向视图边界。结果如图 11-38 所示。

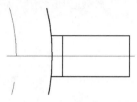
图 11-36　绘制筋板 2

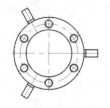
图 11-37　阵列筋板

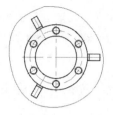
图 11-38　绘制样条曲线

📢 说明：

> 若绘图比例不是 1∶1 时，读者可按照标注把实际尺寸减半，但若图形复杂，尺寸计算过于烦琐；也可按原尺寸绘制图形，利用缩放命令，按比例缩放图形；根据不同情况，读者可自行选择方法。

10. 绘制剖视图 *D-D*

（1）单击"默认"选项卡"修改"面板中的"复制"按钮，复制俯视图中轴承座与筋板部分到空白处。

（2）单击"默认"选项卡"绘图"面板中的"圆弧"按钮，绘制剖视图边界。结果如图 11-39 所示。

📢 说明：

> 在绘制图形过程中，为节省时间与人工，对某些相似图形，可以直接复制，在此基础上进行修改。

（3）单击"默认"选项卡"修改"面板中的"偏移"按钮，将中心线分别向两侧偏移 33.5、1，将水平直线 1 向上偏移 1.9、3.5。结果如图 11-40 所示。

（4）单击"默认"选项卡"修改"面板中的"修剪"按钮，修剪偏移直线。结果如图 11-41 所示。

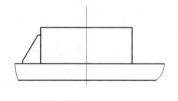
图 11-39　复制图形

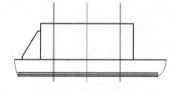
图 11-40　偏移直线 2

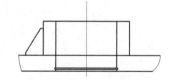
图 11-41　修剪直线

（5）单击"默认"选项卡"绘图"面板中的"图案填充"按钮，弹出"图案填充与渐变色"对话框，选择"样例"为 ASI31，颜色为绿色，"角度"为 0，"比例"为 2，单击"拾取点"按钮，在图中选择后箱板部分；完成选择后，按 Enter 键，返回对话框，设置"角度"为 90，其余参数设置不变，单击"拾取点"按钮，在图中选择轴承座部分。填充结果 11-42 所示。

（6）单击"默认"选项卡"修改"面板中的"延伸"按钮和"绘图"面板中的"图案填充"按钮，绘制焊缝。绘制结果如图 11-43 所示。

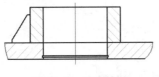

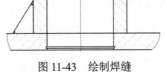

图 11-42 填充结果   图 11-43 绘制焊缝

练习提高 实例 140——球阀装配图视图

利用装配图视图的绘制方法，绘制如图 11-44 所示的球阀装配图的视图，其流程如图 11-45 所示。

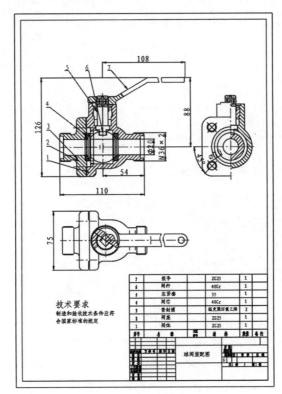

图 11-44 球阀装配图

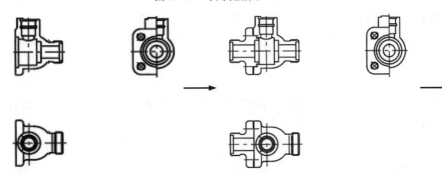

图 11-45 球阀装配图视图

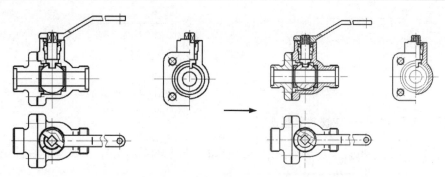

图 11-45　球阀装配图视图（续）

扫一扫，看视频

📋 **思路点拨：**

（1）插入阀体平面图。
（2）依次插入各个零件图并适当修改，修剪掉重叠的图线。
（3）图案填充。

完全讲解　实例 141——箱体总成装配图

本实例在实例 139 的基础上进行操作，完成如图 11-1 所示的箱体总成装配图。主要工作是标注尺寸、添加文字说明、绘制明细表和标题栏。

🪑 **操作步骤：**

1．无公差尺寸标注 1

在"图层特性管理器"选项板中选择 BZ 图层，将该图层置为当前。

（1）设置装配体尺寸标注样式。单击"默认"选项卡"注释"面板中的"标注样式"按钮，弹出"标注样式管理器"对话框。单击"新建"按钮，系统弹出"创建新标注样式"对话框，创建"装配体尺寸标注"样式。单击"继续"按钮，系统弹出"新建标注样式：装配体尺寸标注"对话框，其中在"线"选项卡中，设置尺寸线和尺寸界线的"颜色"为 Bylayer 其余设置默认。在"符号和箭头"选项卡中，设置"箭头大小"为 5，其余设置默认。在"文字"选项卡中，设置"颜色"为 Bylayer，文字高度为 10，在"文字对齐"选项组下选中"与尺寸线对齐"单选按钮，其余设置默认。其余选项卡设置默认，如图 11-46 所示。

（2）标注无公差基本尺寸。

① 单击"默认"选项卡"注释"面板中的"线性"按钮，标注基本尺寸 25、80。结果如图 11-47 所示。

② 标注无公差参考尺寸。单击"默认"选项卡"注释"面板中的"线性"按钮，标注参考尺寸 2，输入（2）。结果如图 11-48 所示。

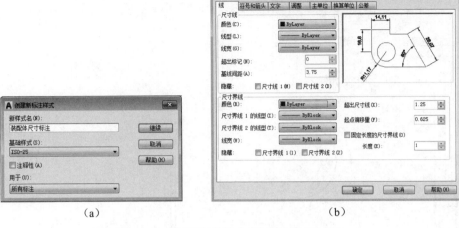

（a）　　　　　　　　　　　　　　　　（b）

图 11-46　创建新标注样式"装配体尺寸标注"

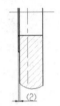

图 11-47　标注尺寸　　　　　　图 11-48　标注参考尺寸

（3）标注无公差孔尺寸。

① 单击"默认"选项卡"注释"面板中的"线性"按钮⊢⊣，标注孔 φ12，输入"M12×1.5 深 25"；

② 单击"默认"选项卡"注释"面板中的"线性"按钮⊢⊣，标注孔 φ22，输入"M22×1.5 深 18 孔深 25"；

③ 单击"默认"选项卡"注释"面板中的"直径"按钮⊘，选择外圆弧，标注孔 φ12，输入"6-M12 深 27 均布孔深 32"；

④ 单击"默认"选项卡"注释"面板中的"线性"按钮⊢⊣，标注孔 φ10，输入%%C10；

⑤ 单击"默认"选项卡"注释"面板中的"线性"按钮⊢⊣，标注孔 φ120，输入%%C120，结果如图 11-49 所示。

（4）标注无公差角度尺寸。单击"默认"选项卡"注释"面板中的"角度"按钮△，标注安装板倒角角度为 20°。结果如图 11-50 所示。

2. 带公差尺寸标注

（1）设置带公差标注样式。单击"默认"选项卡"注释"面板中的"标注样式"按钮┗┛，创建"装配体尺寸标注（带公差）"样式，基础样式为"装配体尺寸标注"。在"创建新标注样式"对话框中，单击"继续"按钮，在弹出的"新建标注样式"对话框中，打开"公差"选项卡，设置"方式"为"对称"，"精度"为 0.000，"上偏差"为 0.2，在"消零"选项组下勾选"后续"复选框，其余设置默认，如图 11-51 所示。并将"装配体尺寸标注（带公差）"样式设置为当前使用的标注样式。

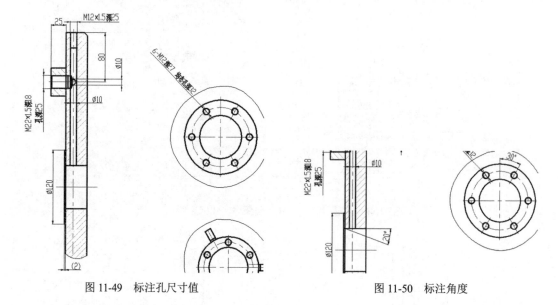

图 11-49　标注孔尺寸值　　　　　　　　　　图 11-50　标注角度

（2）标注带公差线性尺寸。单击"默认"选项卡"注释"面板中的"线性"按钮，标注带公差尺寸。结果如图 11-52 所示。

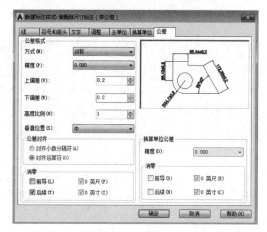

图 11-51　创建新标注样式"装配体尺寸标注（带公差）"

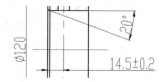

图 11-52　标注带公差尺寸

（3）替代带公差标注样式。单击"默认"选项卡"注释"面板中的"标注样式"按钮，单击"替代"按钮，基础样式为"装配体尺寸标注（带公差）"。在弹出的"替代标注样式"对话框中，打开"文字"选项卡，勾选"绘制文字边框"复选框，其余设置默认，如图 11-53 所示。

（4）标注理论正确值。单击"默认"选项卡"注释"面板中的"直径"按钮，标注主视图中圆理论正确值 $\phi 96$。结果如图 11-54 所示。

图 11-53　替代标注样式"装配体尺寸标注（带公差）"

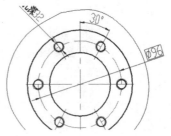

图 11-54　标注直径

3．无公差尺寸标注 2

（1）设置带比例标注样式。单击"默认"选项卡"注释"面板中的"标注样式"按钮，创建"装配体尺寸标注 2"样式，基础样式为"装配体尺寸标注"。在"创建新标注样式"对话框中，单击"继续"按钮，在弹出的"新建标注样式"对话框中，打开"主单位"选项卡，设置"比例因子"为 2，其余设置默认，如图 11-55 所示。并将"装配体尺寸标注 2"样式设置为当前使用的标注样式。

📢 说明：

> 《机械制图》国家标准中规定，标注的尺寸值必须是零件的实际值，而不是在图形上的值。这里之所以修改标注样式，是因为在实例 130 中进行最后的操作时将图形整体缩小了一半。在此将比例因子设置为 2，标注出的尺寸数值刚好恢复为原来绘制时的数值。

（2）标注孔定位尺寸。单击"默认"选项卡"注释"面板中的"线性"按钮，标注孔定位尺寸依次为 60、44、14、15。结果如图 11-56 所示。

图 11-55　创建新标注样式"装配体尺寸标注 2"

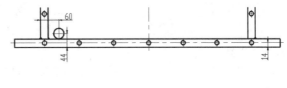
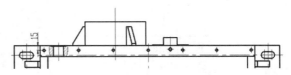

图 11-56　标注孔定位尺寸

（3）标注外轮廓尺寸。

① 单击"默认"选项卡"注释"面板中的"线性"按钮├─┤，标注主视图水平总尺寸 710；

② 单击"默认"选项卡"注释"面板中的"线性"按钮├─┤，标注主视图竖直总尺寸 531；

③ 单击"默认"选项卡"注释"面板中的"线性"按钮├─┤，标注俯视图竖直尺寸 50、270、2。结果如图 11-57 所示。

（4）标注参考尺寸。单击"默认"选项卡"注释"面板中的"线性"按钮├─┤，标注主视图竖直参考尺寸 31，输入（31）；使用同样的方法继续标注其余参考尺寸。结果如图 11-58 所示。

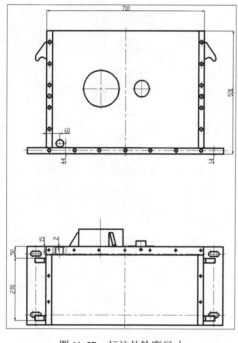

图 11-57　标注外轮廓尺寸

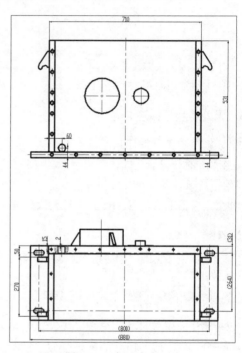

图 11-58　标注参考尺寸

（5）标注孔。

① 单击"默认"选项卡"注释"面板中的"线性"按钮├─┤，标注俯视图孔尺寸 φ52。结果如图 11-59 所示。

② 单击"默认"选项卡"注释"面板中的"直径"按钮◯，标注主视图 φ16 孔，输入"2× φ16 深 47"。结果如图 11-60 所示。

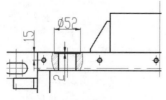

图 11-59　标注孔尺寸 φ52

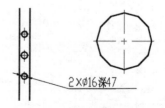

图 11-60　标注 φ16 孔

③ 使用同样的方法继续标注其余孔。结果如图 11-61 所示。

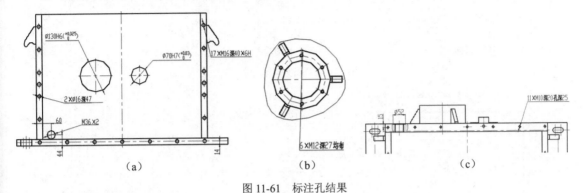

图 11-61　标注孔结果

4．带公差标注样式 2

（1）设置基本尺寸标注样式 2。单击"默认"选项卡"注释"面板中的"标注样式"按钮 ，创建"装配体尺寸标注 2（带公差）"样式，基础样式为"装配体尺寸标注 2"。在"创建新标注样式"对话框中，单击"继续"按钮，在弹出的"新建标注样式：装配体尺寸标注 2（带公差）"对话框中，打开"公差"选项卡，设置"方式"为"对称"，"精度"为 0.000，其余设置默认，如图 11-62 所示。并将"装配体尺寸标注 2（带公差）"样式设置为当前使用的标注样式。

（2）单击"默认"选项卡"注释"面板中的"线性"按钮 ，标注带对称偏差的尺寸。结果如图 11-63 所示。

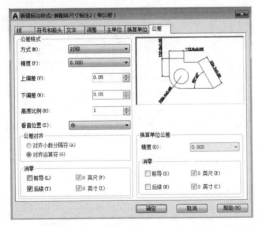

图 11-62　创建新标注样式"装配体尺寸标注 2（带公差）"

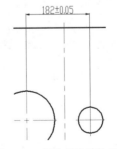

图 11-63　标注带公差的尺寸

（3）单击"替代"按钮，在"公差"选项卡中修改"上偏差"值依次为 0.5、0.1，选择不同尺寸。结果如图 11-64 所示。

（4）单击"替代"按钮，在"公差"选项卡中选择"方式"为"极限偏差"，设置"精度"为 0.000，"高度比例"为 0.67，为不同尺寸设置不同上、下偏差值。结果如图 11-65 所示。

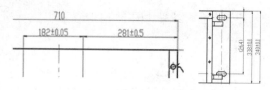

图 11-64　标注其余尺寸

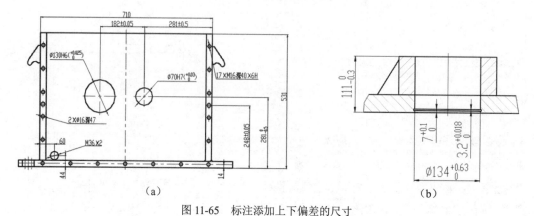

(a)　　　　　　　　　　　　　(b)

图 11-65　标注添加上下偏差的尺寸

（5）使用同样的方法，在"公差"选项卡中选择"方式"为"基本尺寸"，标注参考尺寸值。结果如图 11-66 所示。

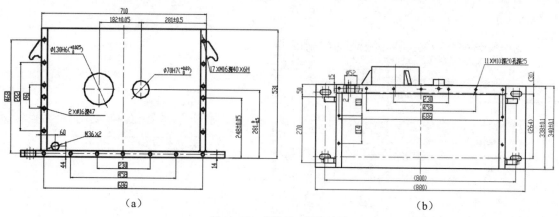

（a）　　　　　　　　　　　　（b）

图 11-66　参考尺寸标注结果

（6）单击"替代"按钮，在"公差"选项卡中选择"方式"为"无"，在"文字"选项卡中选择"ISO 标准"，其余参数默认。

（7）单击"注释"选项卡"标注"面板中的"更新"按钮，选取视图中孔尺寸标注，修改文字对齐方式。结果如图 11-67 所示。

（8）单击"默认"选项卡"注释"面板中的"多行文字"按钮**A**，补充标注文字说明。结果如图 11-68 所示。

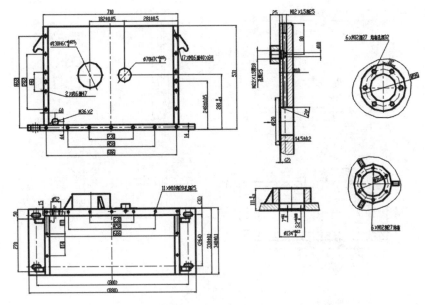

图 11-67 更新标注

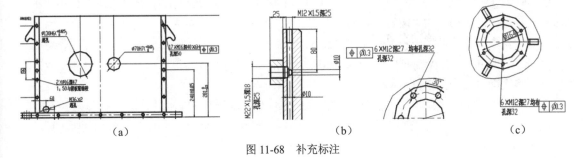

（a） （b） （c）

图 11-68 补充标注

（9）添加几何公差。

① 单击"注释"选项卡"标注"面板中的"公差"按钮▣，弹出"形位公差"对话框，如图 11-69 所示。单击"符号"，弹出"特征符号"对话框，选择一种形位公差符号。在符号、公差 1 文本框中输入符号与公差值，单击"确定"按钮。结果如图 11-70 所示。

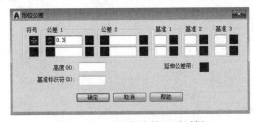

图 11-69 "形位公差"对话框

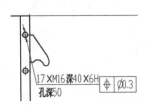

图 11-70 添加形位公差结果

② 单击"默认"选项卡"修改"面板中的"复制"按钮，将几何公差添加到对应位置。结果如图 11-71 所示。

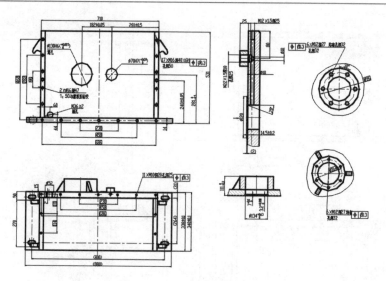

图 11-71　添加其余几何公差

（10）添加表面结构的图形符号。

① 单击"默认"选项卡"块"面板中的"插入"下拉列表中的"最近使用的块"选项，弹出"块"选项板，单击控制选项中的"浏览"按钮，选择"粗糙度符号 3.2"图块，设置比例为 2，在绘图区适当位置放置表面结构的图形符号。结果如图 11-72 所示。

② 使用同样的方法继续插入表面结构的图形符号，设置不同值为 1.6、6.3、12.5，比例为 2，以不同角度将表面结构的图形符号插入视图。

③ 单击"默认"选项卡"块"面板中的"插入"下拉列表中的"最近使用的块"选项，弹出"块"选项板，单击控制选项中的"浏览"按钮，选择"不去除材料的图形符号"图块，插入标题栏上方。结果如图 11-73 所示。

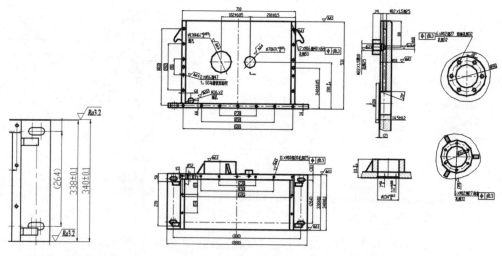

图 11-72　插入表面结构的图形符号　　　　　图 11-73　插入表面结构的图形符号

5. 设置文字样式

在"图层特性管理器"选项板中选择 WZ 图层，将该图层置为当前。

（1）单击"默认"选项卡"注释"面板中的"文字样式"按钮**A**，将"长仿宋"文字样式置为当前。

（2）插入视图文字。

① 单击"默认"选项卡"绘图"面板中的"直线"按钮╱、"块"面板中的"插入"按钮，插入"剖切符号""剖面 *A*""剖视图 *A-A*"图块，比例为 2。

② 单击"默认"选项卡"修改"面板中的"复制"按钮和"分解"按钮，分解图块，修改为"*D-D*""*C* 向""*D* 向"等。

③ 单击"默认"选项卡"修改"面板中的"旋转"按钮↻、"镜像"按钮⚖，在绘图区适当位置插入视图名称。结果如图 11-74 所示。

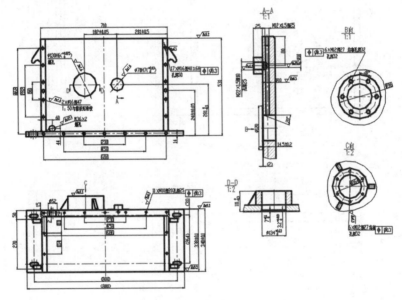

图 11-74　添加视图说明文字

6. 绘制焊接符号

（1）单击"默认"选项卡"绘图"面板中的"多段线"按钮和"注释"面板中的"多行文字"按钮**A**，绘制焊接标注，输入焊角尺寸为 5。结果如图 11-75 所示。

（2）单击"插入"选项卡"块定义"面板中"创建块"下拉列表中的"写块"按钮，弹出"写块"对话框，如图 11-76 所示，创建"焊接标注 5"图块。

（3）单击"默认"选项卡"块"面板中的"插入"下拉列表中的"最近使用的块"选项，弹出"块"选项板，单击控制选项中的"浏览"按钮，选择"焊接标注 5"图块，在适当位置插入图块，单击"修改"面板中的"分解"按钮，修改焊角尺寸。结果如图 11-77 所示。

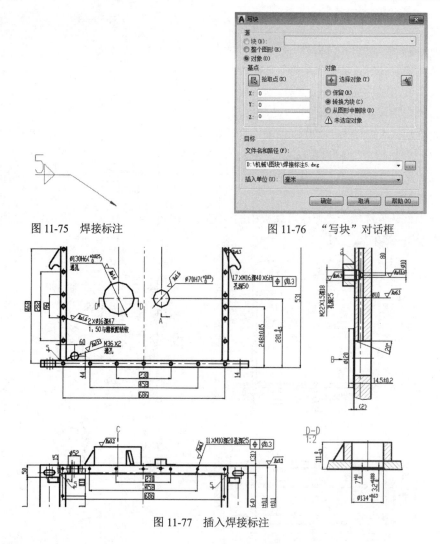

图 11-75　焊接标注　　　　　　　　　　图 11-76　"写块"对话框

图 11-77　插入焊接标注

7. 标注零件号

（1）在"图层特性管理器"选项板中选择 XH 图层，将该图层置为当前。

（2）在命令行中输入 QLEADER 命令，利用引线标注设置零件序号。命令行提示与操作如下：

```
命令：QLEADER
指定第一个引线点或 [设置(S)] <设置>：S    （弹出"引线设置"对话框，打开"引线和箭头"选项卡，在"箭头"下拉列表中选择"小点"；打开"附着"选项卡，勾选"最后一行加下划线"复选框，如图 11-78 所示。）
指定第一个引线点或 [设置(S)] <设置>：  <正交 关>
指定下一点：
指定下一点：
指定文字宽度 <12>：14
输入注释文字的第一行 <多行文字(M)>：1
输入注释文字的下一行：
```

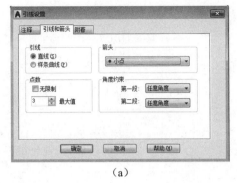
（a）

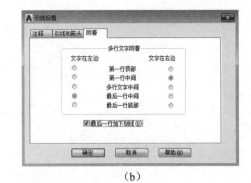
（b）

图 11-78 "引线设置"对话框

结果如图 11-79 所示。

（3）使用同样的方法，标注其余零件序号。结果如图 11-80 所示。

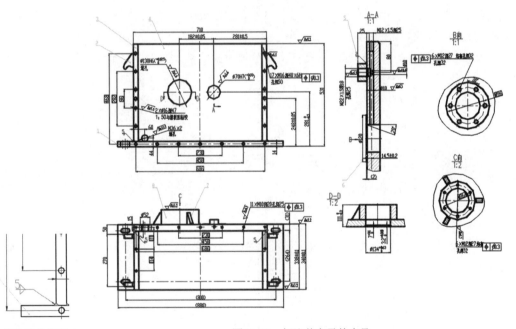

图 11-79 标注零件序号 1   图 11-80 标注其余零件序号

📢 **注意：**

> 装配图中所有零件和组件都必须编写序号。装配图中一个零件或组件只编写一个序号，同一装配图中相同的零件编写相同的序号，而且一般只标注一次。装配图中零件序号应与明细栏中序号一致。
> 零部件序列号应沿水平或垂直方向按顺时针（或逆时针）方向顺次排列整齐，并尽可能均匀分布。

📢 **说明：**

> 序号的字高比尺寸数字大一号或两号。

8. 添加技术要求

（1）在"图层特性管理器"选项板中选择 WZ 图层，将该图层置为当前。

（2）单击"默认"选项卡"注释"面板中的"多行文字"按钮A，添加技术要求如下：

🔊 **说明：**

> （1）箱体焊接后应进行消除应力回火及人工时效处理。
>
> （2）与箱板总成组合加工 11×M10 和 2×ϕ16 销孔，ϕ130H6、ϕ70H7 和两孔的外端面 ϕ134+0.63/0 槽，a 面，并保证箱体总成与箱板总成上的 2 孔 ϕ70H7 和 ϕ75H7 的同轴度不大于 0.04。
>
> （3）除标注处外各处焊角高度不得高于 5mm。
>
> （4）锐边倒棱去毛刺。

9. 绘制明细表

（1）单击"默认"选项卡"绘图"面板中的"直线"按钮／和"注释"面板中的"多行文字"按钮A，绘制明细表标题，其中，表格高为 7，总长为 120，小格长依次为 12、38、28、12、30，文字高度为 4，如图 11-81 所示。

（2）使用同样的方法，标注标题栏上方明细表。结果如图 11-82 所示。

8	SW.032	箱板	1	
7	SW.031	轴承座	1	
6	SW.030	安装板	1	
5	SW.029	油管座	1	
4	SW.028	后箱板	1	
3	SW.027	侧板	2	
2	SW.026	吊耳板	4	
1	SW.025	底板	1	
序号	代号	名称	数量	备注

序号	代 号	名 称	数量	备 注

图 11-81　绘制明细表标题　　　　　　　图 11-82　填写明细表

10. 标注标题栏

（1）单击"默认"选项卡"注释"面板中的"多行文字"按钮A，标注标题栏。结果如图 11-83 所示。

图 11-83　标注标题栏

（2）单击"快速访问"工具栏中的"保存"按钮💾，保存文件。零件最终结果如图 11-44 所示。

练习提高　实例 142——球阀装配图

利用完整的部件装配图的绘制方法，在实例 140 的基础上对如图 11-44 所示的球阀装配图进行后续绘制，其流程如图 11-84 所示。

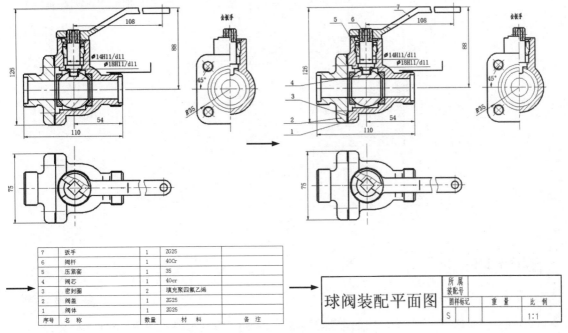

7	扳手	1	ZG25	
6	阀杆	1	40Cr	
5	压紧套	1	35	
4	阀芯	1	40cr	
3	密封圈	2	填充聚四氟乙烯	
2	阀盖	1	ZG25	
1	阀体	1	ZG25	
序号	名 称	数量	材 料	备 注

球阀装配平面图	所属装配号			
	图样标记	重 量	比 例	
	S		1:1	

图 11-84 球阀装配图标注

思路点拨：

（1）标注尺寸。
（2）绘制并填写明细表。
（3）填写技术要求和标题栏。

11.2 总装配图

总装配图是表达一个机器或者机构最终的装配图纸，往往比较复杂，有时是在部件装配图基础上进一步绘制完成的。

本节通过讲解两个总装配图的绘制过程帮助读者掌握机械工程制图中总装配图的一般绘制过程。

完全讲解 实例 143——变速器试验箱体总成 1 视图

如图 11-85 所示为要绘制的变速器试验箱体总成 1 装配图。该装配图的视图由一个主视图结合一些必要的尺寸和文字说明来描述。本实例介绍其视图的绘制过程。

扫一扫，看视频

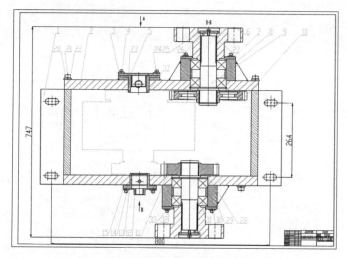

图 11-85　变速器试验箱体总成 1 装配图

操作步骤：

1. 新建文件

（1）单击"快速访问"工具栏中的"新建"按钮□，系统打开"选择样板"对话框，选择"A0 样板图模板.dwt"样板文件为模板，单击"打开"按钮，进入绘图环境。

（2）单击"快速访问"工具栏中的"保存"按钮□，弹出"另存为"对话框，输入文件名称"SW.01_1 变速器试验箱体总成"，单击"确定"按钮，退出对话框。

2. 创建图块

（1）单击"快速访问"工具栏中的"打开"按钮□，打开"SW.03 箱体总成"文件，关闭 BZ、XH、WZ 图层。

（2）单击"插入"选项卡"块定义"面板中"创建块"下拉列表中的"写块"按钮□，弹出"写块"对话框，分别选择前视图、俯视图中的图形，创建"箱体前视图块""箱体俯视图块"，如图 11-86 所示。

（3）单击"快速访问"工具栏中的"打开"按钮□，打开"SW.04 箱板总成"文件，关闭 BZ、XH、WZ 图层。

（4）单击"插入"选项卡"块定义"面板中"创建块"下拉列表中的"写块"按钮□，弹出"写块"对话框，分别选择前视图、俯视图中的图形，创建"箱板前视图块""箱板俯视图块"，如图 11-87 所示。

（5）使用同样的方法，创建"前端盖左视图块""花键套图块"（左视图）、"联接盘主视图块""联接盘左视图块""端盖图块"（主视图）、"支撑套图块""轴图块""输入齿轮图块""输出齿轮图块""后端盖主视图块""后端盖左视图块""配油套图块"（左视图）、"箱盖图块"（左视图）。

(a)

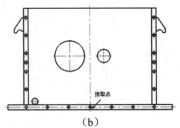
(b)

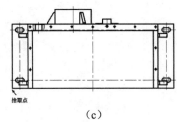
(c)

图 11-86　创建图块 1

(a)

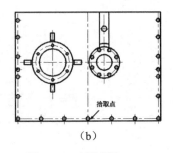
(b)

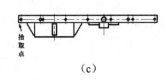
(c)

图 11-87　创建图块 2

3. 拼装装配图

（1）在"图层特性管理器"选项板中选择 CSX 图层，将该图层置为当前。

（2）单击"默认"选项卡"块"面板中的"插入"下拉列表中的"最近使用的块"选项，弹出"块"选项板，如图 11-88 所示，单击控制选项中的"浏览"按钮，选择"箱体俯视图块"，在屏幕上指定插入点、比例和旋转角度，插入时选择适当的插入点、比例和旋转角度，将该图块插入图形中，如图 11-89 所示。

（3）单击"默认"选项卡"块"面板中的"插入"下拉列表中的"最近使用的块"选项，弹出"块"选项板，单击控制选项中的"浏览"按钮，选择"箱板俯视图块"，在屏幕上指定插入点、比例和旋转角度，插入时选择适当的插入点、比例和旋转角度，将该图块插入图形中。结果如图 11-90 所示。

图 11-88 "块"选项板

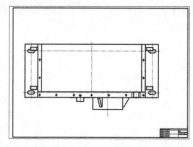

图 11-89 插入结果

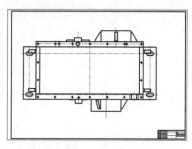

图 11-90 插入图块 1

4. 整理装配图

（1）单击"默认"选项卡"修改"面板中的"分解"按钮，分解图块。

（2）单击"默认"选项卡"修改"面板中的"删除"按钮和"修剪"按钮，适当修剪图块。结果如图 11-91 所示。

（3）插入块。继续执行"插入块"命令，打开"插入"对话框。单击"浏览"按钮，弹出"选择图形文件"对话框，选择"花键套图块.dwg""前端盖左视图图块.dwg"。设定插入属性，"旋转角度"为 90°，放置图块。结果如图 11-92 所示。

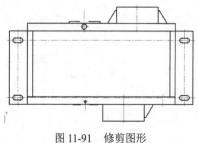

图 11-91 修剪图形

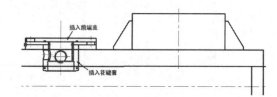

图 11-92 插入图块 2

（4）插入块。继续执行"插入块"命令，插入其余图块。结果如图 11-93 所示。

（5）插入块。打开"插入"对话框，选择绘制完成的螺栓组图块。结果如图 11-94 所示。

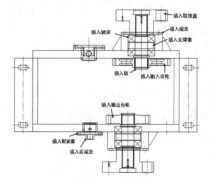

图 11-93 插入其余图块

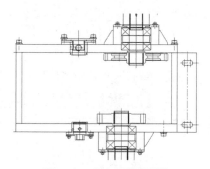

图 11-94 插入螺栓组图块

（6）单击"默认"选项卡"修改"面板中的"分解"按钮 ，分解插入的图块。

（7）单击"默认"选项卡"修改"面板中的"删除"按钮 和"修剪"按钮 ，修剪多余图线，如图 11-95 所示。

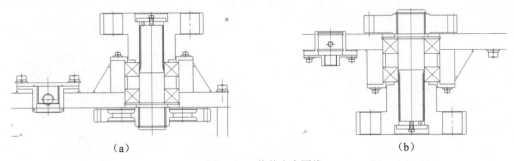

（a） （b）

图 11-95 修剪多余图线

（8）打开"图层特性管理器"选项板，新建 XX 图层，加载的线型为 ACAD_IS002W100，颜色为"绿色"，其余参数默认，并将该图层置为当前。单击"绘图"工具栏中的"多段线"按钮 ，绘制箱体配合。结果如图 11-96 所示。

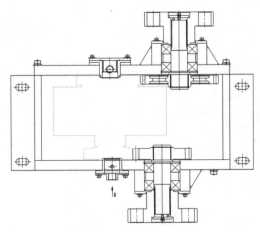

图 11-96 补充装配图

（9）打开"图层特性管理器"选项板，新建 TC 图层，颜色为"洋红"，其余参数默认，并将该图层置为当前。

（10）单击"默认"选项卡"绘图"面板中的"图案填充"按钮 ，弹出"图案填充创建"选项板，如图 11-97 所示，选择 ANSI31 图案样式，单击"边界"选项组下"拾取点"按钮 ，设置不同比例，不同角度，在绘图区选择边界，单击"确定"按钮，退出对话框。填充结果如图 11-98 所示。

图 11-97 "图案填充创建"选项板

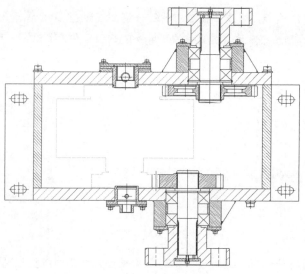

图 11-98　填充结果

练习提高　实例 144——变速器试验箱体总成 2 视图

　　利用总装配图视图的绘制方法，绘制如图 11-99 所示的变速器试验箱体总成 2 的视图，其流程如图 11-100 所示。

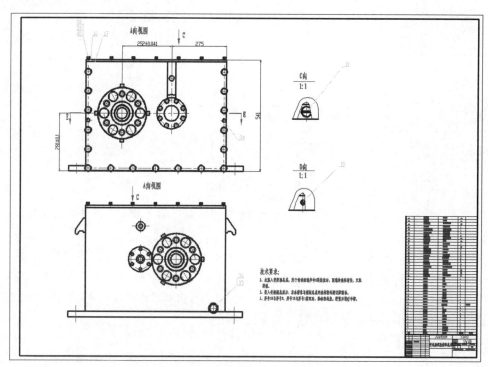

图 11-99　变速器试验箱体总成 2

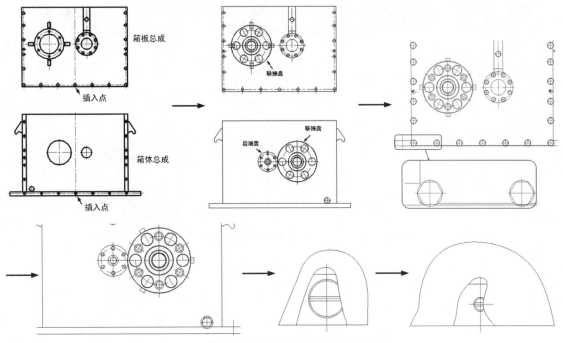

图 11-100 变速器试验箱体总成 2 视图

思路点拨：

（1）先设置图层，然后插入箱体图块。
（2）依次插入各个零件图并适当修改，修剪掉重叠的图线。
（3）绘制几个局部放大图。

完全讲解 实例 145——变速器试验箱体总成 1 装配图

扫一扫，看视频

本实例 143 的基础上进行操作，完成如图 11-85 所示的变速器试验箱体总成 1 装配图，主要工作是标注尺寸、标注零件序号、添加文字说明和填写标题栏。

操作步骤：

1. 标注视图尺寸

（1）在"图层特性管理器"选项板中选择 BZ 图层，将该图层置为当前。

（2）设置标注样式。单击"默认"选项卡"注释"面板中的"标注样式"按钮，单击"修改"按钮，修改"装配体尺寸标注"样式，在弹出的"修改标注样式：装配体尺寸标注"对话框中，打开"符号和箭头""文字"选项卡，设置"箭头大小"为 10，设置"文字高度"为 20，选中"ISO 标准"单选按钮，其余设置默认，如图 11-101 所示。并将"装配体尺寸标注"样式设置为当前使用的标注样式。

 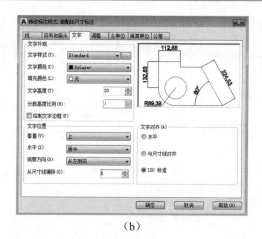

（a）　　　　　　　　　　　　　　（b）

图 11-101　设置新标注样式"装配体尺寸标注"

（3）标注外轮廓尺寸。单击"默认"选项卡"注释"面板中的"线性"按钮 ⊢⊣，标注装配图中的外形尺寸。结果如图 11-102 所示。

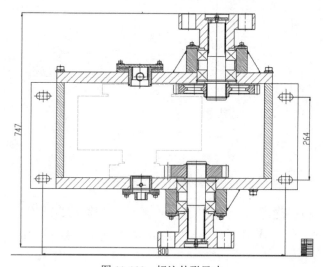

图 11-102　标注外形尺寸

2. 标注零件号

（1）在"图层特性管理器"选项板中选择 XH 图层，将该图层置为当前。

（2）在命令行中输入 QLEADER 命令，利用引线标注设置零件序号。结果如图 11-103 所示。

（3）使用同样的方法，标注其余零件序号。结果如图 11-104 所示。

🔊 **说明：**

> 　　由于粗实线线宽为 0.5，与密封垫厚度相同，无法显示，因此图中不再插入密封垫零件，但标注零件序号时，不可忽略。

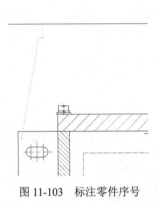

图 11-103 标注零件序号

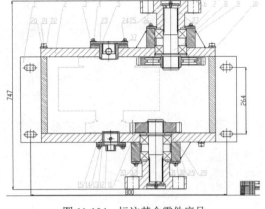

图 11-104 标注其余零件序号

3．添加文字说明

（1）在"图层特性管理器"选项板中选择 WZ 图层，将该图层置为当前。

（2）在"文字样式"下拉列表中选择"长仿宋"文字样式，将其置为当前，如图 11-105 所示。

（3）插入视图文字。

① 单击"默认"选项卡"块"面板中的"插入"按钮，插入"剖切符号""剖视图 A-A"图块。

② 单击"默认"选项卡"修改"面板中的"复制"按钮和"分解"按钮，分解图块，修改为 E-E、A、B 等。

③ 单击"默认"选项卡"修改"面板中的"移动"按钮✛和"镜像"按钮⚠，在绘图区适当位置插入视图名称。结果如图 11-106 所示。

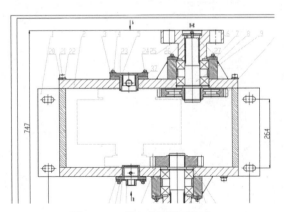

图 11-105 "文字样式"下拉列表

图 11-106 添加视图说明文字

（4）填写标题栏。

① 单击"默认"选项卡"注释"面板中的"多行文字"按钮 A，标注标题栏。结果如图 11-107 所示。

② 单击"快速访问"工具栏中的"保存"按钮，保存文件。零件最终结果如图 11-85 所示。

图 11-107　标注标题栏

练习提高　实例 146——变速器试验箱体总成 2 装配图

利用完整的总装配图的绘制方法，在实例 144 的基础上对如图 11-99 所示的变速器试验箱体总成 2 装配图进行后续绘制，其流程如图 11-108 所示。

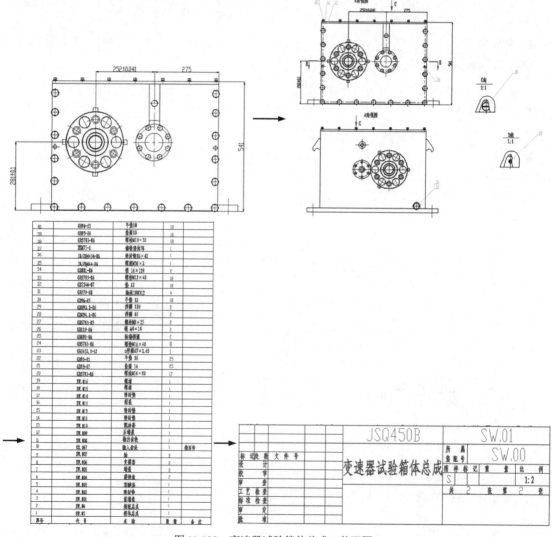

图 11-108　变速器试验箱体总成 2 装配图

思路点拨：

（1）标注尺寸。
（2）标注零件序号。
（3）绘制明细表。
（4）填写技术要求与标题栏。

第12章 三维实体造型绘制

内容简介

实体建模是 AutoCAD 三维建模中比较重要的一部分。实体模型是能够完整描述对象的 3D 模型，具有形象具体、生动直观的优点。

本章将通过实例深入介绍一些三维实体造型的绘制方法。

12.1 绘制基本三维实体

复杂的三维实体都是由最基本的实体单元，如长方体、圆柱体等通过各种方式组合而成的。本节将通过实例简要讲述这些基本实体单元的绘制方法。这里以其中的"长方体"命令为例，其执行方式如下。

- 命令行：BOX。
- 菜单栏：选择菜单栏中的"绘图"→"建模"→"长方体"命令。
- 工具栏：单击"建模"工具栏中的"长方体"按钮◻。
- 功能区：单击"三维工具"选项卡"建模"面板中的"长方体"按钮◻。

完全讲解　实例 147——绘制凸形平块

本实例绘制如图 12-1 所示的凸形平块。通过本实例，主要掌握"长方体"命令的灵活应用。

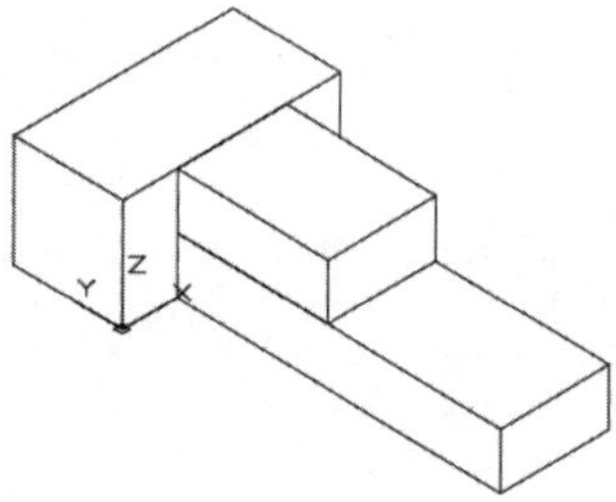

图 12-1　凸形平块

操作步骤：

（1）单击"可视化"选项卡"视图"面板中的"西南等轴测"按钮◈，将当前视图切换到西南等轴测视图。

（2）单击"三维工具"选项卡"建模"面板中的"长方体"按钮◻，绘制长方体，如图 12-2 所示。命令行提示与操作如下。

```
命令：_box
指定第一个角点或 [中心(C)]：0,0,0↙
指定其他角点或 [立方体(C)/长度(L)]：100,50,50↙（注意观察坐标，与向右和向上侧为正值，相反则为负值）
```

（3）单击"三维工具"选项卡"建模"面板中的"长方体"按钮◻，绘制长方体，如图 12-3 所示。命令行提示与操作如下：

```
命令：_box
指定第一个角点或 [中心(C)]：25,0,0✓
指定其他角点或 [立方体(C)/长度(L)]：L✓
指定长度 <100.0000>： <正交 开> 50✓（鼠标位置指定在 x 轴的右侧）
指定宽度 <150.0000>： 150✓（鼠标位置指定在 Y 轴的右侧）
指定高度或 [两点(2P)] <50.0000>：25✓（鼠标位置指定在 Z 轴的上侧）
```

（4）单击"三维工具"选项卡"建模"面板中的"长方体"按钮▣，绘制长方体，如图 12-4 所示。命令行提示与操作如下：

```
命令：_box
指定第一个角点或 [中心(C)]：（指定点 1）
指定其他角点或 [立方体(C)/长度(L)]：L✓
指定长度 <50.0000>： <正交 开>（指定点 2）
指定宽度 <70.0000>：70✓
指定高度或 [两点(2P)] <50.0000>：25✓
```

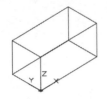

图 12-2　绘制长方体

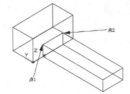

图 12-3　绘制长方体

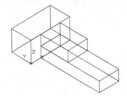

图 12-4　绘制长方体

（5）在命令行输入 HIDE（消隐命令），对图形进行处理。最终结果如图 12-1 所示。

练习提高　实例 148——绘制角墩

利用"长方体"命令绘制角墩，其流程如图 12-5 所示（自行选取适当尺寸，后面所有练习提高实例的尺寸都自行选取，不再赘述）。

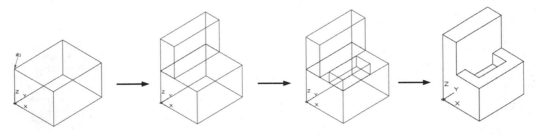

图 12-5　角墩

思路点拨：

（1）用"长方体"命令绘制三个长方体。
（2）用"并集""差集"命令进行布尔运算。

扫一扫，看视频

完全讲解　实例 149——绘制油管座立体图

本实例绘制如图 12-6 所示的油管座立体模型，主要练习使用"圆柱体"命令。

图 12-6　油管座

操作步骤：

（1）在命令行中输入 ISOLINES 命令，设置线框密度。命令行提示与操作如下：

```
命令: ISOLINES✓
输入 ISOLINES 的新值 <4>: 10✓
```

（2）视图设置。单击"可视化"选项卡"视图"面板中的"西南等轴测"按钮⊗，进入三维环境。

（3）旋转坐标系。在命令行中输入 UCS 命令，将坐标系绕 Y 轴旋转 90°。结果如图 12-7 所示。

（4）绘制圆柱体。单击"三维工具"选项卡"建模"面板中的"圆柱体"按钮▢，以（0,0,0）为圆心，创建直径为 45，高度为 25 的圆柱体。结果如图 12-8 所示。

（5）隐藏实体。单击"视图"选项卡"视觉样式"面板中的"隐藏"按钮🔲，对实体进行消隐。结果如图 12-9 所示。

图 12-7　旋转坐标系

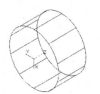

图 12-8　绘制圆柱体

图 12-9　消隐结果

（6）单击"视图"选项卡"视口工具"面板中的"UCS 图标"按钮📐，取消坐标系显示。

（7）单击"视图"选项卡"视觉样式"面板中的"概念"按钮🔳，显示如图 12-6 所示实体概念图。

扫一扫，看视频

练习提高　实例 150——绘制拔叉架

利用"偏移"命令绘制拔叉架，其流程如图 12-10 所示。

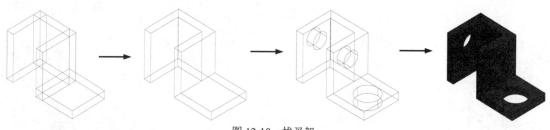

图 12-10　拔叉架

思路点拨：

（1）用"长方体""圆柱体"命令绘制基本图形轮廓。

（2）用"并集""差集"命令进行布尔运算。

12.2　布　尔　运　算

布尔运算在数学的集合运算中应用非常广泛，AutoCAD 也将该运算应用到实体的创建过程中。用户可以对三维实体对象进行下列布尔运算：并集、交集、差集。这里以其中的"长方体"命令为例，其执行方式如下：

- 命令行：UNION。
- 菜单栏：选择菜单栏中的"修改"→"实体编辑"→"并集"命令。
- 工具栏：单击"建模"工具栏中的"并集"按钮 ⏣。
- 功能区：单击"三维工具"选项板"实体编辑"面板中的"并集"按钮 ⏣。

扫一扫，看视频

完全讲解　实例 151——绘制深沟球轴承立体图

本实例绘制如图 12-11 所示的深沟球轴承立体图，主要练习使用布尔运算相关命令。

图 12-11　深沟球轴承立体图

操作步骤：

（1）在命令行中输入 ISOLINES 命令，设置线框密度为 10。

（2）单击"可视化"选项卡"视图"面板中的"西南等轴测"按钮 ⬦，切换到西南等轴测视图。

（3）单击"三维工具"选项卡"建模"面板中的"圆柱体"按钮 ▤。命令行提示与操作如下：

```
命令：_cylinder
指定底面的中心点或 [三点(3P)/两点(2P)/切点、切点、半径(T)/椭圆(E)] <0,0,0>：在绘图区指定底
面中心点位置
指定底面的半径或 [直径(D)]：45✓
指定高度或 [两点(2P)/轴端点(A)]：20✓
命令：✓（继续创建圆柱体）
指定底面的中心点或 [三点(3P)/两点(2P)/切点、切点、半径(T)/椭圆(E)] <0,0,0>：✓
指定底面的半径或 [直径(D)]：38✓
指定高度或 [两点(2P)/轴端点(A)]：20✓
```

（4）单击"视图"选项卡"导航"面板中的"实时"按钮 ⁺◌，上下转动鼠标滚轮对其进行适当放大。单击"三维工具"选项卡"实体编辑"面板中的"差集"按钮 ⬚，将创建的两个圆柱体进行差集运算。命令行提示与操作如下：

```
命令：_subtract
选择要从中减去的实体、曲面和面域...
```

```
选择对象： 选择大圆柱体
选择对象： 右击结束选择
选择要减去的实体、曲面和面域...
选择对象： 选择小圆柱体
选择对象： 右击结束选择
```

（5）单击"视图"选项卡"视觉样式"面板中的"隐藏"按钮🐌，进行消隐处理后的图形如图 12-12 所示。

（6）单击"三维工具"选项卡"建模"面板中的"圆柱体"按钮🛢，以坐标原点为圆心，创建高度为 20，半径分别为 32 和 25 的圆柱，并单击"三维工具"选项卡"实体编辑"面板中的"差集"按钮🗗，对其进行差集运算，创建轴承的内圈圆柱体。结果如图 12-13 所示。

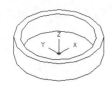
图 12-12　轴承外圈圆柱体

图 12-13　轴承内圈圆柱体

（7）单击"三维工具"选项卡"实体编辑"面板中的"并集"按钮🗗，将创建的轴承外圈与内圈圆柱体进行并集运算。命令行提示与操作如下：

```
命令： _union
选择对象：（选取轴承外圈圆柱体）
选择对象：（选取轴承内圈圆柱体）
选择对象：↙
```

（8）单击"三维工具"选项卡"建模"面板中的"圆环体"按钮◎，绘制底面中心点为（0,0,10），半径为 35，圆管半径为 5 的圆环。命令行提示与操作如下：

```
命令： _torus
指定中心点或 [三点(3P)/两点(2P)/切点、切点、半径(T)]: 0,0,10↙
指定半径或 [直径(D)] <5.0000>: 35↙
指定圆管半径或 [两点(2P)/直径(D)] <35.0000>: 5↙
```

（9）单击"三维工具"选项卡"实体编辑"面板中的"差集"按钮◎，将创建的圆环与轴承的内外圈进行差集运算。结果如图 12-14 所示。

（10）单击"三维工具"选项卡"建模"面板中的"球体"按钮◯，绘制底面中心点为（35,0,10），半径为 5 的球体。

（11）单击"默认"选项卡"修改"面板中的"环形阵列"按钮⅗，将创建的球体进行环形阵列，阵列中心为坐标原点，数目为 10。阵列结果如图 12-15 所示。

图 12-14　圆环与轴承内外圈进行差集运算结果

图 12-15　阵列滚动体

（12）单击"三维工具"选项卡"实体编辑"面板中的"并集"按钮，将阵列的球体与轴承的内外圈进行并集运算。

（13）单击"可视化"选项卡"渲染"面板中的"渲染到尺寸"按钮，选择适当的材质进行渲染。结果如图 12-11 所示。

练习提高　实例 152——绘制弯管接头

利用"圆柱体""球体"等命令绘制弯管接头，其流程如图 12-16 所示。

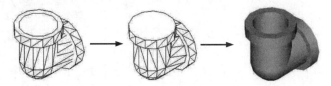

图 12-16　弯管接头

📋 **思路点拨：**

（1）用"圆柱体""球体"命令绘制基本外形。
（2）并集处理。
（3）用"圆柱体""球体"命令绘制内部结构。
（4）差集处理。

12.3　倒　角　边

使用"倒角边"命令可以对三维立体的边进行倒角。其执行方式如下。

● 命令行：CHAMFEREDGE。
● 菜单栏：选择菜单栏中的"修改"→"实体编辑"→"倒角边"命令。
● 工具栏：单击"实体编辑"工具栏中的"倒角边"按钮。
● 功能区：单击"三维工具"选项卡"实体编辑"面板中的"倒角边"按钮。

完全讲解　实例 153——绘制支撑套立体图

本实例绘制如图 12-17 所示的支撑套立体图，主要练习使用"倒角边"命令。

图 12-17　支撑套立体图

⚙️ **操作步骤：**

（1）设置线框密度。在命令行中输入 ISOLINES 命令，设置线框密度为 10。

（2）单击"可视化"选项卡"视图"面板中的"西南等轴测"按钮，转换到"西南等轴测"视图。

（3）绘制圆柱体。单击"三维工具"选项卡"建模"面板中的"圆柱体"按钮，在原点绘制两个圆柱体，直径分别为 130、118，高度均为 30。结果如图 12-18 所示。

（4）差集运算。单击"三维工具"选项卡"实体编辑"面板中的"差集"按钮，从大圆柱中减去小圆柱。结果如图 12-19 所示。

（5）倒角操作。单击"三维工具"选项卡"实体编辑"面板中的"倒角边"按钮，选择实体上下端面里外四条倒角边线，倒角距离均为 1。结果如图 12-20 所示。

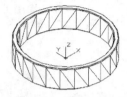

图 12-18　绘制圆柱体　　　　　　图 12-19　差集运算　　　　　　图 12-20　倒角结果

（6）单击"视图"选项卡"视口工具"面板中的"UCS 图标"按钮，取消坐标系显示。

（7）单击"视图"选项卡"视觉样式"面板中的"概念"按钮，在图 12-17 中显示实体概念图。

扫一扫，看视频

练习提高　实例 154——绘制螺堵立体图

利用"圆柱体""倒角边"命令绘制螺堵立体图，其流程如图 12-21 所示。

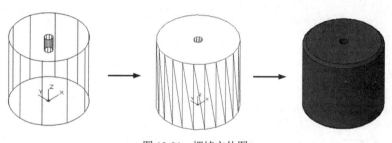

图 12-21　螺堵立体图

思路点拨：

（1）绘制两个圆柱体，并进行差集处理。
（2）倒角边处理。

12.4　圆　角　边

使用"圆角边"命令可以对三维立体的边进行倒圆角。其执行方式如下。

● 命令行：FILLETEDGE。
● 菜单栏：选择菜单栏中的"修改"→"三维编辑"→"圆角边"命令。

- 工具栏：单击"实体编辑"工具栏中的"圆角边"按钮。
- 功能区：单击"三维工具"选项卡"实体编辑"面板中的"圆角边"按钮。

完全讲解 实例 155——绘制视孔盖立体图

本实例绘制如图 12-22 所示的视孔盖立体图，主要练习使用"圆角边"命令。

图 12-22　视孔盖立体图

操作步骤：

（1）在命令行中输入 ISOLINES 命令，将线框密度更改为 10。

（2）将视图切换到西南等轴测视图。单击"三维工具"选项卡"建模"面板中的"长方体"按钮，采用两个角点模式绘制长方体，第一个角点为（0,0,0），第二个角点为（150,100,4）。命令行提示与操作如下：

```
命令: _box
指定第一个角点或 [中心(C)]: 0,0,0↙
指定其他角点或 [立方体(C)/长度(L)]: 150,100,4↙
```

消隐后的结果如图 12-23 所示。

（3）单击"三维工具"选项卡"建模"面板中的"圆柱体"按钮，以（10,10,-2）为圆心绘制半径为 2.5、高为 8 的圆柱体。命令行提示与操作如下：

```
命令: _cylinder
指定底面的中心点或 [三点(3P)/两点(2P)/切点、切点、半径(T)/椭圆(E)]: 10,10,-2↙
指定底面半径或 [直径(D)] <5.0000>: 2.5↙
指定高度或 [两点(2P)/轴端点(A)] <6.0000>:8↙
```

重复"圆柱体"命令，分别以（10,90,-2）、（140,10,-2）、（140,90,-2）为底面圆心，绘制半径为 2.5、高为 8 的圆柱体。结果如图 12-24 所示。

图 12-23　绘制长方体

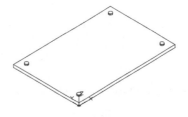

图 12-24　绘制圆柱体 1

（4）单击"三维工具"选项卡"实体编辑"面板中的"差集"按钮🖵，将视孔盖基体和绘制的4个圆柱体进行差集处理。命令行提示与操作如下：

```
命令：_subtract
选择要从中减去的实体、曲面和面域...
选择对象：选取长方体
选择对象：
选择要减去的实体、曲面和面域...
选择对象：选取四个圆柱体
```

消隐后的结果如图 12-25 所示。

（5）单击"三维工具"选项卡"建模"面板中的"圆柱体"按钮🛢，以（75,50,-2）为圆心绘制半径为 9、高为 8 的圆柱体。结果如图 12-26 所示。

（6）单击"三维工具"选项卡"实体编辑"面板中的"差集"按钮🖵，将视孔盖基体和绘制的4个圆柱体进行差集处理。结果如图 12-27 所示。

图 12-25　差集运算　　　图 12-26　绘制圆柱体 2　　　图 12-27　差集处理

（7）单击"三维工具"选项卡"实体编辑"面板中的"圆角边"按钮🔲，对长方体的四条棱边进行倒圆角，圆角半径为 3。命令行提示与操作如下：

```
命令：_FILLETEDGE
半径 = 1.0000
选择边或 [链(C)/环(L)/半径(R)]：R✓
输入圆角半径或 [表达式(E)] <1.0000>：10✓
选择边或 [链(C)/环(L)/半径(R)]：（选取如图 12-27 所示的长方体的 4 个竖直棱边）
选择边或 [链(C)/环(L)/半径(R)]：
选择边或 [链(C)/环(L)/半径(R)]：
选择边或 [链(C)/环(L)/半径(R)]：
选择边或 [链(C)/环(L)/半径(R)]：
已选定 4 个边用于圆角。
按 Enter 键接受圆角或 [半径(R)]：✓
```

（8）单击"视图"选项卡"视口工具"面板中的"UCS 图标"按钮🔃，取消坐标系显示。

（9）单击"视图"选项卡"视觉样式"面板中的"概念"按钮🎨。最终结果如图 12-22 所示。

练习提高　实例 156——绘制圆头平键立体图

利用"长方体""圆角边""倒角边"等命令绘制圆头平键立体图，其流程如图 12-28 所示。

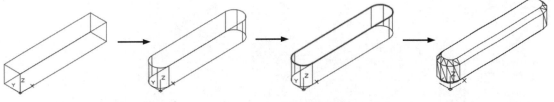

图 12-28　圆头平键立体图

思路点拨：

（1）绘制长方体。
（2）倒圆角。
（3）倒角。

12.5　拉　　伸

"拉伸"是指在平面图形的基础上沿一定路径生成三维实体的过程。其执行方式如下。

● 命令行：EXTRUDE（快捷命令：EXT）。
● 菜单栏：选择菜单栏中的"绘图"→"建模"→"拉伸"命令。
● 工具栏：单击"建模"工具栏中的"拉伸"按钮 。
● 功能区：单击"三维工具"选项卡"建模"面板中的"拉伸"按钮 。

完全讲解　实例 157——绘制吊耳板立体图

本实例绘制如图 12-29 所示的吊耳板立体图，主要利用"拉伸"命令来实现。

图 12-29　吊耳板立体图

操作步骤：

（1）设置线框密度。在命令行中输入 ISOLINES 命令，设置线框密度为 10。

（2）绘制多段线。单击"默认"选项卡"绘图"面板中的"多段线"按钮，指定坐标为 { (0,0)，(@50,0)，(@0,70)，(@-8,0)，(@-42,-60)，C} 绘制闭合轮廓。结果如图 12-30 所示。

（3）拉伸实体。单击"三维工具"选项卡"建模"面板中的"拉伸"按钮 ，拉伸步骤（2）

绘制的轮廓线，高度为 20。命令行提示与操作如下：

```
命令：_EXTRUDE
当前线框密度： ISOLINES=8，闭合轮廓创建模式 = 实体
选择要拉伸的对象或 [模式(MO)]：（选择步骤（2）绘制的轮廓）
选择要拉伸的对象或 [模式(MO)]：找到 1 个
选择要拉伸的对象或 [模式(MO)]：✓
指定拉伸的高度或 [方向(D)/路径(P)/倾斜角(T)/表达式(E)] <60.0000>：20✓
```

（4）切换视图。单击"可视化"选项卡"视图"面板中的"西南等轴测"按钮，显示三维实体。

（5）绘制圆柱体。单击"三维工具"选项卡"建模"面板中的"圆柱体"按钮，绘制底圆圆心坐标为（0,0,10），半径为 10，轴端点坐标为（16,0,10）的圆柱体。结果如图 12-31 所示。

（6）并集运算。单击"三维工具"选项卡"实体编辑"面板中的"并集"按钮，合并拉伸实体与圆柱体。结果如图 12-32 所示。

图 12-30　绘制轮廓线　　　　图 12-31　绘制圆柱体 1　　　　图 12-32　并集结果

（7）切换视图。选择菜单栏中的"视图"→"三维视图"→"平面视图"→"当前"命令，进入 XY 平面。

（8）绘制平面草图。

① 单击"默认"选项卡"绘图"面板中的"圆"按钮、"直线"按钮和"修改"面板中的"修剪"按钮，绘制圆心为（8,-2），半径为 8 的圆。

② 单击"默认"选项卡"绘图"面板中的"直线"按钮，绘制连续直线，坐标分别为（0,-2）、（0,-10）、（8,-10）、（16,-10）、（16,-2）。

③ 单击"默认"选项卡"修改"面板中的"修剪"按钮，修剪多余圆弧。

④ 单击"默认"选项卡"修改"面板中的"打断于点"按钮，在点（8,-10）处打断圆弧。

⑤ 单击"默认"选项卡"绘图"面板中的"面域"按钮，将绘制的图形合并成环，创建面域 A、B。结果如图 12-33 所示。

（9）拉伸草图。单击"三维工具"选项卡"建模"面板中的"拉伸"按钮，拉伸上步绘制的面域 A、B，拉伸高度为 20。

（10）切换视图。单击"可视化"选项卡"视图"面板中的"西南等轴测"按钮，显示三维实体。消隐结果如图 12-34 所示。

（11）差集运算。单击"三维工具"选项卡"实体编辑"面板中的"差集"按钮，从实体中减去拉伸的实体。消隐结果如图 12-35 所示。

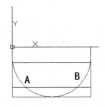

图 12-33 绘制轮廓线

图 12-34 拉伸实体

图 12-35 差集结果 1

（12）绘制圆柱体。单击"三维工具"选项卡"建模"面板中的"圆柱体"按钮🛢，绘制圆柱体，圆心坐标为（30，-8，0），半径为 15，高为 20。结果如图 12-36 所示。

（13）差集运算。单击"三维工具"选项卡"实体编辑"面板中的"差集"按钮🗗，从实体中间减去圆柱体。消隐结果如图 12-37 所示。

（14）圆角操作。单击"三维工具"选项卡"实体编辑"面板中的"圆角边"按钮🗃，倒圆角半径为 20。结果如图 12-38 所示。

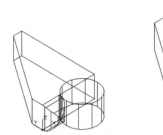

图 12-36 绘制圆柱体 2

图 12-37 差集结果 2

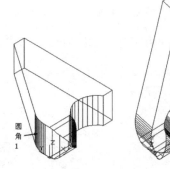

图 12-38 倒圆角结果

（15）单击"视图"选项卡"视口工具"面板中的"UCS 图标"按钮📐，取消坐标系显示。

（16）单击"视图"选项卡"视觉样式"面板中的"概念"按钮📷，在图 12-29 中显示实体概念图。

扫一扫，看视频

练习提高 实例 158——绘制油标尺立体图

利用"长方体""圆角""倒角"等命令绘制油标尺立体图，其流程如图 12-39 所示。

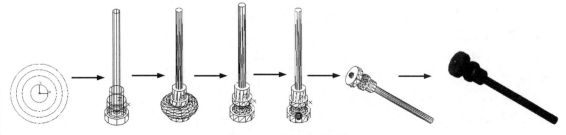

图 12-39 油标尺立体图

思路点拨：

（1）绘制 4 个同心圆，拉伸并进行并集处理。

（2）绘制圆环体，进行差集处理。

（3）绘制球体，进行并集处理。

（4）渲染处理。

12.6 旋 转

"旋转"是指一个平面图形围绕某个轴转过一定角度形成实体的过程。其执行方式如下。

● 命令行：REVOLVE（快捷命令：REV）。

● 菜单栏：选择菜单栏中的"绘图"→"建模"→"旋转"命令。

● 工具栏：单击"建模"工具栏中的"旋转"按钮。

● 功能区：单击"三维工具"选项卡"建模"面板中的"旋转"按钮。

扫一扫，看视频

完全讲解 实例 159——绘制花键套立体图

本例绘制如图 12-40 所示的花键套立体图，主要练习使用三维建模功能中的"旋转"命令。

图 12-40 花键套立体图

操作步骤：

（1）设置线框密度。在命令行中输入 ISOLINES 命令，设置线框密度为 10。

（2）绘制旋转截面。单击"默认"选项卡"绘图"面板中的"多段线"按钮，依次在命令行中输入坐标点，坐标为 {（0,0），（@0,75），（@-6,0），（@0,-37.5），（@-47.6,0），（@0,-4.25），（@-2.7,0），（@0,4.25），（@-3.7,0），（@0,-5.5），（@-1.5,0），（@0,-32），C}，绘制截面轮廓。结果如图 12-41 所示。

（3）旋转实体。单击"三维工具"选项卡"建模"面板中的"旋转"按钮，选择步骤（2）绘制的截面作为旋转草图，绕 X 轴旋转。命令行提示与操作如下：

命令：_REVOLVE

当前线框密度：ISOLINES=8，闭合轮廓创建模式 = 实体
选择要旋转的对象或 [模式(MO)]：找到 1 个
选择要旋转的对象或 [模式(MO)]：
指定轴起点或根据以下选项之一定义轴 [对象(O)/X/Y/Z] <对象>：x✓
指定旋转角度或 [起点角度(ST)/反转(R)/表达式(EX)] <360>：360✓

结果如图 12-42 所示。

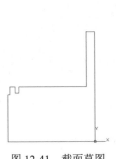
图 12-41　截面草图

图 12-42　旋转结果

（4）切换视图。单击"可视化"选项卡"视图"面板中的"西南等轴测"按钮◈，设置视图方向。

（5）隐藏实体。单击"视图"选项卡"视觉样式"面板中的"隐藏"按钮◈，对实体进行消隐。结果如图 12-43 所示。

（6）旋转坐标系。在命令行中输入 UCS，将坐标系绕 Y 轴旋转 90°。结果如图 12-44 所示。

（7）绘制孔。单击"三维工具"选项卡"建模"面板中的"圆柱体"按钮◗，绘制圆心坐标为（0, 0, −61.5）、（0, 0, 0），直径为 56、47.79，高度为 21、−40.5 的圆柱。结果如图 12-45 所示。

图 12-43　差集运算

图 12-44　旋转坐标系

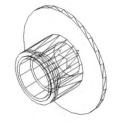
图 12-45　对其余边线进行圆柱体绘制结果

（8）差集运算。单击"三维工具"选项卡"实体编辑"面板中的"差集"按钮◱，从旋转实体中减去步骤（7）绘制的两个圆柱体。结果如图 12-46 所示。

（9）倒角操作。单击"三维工具"选项卡"实体编辑"面板中的"倒角边"按钮◈，选择图 12-47 中的倒角边，对实体进行倒角操作，倒角的距离为 0.7。结果如图 12-47 所示。

同理，对其余边线进行倒角操作，倒角距离不变。结果如图 12-48 所示。

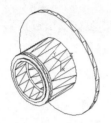
图 12-46　消隐结果

图 12-47　倒角结果

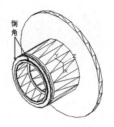
图 12-48　倒角操作

（10）绘制切除截面 1。

① 选择菜单栏中的"视图"→"三维视图"→"平面视图"→"当前"命令，进入 XY 平面。结果如图 12-49 所示。

② 单击"默认"选项卡"图层"面板中的"图层特性"按钮 ，新建"图层 1"，并将其置为当前，绘制截面 1。

③ 单击"默认"选项卡"绘图"面板中的"圆"按钮 ，分别绘制直径为 47.79、50、53.75，圆心在原点的同心圆。绘制结果如图 12-50 所示。

④ 单击"默认"选项卡"绘图"面板中的"直线"按钮 ，绘制过原点的竖直中心线。结果如图 12-51 所示。

图 12-49　设置视图

图 12-50　绘制同心圆

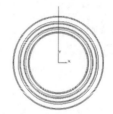
图 12-51　绘制中心线

⑤ 单击"默认"选项卡"修改"面板中的"偏移"按钮 和"旋转"按钮 ，设置辅助线，偏移的距离为 1.594、2.174，旋转的角度为-15°。结果如图 12-52 所示。

⑥ 单击"默认"选项卡"绘图"面板中的"圆弧"按钮 ，绘制齿形轮廓。结果如图 12-53 所示。

⑦ 单击"默认"选项卡"修改"面板中的"镜像"按钮 ，镜像左侧齿形。结果如图 12-54 所示。

图 12-52　绘制辅助线

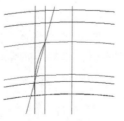
图 12-53　绘制圆弧

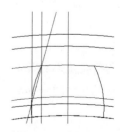
图 12-54　镜像圆弧

⑧ 单击"默认"选项卡"修改"面板中的"环形阵列"按钮，阵列齿形轮廓，阵列项目数为20。结果如图 12-55 所示。

⑨ 单击"默认"选项卡"修改"面板中的"删除"按钮和"修剪"按钮，修剪草图。结果如图 12-56 所示。

⑩ 单击"默认"选项卡"修改"面板中的"分解"按钮，分解阵列结果。

⑪ 单击"默认"选项卡"绘图"面板中的"面域"按钮，将绘制的草图创建成面域。

（11）绘制切除截面 2。

① 单击"默认"选项卡"图层"面板中的"图层特性"按钮，新建"图层 2"，并将其置为当前，绘制截面 2。结果如图 12-57 所示。

图 12-55　阵列齿形　　　图 12-56　修剪草图　　　图 12-57　截面完整图形

② 单击"默认"选项卡"绘图"面板中的"直线"按钮和"旋转"按钮，绘制辅助线，旋转的角度为-8.7。绘制结果如图 12-58 所示。

③ 单击"默认"选项卡"绘图"面板中的"圆"按钮，捕捉圆心，绘制直径分别为128、17的圆。结果如图 12-59 所示。

④ 单击"默认"选项卡"修改"面板中的"环形阵列"按钮，阵列绘制的圆，阵列项目数为8。结果如图 12-60 所示。

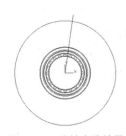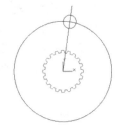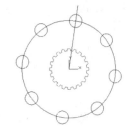

图 12-58　旋转直线结果　　　图 12-59　绘制圆　　　图 12-60　阵列结果

⑤ 单击"默认"选项卡"修改"面板中的"删除"按钮，删除多余辅助线，同时打开关闭的图层。结果如图 12-61 所示。

⑥ 单击"可视化"选项卡"视图"面板中的"西南等轴测"按钮，切换视图。

（12）拉伸实体。

单击"三维工具"选项卡"建模"面板中的"拉伸"按钮，拉伸绘制的截面 1，高度为-40.5，将截面 2 分解，然后拉伸，高度为-10。结果如图 12-62 所示。

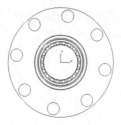

图 12-61　草图截面 2

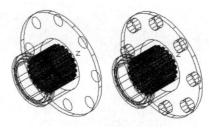

图 12-62　拉伸实体结果

（13）差集运算。

单击"三维工具"选项卡"实体编辑"面板中的"差集"按钮 ，从实体中减去步骤（12）绘制的拉伸实体。结果如图 12-63 所示。

（14）绘制孔。

① 旋转坐标系。在命令行中输入 UCS 命令，绕 Y 轴旋转 180°，绕 Z 轴旋转−121.2°。结果如图 12-64 所示。

② 绘制圆柱体。单击"三维工具"选项卡"建模"面板中的"圆柱体"按钮 ，绘制底面圆心在（0, 0, 27），直径为 10，轴端点为（@0, 50, 0）的圆柱体。结果如图 12-65 所示。

图 12-63　差集结果

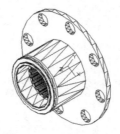

图 12-64　坐标变换结果

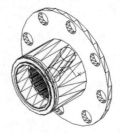

图 12-65　圆柱体绘制结果

（15）差集运算。单击"三维工具"选项卡"实体编辑"面板中的"差集"按钮 ，从实体中间减去绘制的圆柱体。

（16）单击"视图"选项卡"视口工具"面板中的"UCS 图标"按钮 ，取消坐标系显示。

（17）单击"视图"选项卡"视觉样式"面板中的"概念"按钮 ，在图 12-40 中显示实体概念图。

练习提高　实例 160——绘制手柄立体图

利用"旋转"命令绘制手柄立体图，其流程如图 12-66 所示。

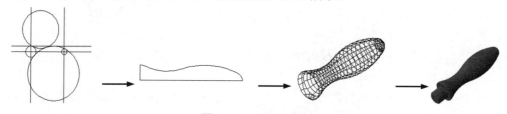

图 12-66　手柄立体图

扫一扫，看视频

思路点拨：

（1）绘制截面，旋转。
（2）转换坐标系，绘制圆柱体，并进行倒角和并集处理。
（3）圆角处理。

完全讲解　实例 161——绘制输入齿轮立体图

本实例绘制如图 12-67 所示的输入齿轮立体图，主要练习使用三维建模功能中的"拉伸""旋转"命令。

图 12-67　输入齿轮立体图

操作步骤：

1．设置线框密度

在命令行中输入 ISOLINES 命令，设置线框密度为 10。

2．绘制齿轮截面 1

（1）单击"默认"选项卡"绘图"面板中的"圆"按钮⊙，分别绘制直径为 282.8、266、249.2，圆心在原点的同心圆。结果如图 12-68 所示。

（2）单击"默认"选项卡"绘图"面板中的"直线"按钮╱，绘制过原点的竖直中心线。结果如图 12-69 所示。

（3）单击"默认"选项卡"绘图"面板中的"圆"按钮⊙ 和"直线"按钮╱，捕捉齿顶圆与竖直直线的交点 1 为圆心，绘制半径为 4 的圆；捕捉 R4 的圆与齿顶圆的交点 2，绘制直线，第二点坐标为（@20<-110）；捕捉交点 2 向右绘制水平直线，与竖直直线 4 相交，交点为 3。结果如图 12-70 所示。

（4）单击"默认"选项卡"修改"面板中的"镜像"按钮⚑ 和"删除"按钮🖉，镜向左侧图形并删除多余图元。结果如图 12-71 所示。

（5）单击"默认"选项卡"修改"面板中的"环形阵列"按钮🔀，选择绘制的齿形，阵列个数为 38。结果如图 12-72 所示。

（6）单击"默认"选项卡"修改"面板中的"分解"按钮🗗，分解阵列结果。

（7）单击"默认"选项卡"修改"面板中的"圆角"按钮╭，半径为 1.5。结果如图 12-73 所示。

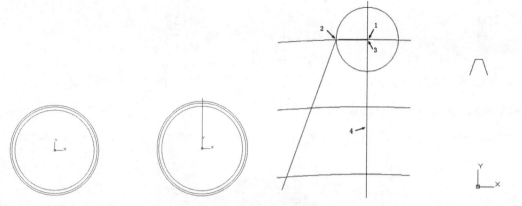

图 12-68　绘制同心圆结果　　图 12-69　绘制中心线　　图 12-70　绘制轮廓线　　图 12-71　镜像结果

（8）单击"默认"选项卡"绘图"面板中的"面域"按钮◎，合并截面图元。

3．拉伸齿轮

（1）单击"三维工具"选项卡"建模"面板中的"拉伸"按钮■，拉伸绘制的截面，拉伸高度为 30。

（2）单击"可视化"选项卡"视图"面板中的"西南等轴测"按钮◈，进入三维视图环境。实体消隐结果如图 12-74 所示。

4．绘制旋转截面

（1）在命令行中输入 UCS 命令，将坐标系绕 Y 轴旋转 90°。命令行提示与操作如下：

```
命令：UCS
当前 UCS 名称：*世界*
指定 UCS 的原点或 [面(F)/命名(NA)/对象(OB)/上一个(P)/视图(V)/世界(W)/X/Y/Z/Z 轴(ZA)] <世界>：y
指定绕 Y 轴的旋转角度 <90>：
```

结果如图 12-75 所示。

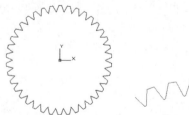

图 12-72　环形阵列结果　　图 12-73　倒圆角结果　　图 12-74　拉伸结果　　图 12-75　旋转坐标系

（2）单击工具栏中的"视图"→"三维视图"→"平面视图"→"当前"命令，将视图转换到 XY 平面上，绘制截面草图。

（3）单击"默认"选项卡"绘图"面板中的"直线"按钮／和"修改"面板中的"圆角"按钮
⌐，绘制草图轮廓。

（4）单击"默认"选项卡"绘图"面板中的"面域"按钮◎，合并截面，创建 4 个面域，如
图 12-76 所示。

5. 旋转切除

（1）单击"三维工具"选项卡"建模"面板中的"旋转"按钮●，选择 X 轴作为截面的旋转
轴。命令行提示与操作如下：

```
命令: _revolve
当前线框密度: ISOLINES=10，闭合轮廓创建模式 = 实体
选择要旋转的对象或 [模式(MO)]: _MO 闭合轮廓创建模式 [实体(SO)/曲面(SU)] <实体>: _SO
选择要旋转的对象或 [模式(MO)]: 指定对角点: 找到 4 个　（选择图 12-76 中的截面）
选择要旋转的对象或 [模式(MO)]:
指定轴起点或根据以下选项之一定义轴 [对象(O)/X/Y/Z] <对象>: x
指定旋转角度或 [起点角度(ST)/反转(R)/表达式(EX)] <360>:
```

（2）单击"可视化"选项卡"视图"面板中的"西南等轴测"按钮◈，旋转实体。结果如
图 12-77 所示。

（3）单击"三维工具"选项卡"实体编辑"面板中的"差集"按钮◪，从齿轮中减去旋转结果
与阵列结果。消隐结果如图 12-78 所示。

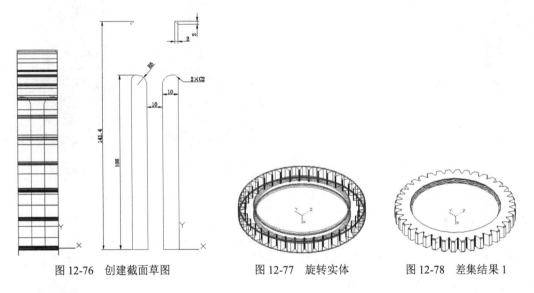

图 12-76　创建截面草图　　　　图 12-77　旋转实体　　　　图 12-78　差集结果 1

6. 绘制基体

（1）在命令行中输入 UCS 命令，将坐标系移动到（3.5，0，0）处并绕 Y 轴旋转-90°。命令行
提示与操作如下：

```
命令: UCS
```

```
当前 UCS 名称：*没有名称*
指定 UCS 的原点或 [面(F)/命名(NA)/对象(OB)/上一个(P)/视图(V)/世界(W)/X/Y/Z/Z 轴(ZA)] <世
界>：3.5,0,0
指定 X 轴上的点或 <接受>：
命令：UCS
当前 UCS 名称：*没有名称*
指定 UCS 的原点或 [面(F)/命名(NA)/对象(OB)/上一个(P)/视图(V)/世界(W)/X/Y/Z/Z 轴(ZA)] <世
界>：y
指定绕 Y 轴的旋转角度 <90>：-90
```

结果如图 12-79 所示。

（2）按照步骤（1）的方法绘制花键截面 2，其中，齿顶圆、分度圆、齿根圆直径分别为 60.25、62.5、66.25，模数为 25。创建的花键截面 2 如图 12-80 所示。

（3）单击"三维工具"选项卡"建模"面板中的"拉伸"按钮🟦，拉伸绘制的花键截面，高度为 44。结果如图 12-81 所示。

（4）单击"三维工具"选项卡"建模"面板中的"圆柱体"按钮🛢，绘制圆柱体 1、2、3，参数如下。

圆柱 1：圆心为（0,0,0），直径为 83，高度为 44；

圆柱 2：圆心为（0,0,0），直径为 60.25，高度为 44；

圆柱 3：圆心为（73.5,0,0），直径为 45，高度为 44。

绘制结果如图 12-82 所示。

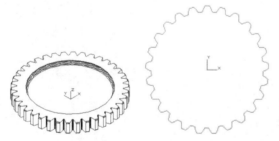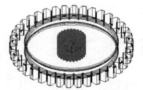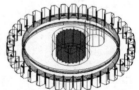

图 12-79　设置坐标系　　　图 12-80　花键截面 2　　　图 12-81　拉伸花键截面　　　图 12-82　绘制圆柱体

（5）选择菜单栏中的"修改"→"三维操作"→"三维阵列"命令，阵列孔，阵列对象为圆柱体 3，阵列个数为 8，阵列中心点为（0,0,0）、（0,0,10）。消隐结果如图 12-83 所示。

（6）单击"三维工具"选项卡"实体编辑"面板中的"并集"按钮🔲，合并齿轮实体与圆柱体 1。

（7）单击"三维工具"选项卡"实体编辑"面板中的"差集"按钮🔲，从齿轮实体中减去圆柱体 2、3，生成孔。结果如图 12-84 所示。

7. 倒角操作

（1）单击"三维工具"选项卡"实体编辑"面板中的"倒角边"按钮🔲，为中心孔两边线设置倒角，间距为 2。结果如图 12-85 所示。

（2）单击"三维工具"选项卡"实体编辑"面板中的"差集"按钮 ，从齿轮实体中减去花键体，生成花键孔。结果如图 12-86 所示。

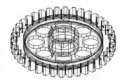

图 12-83 阵列结果　　　　图 12-84 差集结果 2　　　　图 12-85 倒角结果　　　　图 12-86 差集结果 3

8. 模型显示

（1）单击"视图"选项卡"视口工具"面板中的"UCS 图标"按钮，取消坐标系显示。

（2）单击"视图"选项卡"视觉样式"面板中的"概念"按钮，在图 12-67 中显示实体概念图。

练习提高　实例 162——绘制带轮立体图

利用"旋转""拉伸"命令绘制带轮立体图，其流程如图 12-87 所示。

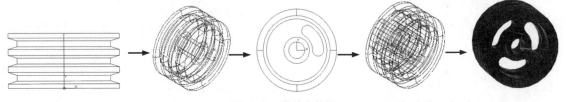

图 12-87 带轮立体图

📋 **思路点拨：**

> （1）绘制截面，旋转。
> （2）绘制截面，并进行拉伸和差集处理。

12.7 扫　　掠

"扫掠"命令通过沿指定路径延伸轮廓形状来创建实体或曲面。沿路径扫掠轮廓时，轮廓将被移动并与路径垂直对齐。其执行方式如下。

● 命令行：SWEEP。

● 菜单栏：选择菜单栏中的"绘图"→"建模"→"扫掠"命令。

● 工具栏：单击"建模"工具栏中的"扫掠"按钮。

● 功能区：单击"三维工具"选项卡"建模"面板中的"扫掠"按钮。

完全讲解 实例 163——绘制六角螺栓立体图

本实例绘制如图 12-88 所示的六角螺栓立体图，主要练习使用三维建模功能中的"扫掠"命令。

图 12-88 六角螺栓立体图

操作步骤：

1．设置线框密度

在命令行中输入 ISOLINES 命令，设置线框密度为 10。

2．切换视图

单击"可视化"选项卡"视图"面板中的"西南等轴测"按钮◈，将当前视图方向设置为西南等轴测视图。

3．创建螺纹

（1）单击"默认"选项卡"绘图"面板中"螺旋"按钮≋，绘制螺纹轮廓。命令行提示与操作如下：

```
命令: _Helix
圈数 = 3.0000     扭曲=CCW
指定底面的中心点: 0, 0, -1
指定底面半径或 [直径(D)] <1.0000>: 5
指定顶面半径或 [直径(D)] <5.0000>:
指定螺旋高度或 [轴端点(A)/圈数(T)/圈高(H)/扭曲(W)] <1.0000>: t
输入圈数 <3.0000>: 17
指定螺旋高度或 [轴端点(A)/圈数(T)/圈高(H)/扭曲(W)] <1.0000>: 17
```

结果如图 12-89 所示。

提示：

为使螺旋线起点如图 12-89 所示，在绘制螺旋线时，把鼠标指向该方向，如果绘制的螺旋线起点与图 12-89 不同，在后面生成螺纹的操作中会出现错误。

（2）单击"视图"选项卡"视图"面板中的"右视"按钮🗗，将视图切换到右视方向。

（3）单击"默认"选项卡"绘图"面板中的"直线"按钮／，捕捉螺旋线的上端点绘制牙型截面轮廓，尺寸参照如图 12-90 所示；单击"默认"选项卡"绘图"面板中的"面域"按钮◙，将其创建成面域。结果如图 12-91 所示。

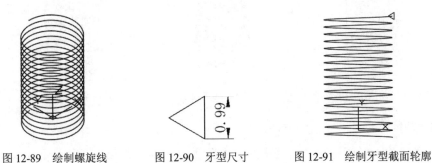

图 12-89　绘制螺旋线　　　图 12-90　牙型尺寸　　　图 12-91　绘制牙型截面轮廓

📣 **提示：**

> 　　理论上讲，由于螺旋线的圈高是 1，图 12-90 中的牙型尺寸可以是 1，但由于计算机计算误差，如果牙型尺寸设置成 1，有时会导致螺纹无法生成。

（4）单击"视图"选项卡"视图"面板中的"西南等轴测"按钮◈，将视图切换到西南等轴测视图。

（5）单击"三维工具"选项卡"建模"面板中的"扫掠"按钮🗗。命令行提示与操作如下：

```
命令：SWEEP✓
当前线框密度：ISOLINES=2000，闭合轮廓创建模式 = 实体
选择要扫掠的对象或 [模式(MO)]：_MO
选择要扫掠的对象或 [模式(MO)]：(选择对象，如图 12-90 所示绘制的牙型)
选择要扫掠的对象或 [模式(MO)]：✓
选择扫掠路径或 [对齐(A)/基点(B)/比例(S)/扭曲(T)]：(选择对象，如图 12-89 所示螺旋线)
```

扫掠结果如图 12-92 所示。

📣 **提示：**

> 　　进行这一步操作时，容易导致扫掠出的实体出现扭曲的情况，无法形成螺纹，出现这种情况的原因是没有严格按照前面讲述操作。

（6）创建圆柱体。单击"三维工具"选项卡"建模"面板中的"圆柱体"按钮▣，以坐标（0,0,0）为底面中心点，创建半径为 5，轴端点为（@0,15,0）的圆柱体 1；以坐标（0,0,0）为底面中心点，创建半径为 6，轴端点为（@0,-3,0）的圆柱体 2；以坐标（0,15,0）为底面中心点，创建半径为 6，轴端点为（@0,3,0）的圆柱体 3。结果如图 12-93 所示。

（7）布尔运算处理。单击"三维工具"选项卡"实体编辑"面板中的"差集"按钮▣，从半径为 5 的圆柱体 1 中减去螺纹。

（8）单击"三维工具"选项卡"实体编辑"面板中的"差集"按钮▣，从主体中减去半径为 6 的两个圆柱体 2、3。消隐后结果如图 12-94 所示。

图 12-92 扫掠实体   图 12-93 创建圆柱体   图 12-94 差集结果

4. 绘制中间柱体

单击"三维工具"选项卡"建模"面板中的"圆柱体"按钮◻，绘制底面中心点为（0,0,0），半径为 5，顶圆中心点为（@0,–25,0）的圆柱体 4。消隐后结果如图 12-95 所示。

5. 绘制螺栓头部

（1）在命令行中输入 UCS 命令，返回世界坐标系。

（2）单击"三维工具"选项卡"建模"面板中的"圆柱体"按钮◻，以坐标（0,0,–26）为底面中心点，创建半径为 7，高度为 1 的圆柱体 5。消隐后结果如图 12-96 所示。

（3）单击"默认"选项卡"绘图"面板中的"多边形"按钮⬠，以坐标（0,0,–26）为中心点，创建内切圆半径为 8 的正六边形，如图 12-97 所示。

（4）单击"三维工具"选项卡"建模"面板中的"拉伸"按钮▮，拉伸绘制的六边形截面，高度为–5。消隐结果如图 12-98 所示。

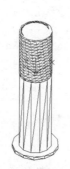

图 12-95 绘制圆柱体 4   图 12-96 绘制圆柱体 5   图 12-97 绘制六边形截面 1   图 12-98 拉伸截面

（5）单击"视图"选项卡"视图"面板中的"前视"按钮▦，设置视图方向。

（6）单击"默认"选项卡"绘图"面板中的"直线"按钮／，绘制直角边长为 1 的等腰直角三角形。结果如图 12-99 所示。

（7）单击"默认"选项卡"绘图"面板中的"面域"按钮◪，将绘制的三角形截面创建为面域。

（8）单击"三维工具"选项卡"建模"面板中的"旋转"按钮▭，选择绘制的三角形，选择 Y 轴为旋转轴，旋转角度为 360°。消隐结果如图 12-100 所示。

（9）单击"三维工具"选项卡"实体编辑"面板中的"差集"按钮▰，从拉伸实体中减去旋转实体。消隐结果如图 12-101 所示。

（10）单击"三维工具"选项卡"实体编辑"面板中的"并集"按钮 ，合并所有图形。

（11）单击"视图"选项卡"视图"面板中的"西南等轴测"按钮 ，将当前视图方向设置为西南等轴测视图。

（12）选择菜单栏中的"视图"→"视觉样式"→"消隐"命令，对合并实体进行消隐。结果如图 12-102 所示。

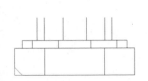 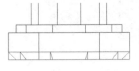 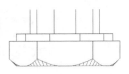 

图 12-99　绘制三角形截面　　图 12-100　旋转截面　　图 12-101　差集运算　　图 12-102　消隐结果

（13）选择菜单栏中的"视图"→"视觉样式"→"概念"命令。最终结果如图 12-88 所示。

扫一扫，看视频

练习提高　实例 164——绘制压紧螺母立体图

利用"扫掠"命令绘制压紧螺母立体图，其流程如图 12-103 所示。

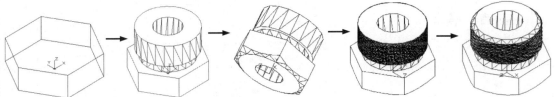

图 12-103　压紧螺母立体图

思路点拨：

（1）正六边形拉伸，并绘制圆柱，布尔运算。

（2）旋转，差集处理。

（3）扫掠生成螺纹。

（4）螺纹端部三角形旋转操作，并差集，形成倒角。

12.8　放　　样

通过指定一系列横截面来创建三维实体或曲面，须至少指定两个截面。横截面定义了实体或曲面的形状。其执行方式如下。

- 命令行：LOFT。
- 菜单栏：选择菜单栏中的"绘图"→"建模"→"放样"命令。
- 工具栏：单击"建模"工具栏中的"放样"按钮 🗒 。
- 功能区：单击"三维工具"选项卡"建模"面板中的"放样"按钮 🗒 。

扫一扫，看视频

完全讲解 实例 165——绘制轴立体图

本实例绘制如图 12-104 所示的轴立体图，主要练习使用三维建模功能中的"旋转"命令。

图 12-104 轴立体图

![操作图标]操作步骤：

1. 设置线框密度

在命令行中输入 ISOLINES 命令，设置线框密度为 10。

2. 绘制齿轮轴截面 1

（1）单击"默认"选项卡"绘图"面板中的"圆"按钮 ⊙ ，分别绘制直径为 58、62.5、65，圆心在原点的同心圆。绘制结果如图 12-105 所示。

（2）单击"默认"选项卡"绘图"面板中的"直线"按钮 ⟋ ，绘制过原点的竖直中心线。结果如图 12-106 所示。

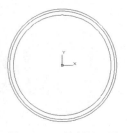

图 12-105 绘制同心圆

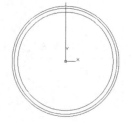

图 12-106 绘制中心线

（3）单击"默认"选项卡"修改"面板中的"偏移"按钮 ⊂ 和"旋转"按钮 ↻ ，设置辅助线。命令行提示与操作如下：

```
命令：_offset
当前设置：删除源=否  图层=源  OFFSETGAPTYPE=0
指定偏移距离或 [通过(T)/删除(E)/图层(L)] <通过>：1.96✓
```

```
选择要偏移的对象，或 [退出(E)/放弃(U)] <退出>:     （选择竖直直线）
指定要偏移的那一侧上的点，或 [退出(E)/多个(M)/放弃(U)] <退出>:
选择要偏移的对象，或 [退出(E)/放弃(U)] <退出>:     （完成偏移直线）
命令: _rotate
UCS 当前的正角方向: ANGDIR=逆时针  ANGBASE=0
选择对象: 找到 1 个
选择对象:     （选择竖直直线）
指定基点:     （选择原点）
指定旋转角度，或 [复制(C)/参照(R)] <0>: c ✓
旋转一组选定对象。
指定旋转角度，或 [复制(C)/参照(R)] <0>: 2✓     （完成直线 1 绘制）
命令: _rotate
UCS 当前的正角方向: ANGDIR=逆时针  ANGBASE=0
选择对象: 找到 1 个
选择对象:     （选择竖直直线）
指定基点:     （选择原点）
指定旋转角度，或 [复制(C)/参照(R)] <0>: c ✓
旋转一组选定对象。
指定旋转角度，或 [复制(C)/参照(R)] <0>: 5✓     （完成直线 2 绘制）
```

结果如图 12-107 所示。

（4）单击"默认"选项卡"绘图"面板中的"圆弧"按钮 ⌒，捕捉圆与辅助直线的交点，绘制齿形轮廓。结果如图 12-108 所示。

（5）单击"默认"选项卡"修改"面板中的"镜像"按钮 ⚎，镜像左侧齿形。结果如图 12-109 所示。

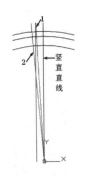
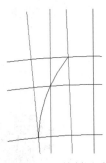
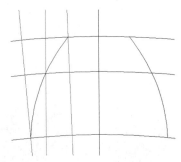

图 12-107　绘制辅助线　　　　图 12-108　绘制圆弧　　　　图 12-109　镜像圆弧

（6）单击"默认"选项卡"修改"面板中的"环形阵列"按钮 ⚬⚬⚬，阵列齿形轮廓，阵列个数为 25。结果如图 12-110 所示。

（7）单击"默认"选项卡"修改"面板中的"删除"按钮 ✎ 和"修剪"按钮 ✂，修剪环形阵列草图。结果如图 12-111 所示。

（8）单击"默认"选项卡"修改"面板中的"分解"按钮 ⬚，分解环形阵列结果。

（9）单击"默认"选项卡"绘图"面板中的"面域"按钮 ◙，将绘制的草图创建成面域。

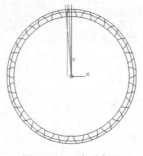

图 12-110　阵列齿形

图 12-111　修剪草图

3. 拉伸齿轮轴段 1

（1）单击"三维工具"选项卡"建模"面板中的"拉伸"按钮█，拉伸创建的面域，高度为 53。

（2）单击"可视化"选项卡"视图"面板中的"西南等轴测"按钮❖。消隐结果如图 12-112 所示。

4. 绘制光轴轴段

（1）单击"三维工具"选项卡"建模"面板中的"圆柱体"按钮█，创建两个圆柱体，设置如下。

① 圆柱体 1：原点坐标为（0,0,6.3），直径为 62.5，高度为 2.7；

② 圆柱体 2：原点坐标为（0,0,6.3），直径为 65，高度为 2.7。

结果如图 12-113 所示。

（2）单击"三维工具"选项卡"实体编辑"面板中的"差集"按钮█，从圆柱体 1 中减去圆柱体 2。消隐结果如图 12-114 所示。

（3）单击"三维工具"选项卡"实体编辑"面板中的"差集"按钮█，从拉伸实体中减去步骤（2）绘制的差集 1 结果。结果如图 12-115 所示。

图 12-112　切换视图 1　　图 12-113　绘制圆柱体 1 和 2　　图 12-114　差集 1 结果　　图 12-115　差集 2 结果

（4）单击"三维工具"选项卡"建模"面板中的"圆柱体"按钮█，创建 4 个圆柱体，设置如下。

① 圆柱体 3：原点坐标为（0,0,53），直径为 76，高度为 7；

② 圆柱体 4：原点坐标为（0,0,53），直径为 59.2，高度为 11；

③ 圆柱体 5：原点坐标为（0, 0, 64），直径为 60，高度为 87；

④ 圆柱体 6：原点坐标为（0, 0, 151），直径为 57.5，高度为 95。

结果如图 12-116 所示。

（5）单击"三维工具"选项卡"实体编辑"面板中的"并集"按钮 ⬛，合并上述实体。结果如图 12-117 所示。

（6）单击"三维工具"选项卡"实体编辑"面板中的"倒角边"按钮 ⬛，选择边线，倒角距离为 1.25、2。结果如图 12-118 所示。

5．绘制齿轮轴截面 2

（1）在命令行中输入 UCS 命令，将坐标原点移动到图 12-118 中最上端圆柱顶圆圆心处。命令行提示与操作如下：

```
命令：UCS
当前 UCS 名称：*世界*
指定 UCS 的原点或 [面(F)/命名(NA)/对象(OB)/上一个(P)/视图(V)/世界(W)/X/Y/Z/Z 轴(ZA)] <世界>：0,0,246↙        （圆柱顶圆圆心坐标）
指定 X 轴上的点或 <接受>：↙
```

坐标移动结果如图 12-119 所示。

  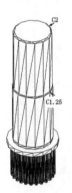 

图 12-116　绘制圆柱体　　图 12-117　合并结果　　图 12-118　倒角结果　　图 12-119　设置坐标

（2）选择菜单栏中的"视图"→"三维视图"→"平面视图"→"当前"命令，进入 XY 平面。结果如图 12-120 所示。

（3）单击"默认"选项卡"图层"面板中的"图层特性"按钮 ⬛，新建"图层 1"，并将其置为当前，关闭 0 图层，绘制齿轮截面 2。

（4）按照上面的方法绘制齿轮截面 2，其中，齿顶圆、分度圆、齿根圆直径分别为 57.5、55、52，模数为 22。结果如图 12-121 所示。

🔊 说明：

> 完成截面绘制后，可利用"面域"命令或"编辑多段线"命令，将截面合并成一个闭合图形，方便后面操作时对截面的选取。

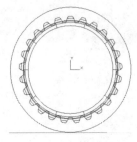

图 12-120　设置视图　　　　　　　图 12-121　创建齿轮轴截面 2

（5）单击"可视化"选项卡"视图"面板中的"西南等轴测"按钮 ◈。结果如图 12-122 所示。

（6）单击"默认"选项卡"图层"面板中的"图层特性"按钮 ▤，新建"图层 2"，并将其置为当前，绘制放样截面。

6．绘制放样截面 1

单击"默认"选项卡"修改"面板中的"复制"按钮 ❀，复制齿轮截面 2，从（0，0，0）到（0，0，-95）。复制结果如图 12-123 所示。

7．绘制放样截面 2

单击"默认"选项卡"绘图"面板中的"圆"按钮 ⊙，绘制原点在为（0，0，-111），直径为 60 的圆。结果如图 12-124 所示。

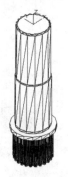

图 12-122　切换视图 2　　　　图 12-123　放样截面 1　　　　图 12-124　绘制截面 2

8．绘制齿轮轴段 2

（1）单击"三维工具"选项卡"建模"面板中的"拉伸"按钮 ▤，拉伸最上端闭合图形，拉伸高度为-95。结果如图 12-125 所示。

（2）在"图层特性管理器"选项板中关闭"图层 1"，方便选择截面。

（3）单击"三维工具"选项卡"建模"面板中的"放样"按钮 ▤，选择截面 1、2。命令行提示与操作如下：

```
命令：_loft
```

```
当前线框密度：ISOLINES=10，闭合轮廓创建模式 = 实体
按放样次序选择横截面或 [点(PO)/合并多条边(J)/模式(MO)]：_MO 闭合轮廓创建模式 [实体(SO)/曲面
(SU)] <实体>：_SO
按放样次序选择横截面或 [点(PO)/合并多条边(J)/模式(MO)]：找到 1 个
按放样次序选择横截面或 [点(PO)/合并多条边(J)/模式(MO)]：找到 1 个，总计 2 个
按放样次序选择横截面或 [点(PO)/合并多条边(J)/模式(MO)]：
选中了 2 个横截面
输入选项 [导向(G)/路径(P)/仅横截面(C)/设置(S)] <仅横截面>：
```

结果如图 12-126 所示。

（4）在"图层特性管理器"选项板中打开"图层 1"。

（5）单击"三维工具"选项卡"建模"面板中的"圆柱体"按钮，绘制圆柱体 7，原点坐标为（0，0，0），直径为 100，高度为-111。结果如图 12-127 所示。

图 12-125　拉伸结果　　　　图 12-126　放样结果　　　　图 12-127　绘制圆柱体 7

（6）单击"三维工具"选项卡"实体编辑"面板中的"差集"按钮，从圆柱体 7 中减去拉伸实体与放样实体。结果如图 12-128 所示。

（7）在"图层特性管理器"选项板中打开 0 图层。

（8）单击"三维工具"选项卡"实体编辑"面板中的"差集"按钮，从齿轮轴中减去绘制的差集结果。结果如图 12-129 所示。

9. 绘制螺孔

（1）在命令行中输入 UCS 命令，将坐标系绕 X 轴旋转 90°。命令行提示与操作如下：

```
命令：ucs
当前 UCS 名称：*没有名称*
指定 UCS 的原点或 [面(F)/命名(NA)/对象(OB)/上一个(P)/视图(V)/世界(W)/X/Y/Z/Z 轴(ZA)] <世
界>：x
指定绕 X 轴的旋转角度 <90>：
```

坐标系旋转结果如图 12-130 所示。

图 12-128　差集结果 1　　　　图 12-129　差集结果 2　　　　图 12-130　旋转坐标系结果

（2）选择菜单栏中的"视图"→"三维视图"→"平面视图"→"当前"命令，进入 XY 平面。

（3）关闭 0 图层，将"图层 2"置为当前。

（4）单击"默认"选项卡"绘图"面板中的"直线"按钮／，绘制如图 12-131 所示的截面。

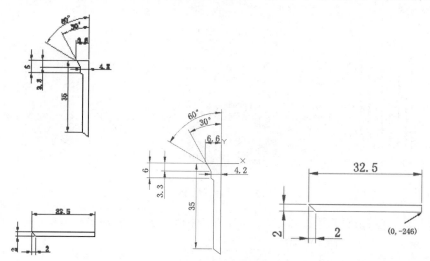

图 12-131　绘制旋转截面

（5）单击"默认"选项卡"绘图"面板中的"面域"按钮◙，将绘制的截面创建为环。

（6）单击"三维工具"选项卡"建模"面板中的"旋转"按钮，选择绘制的面域作为旋转截面，旋转轴为 Y 轴。命令行提示与操作如下：

```
命令：_revolve
当前线框密度：ISOLINES=10，闭合轮廓创建模式 = 实体
选择要旋转的对象或 [模式(MO)]：_MO 闭合轮廓创建模式 [实体(SO)/曲面(SU)] <实体>：_SO
选择要旋转的对象或 [模式(MO)]：找到 2 个
选择要旋转的对象或 [模式(MO)]：
指定轴起点或根据以下选项之一定义轴 [对象(O)/X/Y/Z] <对象>：y↙
指定旋转角度或 [起点角度(ST)/反转(R)/表达式(EX)] <360>：↙
```

结果如图 12-132 所示。

（7）单击"可视化"选项卡"视图"面板中的"西南等轴测"按钮⌖，设置视图。

（8）在命令行中输入 UCS 命令，将坐标系绕 X 轴旋转–90°。结果如图 12-133 所示。

（9）单击"三维工具"选项卡"建模"面板中的"圆柱体"按钮▣，绘制圆柱体 8，原点坐标为（0，0，–246），直径为 100，高度为 2。结果如图 12-134 所示。

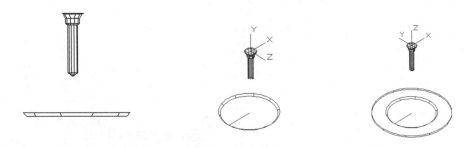

图 12-132　旋转实体结果　　　　图 12-133　旋转坐标系　　　　图 12-134　绘制圆柱体 8

（10）单击"三维工具"选项卡"实体编辑"面板中的"差集"按钮⌦，从圆柱体中减去下方旋转实体。

（11）在"图层特性管理器"选项板中打开 0 图层。消隐结果如图 12-135 所示。

（12）单击"三维工具"选项卡"实体编辑"面板中的"差集"按钮⌦，从实体中减去旋转实体 1、2。消隐结果如图 12-136 所示。

10.　倒圆角操作

（1）单击"视图"选项卡"导航"面板上的"动态观察"下拉列表中的"自由动态观察"按钮⌖，旋转实体选择图形到适当位置。

（2）单击"三维工具"选项卡"实体编辑"面板中的"倒角边"按钮◈，选择倒角边线，倒角距离为 C0.4。结果如图 12-137 所示。

（3）单击"三维工具"选项卡"实体编辑"面板中的"圆角边"按钮◈，选择圆角边线，圆角距离为 R0.4。结果如图 12-138 所示。

图 12-135　消隐结果 1　图 12-136　消隐结果 2　　　　图 12-137　倒角结果　　　　图 12-138　圆角结果

11．模型显示

（1）单击"视图"选项卡"视口工具"面板中的"UCS 图标"按钮 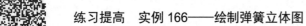，取消坐标系显示。

（2）单击"视图"选项卡"视觉样式"面板中的"概念"按钮 ，在图 12-104 中显示实体概念图。

练习提高　实例 166——绘制弹簧立体图

利用"扫掠"命令绘制弹簧立体图，其流程如图 12-139 所示。

扫一扫，看视频

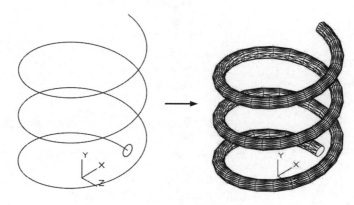

图 12-139　弹簧立体图

思路点拨：

（1）绘制截面和路径。
（2）扫掠处理。

第13章 三维特征编辑

内容简介

第12章通过实例讲述了一些三维实体绘制的基本命令。和二维绘图一样，有些三维造型的绘制，仅仅通过第12章讲述的三维绘制命令是不够的，还需要一些三维特征编辑命令进行绘制。

本章将通过实例深入介绍三维特征编辑命令的使用方法。

13.1 三维阵列

利用"三维阵列"命令可以在三维空间中按矩形阵列或环形阵列的方式，创建指定对象的多个副本。其执行方式如下。

- 命令行：3DARRAY。
- 菜单栏：选择菜单栏中的"修改"→"三维操作"→"三维阵列"命令。
- 工具栏：单击"建模"工具栏中的"三维阵列"按钮🖾。

完全讲解　实例167——绘制前端盖立体图

本实例绘制如图13-1所示的前端盖立体图。通过本例，主要掌握"三维阵列"命令的灵活应用。

图13-1　前端盖立体图

操作步骤：

（1）设置线框密度。在命令行中输入 ISOLINES 命令，设置线框密度为10。

（2）切换视图。单击"可视化"选项卡"视图"面板中的"西南等轴测"按钮◈，切换到西南等轴测视图。

（3）绘制圆柱体。单击"三维工具"选项卡"建模"面板中的"圆柱体"按钮▦，底面的中心点在坐标原点，直径为150、72.3，高度为−8、−1.97的圆柱体1和圆柱体2。结果如图13-2所示。

（4）差集运算。单击"三维工具"选项卡"实体编辑"面板中的"差集"按钮 🔲，从圆柱体 1 中减去圆柱体 2。结果如图 13-3 所示。

（5）消隐结果。单击"视图"选项卡"视觉样式"面板中的"隐藏"按钮 🔲，对实体进行消隐。

（6）绘制圆柱体。单击"三维工具"选项卡"建模"面板中的"圆柱体"按钮 🔲，绘制直径、高度分别为 64.7、-1.97 的圆柱体。结果如图 13-4 所示。

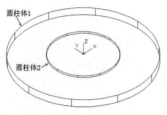 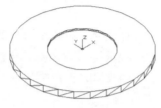 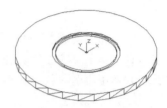

图 13-2　绘制圆柱体 1　　　　　图 13-3　差集结果　　　　　图 13-4　绘制圆柱体 2

（7）并集运算。单击菜单栏"修改"选项卡"实体编辑"面板中的"并集"按钮 🔲，合并差集结果为圆柱体 3。结果如图 13-5 所示。

（8）消隐实体。单击"视图"选项卡"视觉样式"面板中的"隐藏"按钮 🔲，对实体进行消隐。

（9）绘制圆柱体 4。单击"三维工具"选项卡"建模"面板中的"圆柱体"按钮 🔲，绘制圆心为（0, 64, 0），直径为 17，高度为-8 的圆柱体。结果如图 13-6 所示。

（10）阵列孔。选择菜单栏中的"修改"→"三维操作"→"三维阵列"命令，阵列步骤（9）绘制的圆柱体。命令行提示与操作如下：

```
命令：_3DARRAY
选择对象：（选择步骤（9）绘制的圆柱体）
选择对象：找到 1 个
选择对象：✓
输入阵列类型 [矩形(R)/环形(P)] <矩形>：P✓
输入阵列中的项目数目：8✓
指定要填充的角度 (+=逆时针，-=顺时针) <360>：✓
旋转阵列对象？ [是(Y)/否(N)] <Y>：✓
指定阵列的中心点：0,0,0✓
指定旋转轴上的第二点：0,0,10✓
```

阵列结果如图 13-7 所示。

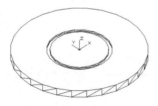 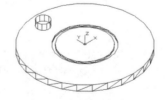 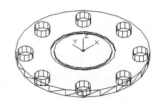

图 13-5　并集结果　　　　　图 13-6　绘制圆柱体 3　　　　　图 13-7　环形阵列结果

（11）差集运算。单击"三维工具"选项卡"实体编辑"面板中的"差集"按钮 🔲，在实体中减去阵列结果。

（12）消隐实体。单击"视图"选项卡"视觉样式"面板中的"隐藏"按钮 ⬡，对实体进行消隐。消隐结果如图 13-8 所示。

（13）倒角操作。

① 单击"视图"选项卡"导航"面板上的"动态观察"下拉列表中的"自由动态观察"按钮 ⟳，旋转整个实体到适当角度。

② 单击"三维工具"选项卡"实体编辑"面板中的"倒角边"按钮 ⬡，选择倒角边线，倒角距离为 1。结果如图 13-9 所示。

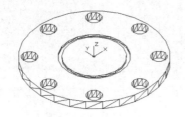

图 13-8　消隐结果

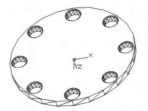

图 13-9　倒角结果

（14）圆角操作。

① 单击"可视化"选项卡"视图"面板中的"西南等轴测"按钮 ⬡，切换视图。结果如图 13-10 所示。

② 单击"三维工具"选项卡"实体编辑"面板中的"圆角边"按钮 ⬡，选择圆角边线，圆角半径为 0.1。圆角消隐结果如图 13-11 所示。

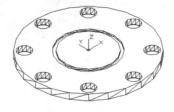

图 13-10　切换视图

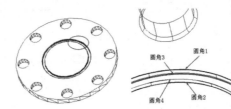

图 13-11　圆角结果

（15）选择材质。单击"可视化"选项卡"材质"面板中的"材质浏览器"按钮 ⊗，打开"材质浏览器"选项板，选择附着材质，如图 13-12 所示。选择材质，右击，在弹出的快捷菜单中选择"指定给当前选择"命令，完成材质选择。

（16）渲染实体。单击"可视化"选项卡"渲染"面板中的"渲染到尺寸"按钮 ▧，打开"前端盖-Temp0001（缩放 100%）-渲染"对话框，如图 13-13 所示。

（17）模型显示。

① 单击"视图"选项卡"视口工具"面板中的"UCS 图标"按钮 ⬡，关闭坐标系。

② 单击"视图"选项卡"视觉样式"面板中的"真实"按钮 ▧，显示模型显示样式。最终结果如图 13-1 所示。

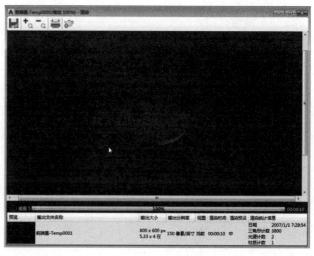

图 13-12　"材质浏览器"选项板　　　　　　　　图 13-13　渲染结果

练习提高　实例 168——绘制密封垫立体图

利用"三维阵列"命令绘制密封垫立体图，其流程如图 13-14 所示。

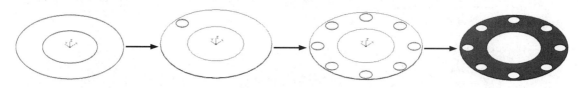

图 13-14　密封垫立体图

 思路点拨：

> （1）绘制同心圆并拉伸。
> （2）绘制圆柱体，并环形阵列。
> （3）差集运算。

完全讲解　实例 169——绘制箱盖立体图

本实例绘制如图 13-15 所示的箱盖立体图，主要练习使用"三维阵列"命令。

操作步骤：

（1）设置线框密度。在命令行中输入 ISOLINES 命令，设置

图 13-15　箱盖立体图

线框密度为 10。

（2）单击"三维工具"选项卡"建模"面板中的"长方体"按钮▢，绘制长方体，第一个角点为（0,0,0），第二个角点为（710,373,10）。

（3）单击"可视化"选项卡"视图"面板中的"西南等轴测"按钮◈，进入三维建模环境。消隐结果如图 13-16 所示。

📢 提示：

在绘制长方体过程中应打开"正交"，否则，长方体的 XY 轴不与坐标系轴重合。

（4）绘制圆柱体。单击"三维工具"选项卡"建模"面板中的"圆柱体"按钮▥，绘制圆柱体，参数设置如下。

① 圆柱体 1：圆心为（12, 15, 0），直径为 11，高度为 10；

② 圆柱体 2：圆心为（12, 133, 0），直径为 11，高度为 10；

③ 圆柱体 3：圆心为（12, 247, 0），直径为 11，高度为 10；

④ 圆柱体 4：圆心为（12, 358, 0），直径为 11，高度为 10；

⑤ 圆柱体 5：圆心为（355, 15, 0），直径为 11，高度为 10；

⑥ 圆柱体 6：圆心为（12, 190, 0），直径为 12，高度为 10；

⑦ 圆柱体 7：圆心为（390, 53, 0），直径为 10，高度为 10；

⑧ 圆柱体 8：圆心为（359, 320, 0），直径为 10，高度为 10。

结果如图 13-17 所示。

图 13-16　绘制长方体

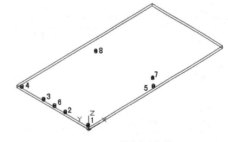

图 13-17　绘制圆柱体

（5）阵列圆柱体。选择菜单栏中的"修改"→"三维操作"→"三维阵列"命令，选择对象为圆柱体 1、4，类型为矩形阵列，行数为 1，列数为 3，间距为 114，个数为 3。命令行中的提示与操作如下：

```
命令：_3darray
选择对象：找到 1 个
选择对象：找到 1 个，总计 2 个　（选择圆柱体 1、4）
选择对象：✓
输入阵列类型 [矩形(R)/环形(P)] <矩形>:✓
输入行数 (---) <1>:✓
```

```
输入列数 (||||) <1>: 3↙
输入层数 (...) <1>:↙
指定列间距 (||||): 114↙
_.ARRAY
选择对象：  找到 1 个
选择对象：  找到 0 个
选择对象：输入阵列类型 [矩形(R)/环形(P)] <R>: _R
输入行数 (---) <1>: 1
输入列数 (||||) <1> 3
指定列间距 (||||): 114
```

结果如图 13-18 所示。

（6）镜像实体。选择菜单栏中的"修改"→"三维操作"→"三维镜像"命令，两次镜像阵列的圆柱体，第一次对象为除圆柱体 5、7、8 外的所有圆柱体，第二次对象为圆柱体 5，镜像的平面分别为由（355,0,0）、（355,15,0）、（355,0,15）和（0,190,0）、（10,190,0）、（10,190,50）组成的平面，不删除源对象。绘制结果如图 13-19 所示。

（7）差集运算。单击"三维工具"选项卡"实体编辑"面板中的"差集"按钮 ，从长方体中减去所有圆柱体。消隐结果如图 13-20 所示。

（8）模型显示。

① 选择菜单栏中的"视图"→"显示"→"UCS 图标"→"开"命令，取消坐标系显示。

② 选择菜单栏中的"视图"→"视觉样式"→"概念"命令，在图 13-15 中显示实体概念图。

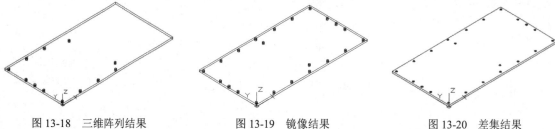

图 13-18　三维阵列结果　　　　图 13-19　镜像结果　　　　图 13-20　差集结果

扫一扫，看视频

练习提高　实例 170——绘制底板立体图

利用"三维阵列"命令绘制底板立体图，其流程如图 13-21 所示。

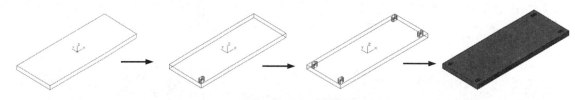

图 13-21　底板立体图

📋 **思路点拨:**

（1）用"长方体"命令绘制基本图形轮廓。
（2）绘制腰形平面图形生成面域并拉伸。
（3）三维矩形阵列。
（4）差集处理。

完全讲解 实例 171——绘制联接盘立体图

本实例绘制如图 13-22 所示的联接盘立体图，主要练习使用"三维阵列"命令。

（a）　　　　　　　　　　　（b）

图 13-22 联接盘立体图

🪑 **操作步骤:**

（1）设置线框密度。在命令行中输入 ISOLINES 命令，设置线框密度为 10。

（2）切换视图。单击"三维工具"选项卡"视图"工具栏中的"西南等轴测"按钮◈，转换到"西南等轴测"视图。

（3）绘制圆柱体。单击"建模"工具栏中的"圆柱体"按钮▣，依次绘制底面中心点为原点，直径和高度分别为 250 和 50、114 和 110、80 和 116 的圆柱体。结果如图 13-23 所示。

（4）并集运算。单击"三维工具"选项卡"实体编辑"工具栏中的"并集"按钮▮，合并绘制的圆柱体。消隐结果如图 13-24 所示。

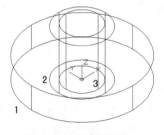
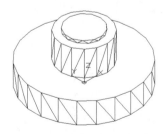

图 13-23 绘制圆柱体 1　　　　　　　图 13-24 并集结果

（5）倒角操作。单击"三维工具"选项卡"实体编辑"面板中的"倒角"按钮▥，选择合并后的圆柱体边线 1、2、3、4，倒角距离为 2，进行倒角操作。绘制结果如图 13-25 所示。

（6）绘制圆柱体。单击"三维工具"选项卡"建模"面板中的"圆柱体"按钮，继续绘制圆柱体 4、圆柱体 5，底圆圆心坐标为（0,0,0），直径分别为 52.76、78，高度分别为 116、20。绘制结果如图 13-26 所示。

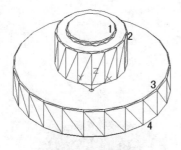 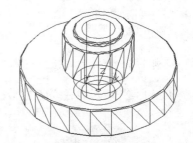

图 13-25　倒角结果 1　　　　　　　　　　图 13-26　绘制圆柱体 2

（7）差集操作。单击"三维工具"选项卡"实体编辑"面板中的"差集"按钮，从实体中减去绘制的圆柱体 4、圆柱体 5。消隐结果如图 13-27 所示。

（8）倒角操作。单击"三维工具"选项卡"实体编辑"面板中的"倒角"按钮，其中设置倒角边线 1 和 2 的倒角距离为 2，倒角边线 3 的倒角距离为 1.5。结果如图 13-28 所示。

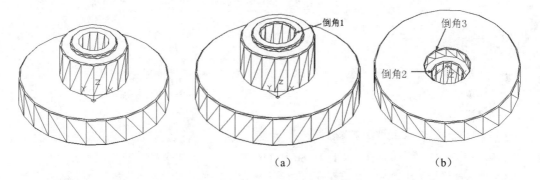

（a）　　　　　　　　　　　（b）

图 13-27　差集结果　　　　　　　　　　　图 13-28　倒角结果 2

（9）切换视图。单击"可视化"选项卡"视图"面板中的"西南等轴测"按钮，转换到"西南等轴测"视图。

（10）隐藏实体。单击"视图"选项卡"视觉样式"面板中的"隐藏"按钮，对实体进行消隐。

（11）绘制圆柱体。单击"建模"工具栏中的"圆柱体"按钮，绘制圆柱体 6，底面的中心点为（93,0,0），底面直径为 46，高度为 50。结果如图 13-29 所示。

（12）阵列实体。选择菜单栏中的"修改"→"三维操作"→"三维阵列"命令，阵列绘制的圆柱体 6，选择阵列类型为环形，阵列项目数为 6，阵列中心点为（0,0,0）、（0,0,10）。结果如图 13-30 所示。

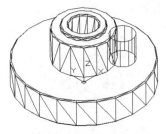

图 13-29　绘制圆柱体 3

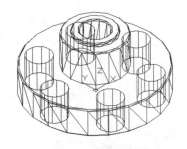

图 13-30　阵列结果

（13）绘制锥孔。单击"三维工具"选项卡"建模"面板中的"圆柱体"按钮，绘制圆柱体，圆柱体底面的中心点为（0,93,50），底面半径为 6，高度为-20。单击"建模"工具栏中的"圆锥体"按钮，绘制锥孔。命令行提示与操作如下：

```
命令：_cone
指定底面的中心点或 [三点(3P)/两点(2P)/切点、切点、半径(T)/椭圆(E)]：0,93,30
指定底面半径或 [直径(D)] <6.0000>：
指定高度或 [两点(2P)/轴端点(A)/顶面半径(T)] <-20.0000>：-1.7
```

（14）单击"三维工具"选项卡"实体编辑"工具栏中的"并集"按钮，合并绘制的锥孔实体。结果如图 13-31 所示。

（15）阵列结果。选择菜单栏中的"修改"→"三维操作"→"三维阵列"命令，阵列上步合并的锥孔，选择阵列类型为环形，项目数目为 6，阵列中心点为（0,0,0）、（0,0,10），结果如图 13-32 所示。

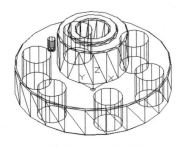

图 13-31　合并结果

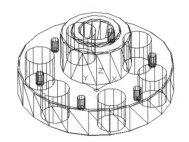

图 13-32　阵列结果

（16）单击"默认"选项卡"修改"面板中的"分解"按钮，分解阵列结果。

🔊 注意：

　　从 2012 版本后，阵列结果自动创建成组，不适用倒角等命令，为方便后续操作，一般采用"分解"命令，使阵列结果分成单个对象，不影响实体效果。

（17）差集操作。单击"实体编辑"工具栏中的"差集"按钮，从实体中减去上面绘制的两组阵列实体。消隐结果如图 13-33 所示。

（18）旋转视图。选择菜单栏中的"视图"→"动态观察"→"自由动态观察"命令，旋转实体选择图形到适当位置，方便选择所有倒角边。消隐结果如图 13-34 所示。

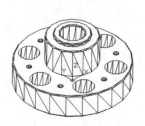
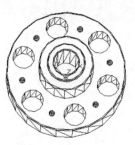

图 13-33　差集结果　　　　　　　　　　图 13-34　旋转结果

（19）倒角操作。单击"修改"工具栏中的"倒角"按钮 ，选择大孔上、下边线，倒角距离为 1；选择锥孔，倒角距离为 2，进行倒角。结果如图 13-35 所示。

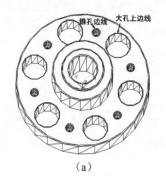
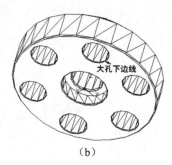
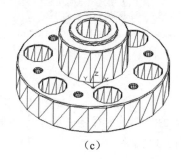

（a）　　　　　　　　　　　（b）　　　　　　　　　　　（c）

图 13-35　倒角结果

（20）绘制截面草图。

① 选择菜单栏中的"视图"→"三维视图"→"平面视图"→"当前"命令，进入 XY 平面。

② 单击"图层"工具栏中的"图层特性管理器"按钮 ，新建"图层 1"，并将其置为当前图层，绘制截面 1。

③ 单击"绘图"工具栏中的"圆"按钮 ，分别绘制直径为 52.76、55、58.75，圆心在原点的同心圆。

④ 单击"绘图"工具栏中的"直线"按钮 ，绘制过原点的竖直中心线。结果如图 13-36 所示。

📢 **注意：**

> 为方便操作，关闭 0 图层，隐藏前面绘制的实体图形。

⑤ 单击"修改"工具栏中的"偏移"按钮 ，将中心线向左偏移 1.96。单击"修改"工具栏中的"旋转"按钮 ，将中心线复制旋转 2°，基点为原点，再将中心线旋转 5°，基点为原点。结果如图 13-37 所示。

⑥ 单击"绘图"工具栏中的"圆弧"按钮 ，捕捉 1、2、3 点，绘制齿形轮廓。结果如图 13-38 所示。

⑦ 单击"修改"工具栏中的"镜像"按钮，镜像左侧齿形。结果如图 13-39 所示。

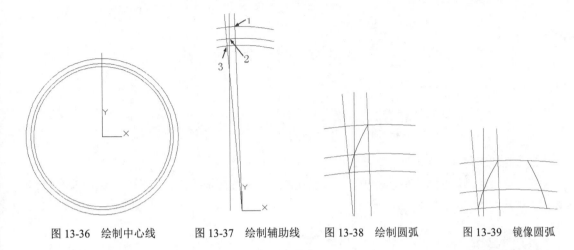

图 13-36　绘制中心线　　　图 13-37　绘制辅助线　　　图 13-38　绘制圆弧　　　图 13-39　镜像圆弧

⑧ 单击"修改"工具栏中的"环形阵列"按钮，阵列齿形轮廓，项目数为 22。结果如图 13-40 所示。

⑨ 单击"修改"工具栏中的"删除"按钮和"修剪"按钮，修剪环形阵列草图。结果如图 13-41 所示。

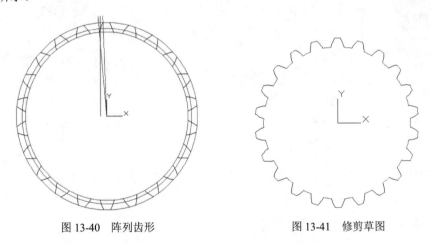

图 13-40　阵列齿形　　　　　　　　　图 13-41　修剪草图

⑩ 单击"修改"工具栏中的"分解"按钮，分解环形阵列结果。

⑪ 选择菜单栏中的"修改"→"对象"→"多段线"命令，将图示中的多条线编辑成一条多段线，为后面拉伸做准备。绘制结果如图 13-42 所示。

⑫ 单击"视图"工具栏中的"西南等轴测"按钮，将当前视图方向设置为西南等轴测视图。结果如图 13-43 所示。

（21）拉伸草图。单击"建模"工具栏中的"拉伸"按钮，拉伸绘制的截面，拉伸高度为 116，结果如图 13-44 所示。

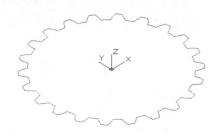

图 13-42　多段线绘制结果　　　　　　　　图 13-43　西南等轴测视图

（22）在"图层特性管理器"选项板中打开关闭的 0 图层。

（23）差集运算。单击"实体编辑"工具栏中的"差集"按钮⬛，从实体中减去绘制的两组阵列实体。结果如图 13-45 所示。

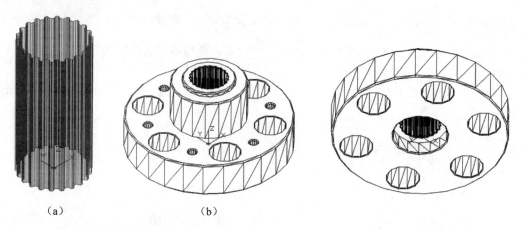

（a）　　　　　　　　　　　　（b）

图 13-44　拉伸实体结果　　　　　　　　　　　　图 13-45　差集结果

（24）模型显示。

① 选择菜单栏中的"视图"→"显示"→"UCS 图标"→"开"命令，取消坐标系显示。

② 选择菜单栏中的"视图"→"视觉样式"→"概念"命令，在图 13-22 中显示实体概念图。

扫一扫，看视频

练习提高　实例 172——绘制底座立体图

利用"三维阵列"命令绘制底座立体图，其流程如图 13-46 所示。

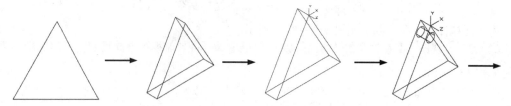

图 13-46　底座立体图

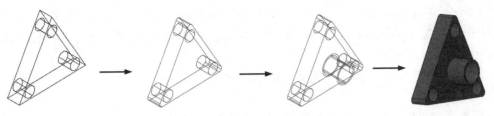

图 13-46 底座立体图（续）

思路点拨：

（1）绘制三角形并拉伸。
（2）转换坐标系并绘制圆柱体。
（3）三维环形阵列。
（4）倒圆角。
（5）绘制圆柱体，并布尔运算。

13.2 三 维 镜 像

使用三维镜像命令可以以任意空间平面为镜像面，创建指定对象的镜像副本，原对象与镜像副本相对于镜像面彼此对称。其执行方式如下。

- 命令行：MIRROR3D。
- 菜单栏：选择菜单栏中的"修改"→"三维操作"→"三维镜像"命令。

完全讲解 实例 173——绘制泵轴立体图

本实例绘制如图 13-47 所示的泵轴立体图，主要练习使用"三维镜像"命令。

扫一扫，看视频

图 13-47 泵轴立体图

操作步骤：

（1）在命令行输入 UCS 命令，设置用户坐标系，将坐标系绕 X 轴旋转 90°。

（2）单击"三维工具"选项卡"建模"面板中的"圆柱体"按钮⬚，以坐标原点为圆心，分别创建直径为 14 和高为 66、直径为 11 和高为 14、直径为 7.5 和高为 2、直径为 8 和高为 12 的圆柱体。结果如图 13-48 所示。

（3）单击"三维工具"选项卡"实体编辑"面板中的"并集"按钮⬚，将创建的圆柱体进行并集运算。

（4）单击"视图"选项卡"视觉样式"面板中的"消隐"按钮⬚，进行消隐处理。结果如图 13-49 所示。

（5）单击"三维工具"选项卡"建模"面板中的"圆柱体"按钮⬚，以（40,0）为圆心，绘制直径为 5，高为 7 的圆柱体；以（88,0）为圆心，绘制直径为 2，高为 4 的圆柱体，如图 13-50 所示。

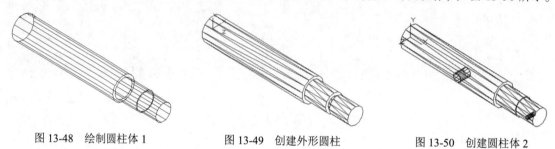

图 13-48　绘制圆柱体 1　　　　　图 13-49　创建外形圆柱　　　　　图 13-50　创建圆柱体 2

（6）绘制二维图形，并创建为面域。

① 单击"默认"选项卡"绘图"面板中的"直线"按钮╱，从点（70,0）到点（@6,0）绘制直线，如图 13-51 所示。

② 单击"默认"选项卡"修改"面板中的"偏移"按钮⬚，将绘制的直线分别向上、下偏移 2，如图 13-52 所示。

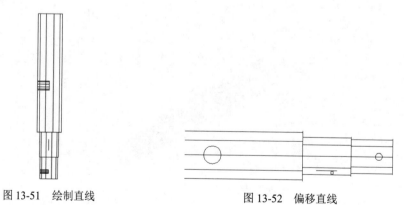

图 13-51　绘制直线　　　　　　　图 13-52　偏移直线

③ 单击"默认"选项卡"修改"面板中的"圆角"按钮⬚，对两条直线进行倒圆角操作，圆角半径为 2，如图 13-53 所示。

④ 单击"默认"选项卡"绘图"面板中的"面域"按钮⬚，将二维图形创建为面域，如图 13-54 所示。

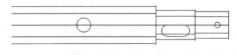 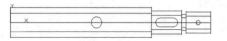

图 13-53 圆角处理 　　　　　　　图 13-54 将二维图形创建为面域

（7）单击"视图"选项卡"视图"面板中的"西南等轴测"按钮，切换视图到西南等轴测视图，利用"三维镜像"命令，将φ5及φ2的圆柱以当前XY面为镜像面，进行镜像操作。命令行提示与操作如下：

```
命令：mirror3d↙
选择对象：(选择φ5及φ2圆柱)↙
选择对象：↙
指定镜像平面 (三点) 的第一个点或[对象(O)/最近的(L)/Z 轴(Z)/视图(V)/XY 平面(XY)/YZ 平面(YZ)/ZX 平面(ZX)/三点(3)] <三点>：xy↙
指定 XY 平面上的点 <0,0,0>：↙
是否删除源对象？[是(Y)/否(N)] <否>：↙
```

结果如图 13-55 所示。

（8）单击"三维工具"选项卡"建模"面板中的"拉伸"按钮，将创建的面域拉伸2.5，如图 13-56 所示。

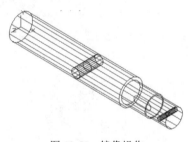 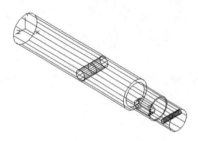

图 13-55 镜像操作 　　　　　　　图 13-56 拉伸面域

（9）单击"修改"工具栏中的"移动"按钮，将拉伸实体移动到点（@0,0,3）处，如图 13-57 所示。

（10）单击"实体编辑"工具栏中的"差集"按钮，将外形圆柱与内形圆柱及拉伸实体进行差集运算，如图 13-58 所示。

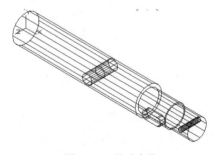 

图 13-57 移动实体 　　　　　　　图 13-58 差集后的实体

（11）创建螺纹。

① 在命令行输入 UCS 命令，将坐标系切换到世界坐标系，然后绕 X 轴旋转 90°。单击"默认"选项卡"绘图"面板中的"螺旋"按钮🗒，绘制螺纹轮廓。命令行提示与操作如下：

```
命令: _Helix
圈数 = 8.0000     扭曲=CCW
指定底面的中心点: 0,0,95↙
指定底面半径或 [直径(D)] <1.000>:4↙
指定顶面半径或 [直径(D)] <4>:↙
指定螺旋高度或 [轴端点(A)/圈数(T)/圈高(H)/扭曲(W)] <12.2000>: T↙
输入圈数 <3.0000>:8↙
指定螺旋高度或 [轴端点(A)/圈数(T)/圈高(H)/扭曲(W)] <12.2000>: -14↙
```

结果如图 13-59 所示。

② 在命令行中输入 UCS 命令。命令行提示与操作如下：

```
命令: _ucs
当前 UCS 名称: *世界*
指定 UCS 的原点或 [面(F)/命名(NA)/对象(OB)/上一个(P)/视图(V)/世界(W)/X/Y/Z/Z 轴(ZA)] <世界>: (捕捉螺旋线的上端点)
指定 X 轴上的点或 <接受>: (捕捉螺旋线上一点)
指定 XY 平面上的点或 <接受>:
```

③ 在命令行中输入 UCS 命令，将坐标系绕 Y 轴旋转-90°。结果如图 13-60 所示。

图 13-59　绘制螺旋线

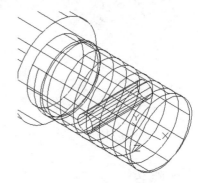

图 13-60　切换坐标系

④ 选择菜单栏中的"视图"→"三维视图"→"平面视图"→"当前 UCS（c）"命令。

⑤ 单击"默认"选项卡"绘图"面板中的"直线"按钮／，捕捉螺旋线的上端点绘制牙型截面轮廓，绘制一个正三角形，其边长为 1.5。

⑥ 单击"默认"选项卡"绘图"面板中的"面域"按钮◎，将其创建成面域。结果如图 13-61 所示。

⑦ 单击"视图"选项卡"视图"面板中的"西南等轴测"按钮◈，将视图切换到西南等轴测视图。

⑧ 单击"三维工具"选项卡"建模"面板中的"扫掠"按钮🔘。命令行提示与操作如下：

```
命令: _sweep
```

当前线框密度：　ISOLINES=4，闭合轮廓创建模式 ＝ 实体
选择要扫掠的对象或 [模式(MO)]：（选择三角牙型轮廓）
选择要扫掠的对象或 [模式(MO)]：↙
选择扫掠路径或 [对齐(A)/基点(B)/比例(S)/扭曲(T)]：（选择螺纹线）

结果如图 13-62 所示。

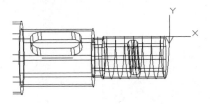

图 13-61　绘制牙型截面轮廓

图 13-62　扫掠实体

⑨ 创建圆柱体。将坐标系切换到世界坐标系，然后将坐标系绕 X 轴旋转 90°。

⑩ 单击"三维工具"选项卡"建模"面板中的"圆柱体"按钮，以坐标点（0,0,94）为底面中心点，创建半径为 6，高为 2 的圆柱体；以坐标点（0,0,82）为底面中心点，创建半径为 6，高为-2 的圆柱体；以坐标点（0,0,82）为底面中心点，创建直径为 7.5，高为-2 的圆柱体。结果如图 13-63 所示。

⑪ 单击"三维工具"选项卡"实体编辑"面板中的"并集"按钮，将螺纹与主体进行并集处理。

⑫ 单击"三维工具"选项卡"实体编辑"面板中的"差集"按钮，从左端半径为 6 的圆柱体中减去直径为 7.5 的圆柱体，然后从螺纹主体中减去半径为 6 的圆柱体和差集后的实体。结果如图 13-64 所示。

（12）在命令行中输入 UCS 命令，将坐标系切换到世界坐标系，然后将坐标系绕 Y 轴旋转-90°。

（13）单击"三维工具"选项卡"建模"面板中的"圆柱体"按钮，以（24,0,0）为圆心，创建直径为 5，高为 7 的圆柱体，如图 13-65 所示。

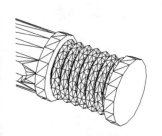

图 13-63　绘制圆柱体 3

图 13-64　布尔运算处理

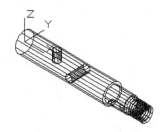

图 13-65　绘制圆柱体 4

（14）利用"三维镜像"命令，将步骤（13）绘制的圆柱体以当前 XY 面为镜像面，进行镜像操作。结果如图 13-66 所示。

（15）单击"三维工具"选项卡"实体编辑"面板中的"差集"按钮，将轴与镜像的圆柱进行差集运算，对轴倒角。

（16）单击"默认"选项卡"修改"面板中的"倒角"按钮 ◢，对左轴端及 ϕ 11 轴径进行倒角操作，倒角距离为 1。单击"视图"选项卡"视觉样式"面板中的"隐藏"按钮 ◓，对实体进行消隐，如图 13-67 所示。

（17）单击"可视化"选项卡"材质"面板中的"材质浏览器"按钮 ⊗，系统打开"材质浏览器"选项板，如图 13-68 所示。选择适当的材质，单击"可视化"选项卡"渲染"面板中的"渲染到尺寸"按钮 ◰，对图形进行渲染，如图 13-69 所示。

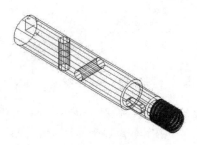

图 13-66　镜像圆柱

图 13-67　消隐后的实体

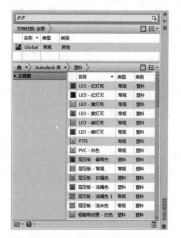

图 13-68　"材质浏览器"选项板

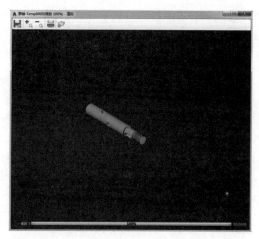

图 13-69　渲染图形

扫一扫，看视频

练习提高　实例 174——绘制支架立体图

利用"三维镜像"等命令绘制支架立体图，其流程如图 13-70 所示。

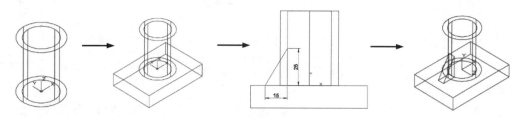

图 13-70　支架立体图

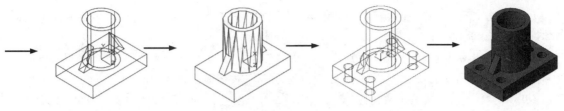

图 13-70 支架立体图（续图）

思路点拨：

（1）用"圆柱体""长方体"命令绘制基本外形，并进行布尔运算。

（2）绘制三角形面域并拉伸。

（3）三维镜像拉伸对象，然后并集处理。

（4）绘制圆柱，三维镜像，最后差集处理。

13.3 三 维 旋 转

使用"三维旋转"命令可以把三维实体模型围绕指定的轴在空间中进行旋转。其执行方式如下。

● 命令行：3DROTATE。

● 菜单栏：选择菜单栏中的"修改"→"三维操作"→"三维旋转"命令。

● 工具栏：单击"建模"工具栏中的"三维旋转"按钮⊕。

完全讲解 实例 175——绘制弯管立体图

本实例绘制如图 13-71 所示的弯管立体图，主要练习使用"三维阵列"命令。

操作步骤：

图 13-71 弯管立体图

（1）启动 AutoCAD 2020，使用默认设置画图。

（2）在命令行中输入 ISOLINES 命令，设置线框密度为 10，并切换视图到西南等轴测视图。

（3）单击"三维工具"选项卡"建模"面板中的"圆柱体"按钮🛢，以坐标原点为圆心，创建直径为 38、高为 3 的圆柱体。

（4）单击"默认"选项卡"绘图"面板中的"圆"按钮⊙，以原点为圆心，分别绘制直径为 31、24、18 的圆。

（5）单击"三维工具"选项卡"建模"面板中的"圆柱体"按钮🛢，以直径为 31 的圆的象限点为圆心，创建半径为 2、高为 3 的圆柱体。

（6）单击"默认"选项卡"修改"面板中的"环形阵列"按钮🔅，将创建的半径为 2 的圆柱体进行环形阵列，阵列中心为坐标原点，阵列数目为 4，填充角度为 360°。结果如图 13-72 所示。

图 13-72 阵列圆柱

（7）单击"三维工具"选项卡"实体编辑"面板中的"差集"按钮 🗗，将外形圆柱体与阵列圆柱体进行差集运算。

（8）切换视图到前视图。单击"默认"选项卡"绘图"面板中的"圆弧"按钮 ╱，以坐标原点为起始点，指定圆弧的圆心为（120,0），绘制角度为-30°的圆弧。结果如图 13-73 所示。

（9）切换视图到西南等轴测视图。单击"三维工具"选项卡"建模"面板中的"拉伸"按钮 🗗，采用路径拉伸方式，分别将直径为 24 和 18 的圆沿着绘制的圆弧拉伸。结果如图 13-74 所示。

（10）单击"三维工具"选项卡"实体编辑"面板中的"并集"按钮 🗗，将底座与由直径为 24 的圆拉伸形成的实体进行并集运算。

（11）单击"三维工具"选项卡"建模"面板中的"长方体"按钮 🗊，在创建的实体外部，创建长为 32、宽为 3、高为 32 的长方体；接续该长方体，向下创建长为 8、宽为 6、高为-16 的长方体。

（12）单击"三维工具"选项卡"建模"面板中的"圆柱体"按钮 🗊，以长为 8 的长方体前端面底边中点为圆心，创建半径分别为 4、2，高为-16 的圆柱体。

（13）单击"三维工具"选项卡"实体编辑"面板中的"并集"按钮 🗗，将两个长方体和半径为 4 的圆柱体进行并集运算，然后单击"三维工具"选项卡"实体编辑"面板中的"差集"按钮 🗗，将并集后的图形与半径为 2 的圆柱体进行差集运算。结果如图 13-75 所示。

图 13-73　绘制圆弧　　　　图 13-74　拉伸圆　　　　图 13-75　创建弯管顶面

（14）单击"默认"选项卡"修改"面板中的"圆角"按钮 ╱，对弯管顶面长方体进行倒圆角操作，圆角半径为 4。

（15）将用户坐标系设置为世界坐标系，创建弯管顶面圆柱孔。单击"三维工具"选项卡"建模"面板中的"圆柱体"按钮 🗊，捕捉圆角圆心为中心点，创建半径为 2、高为 3 的圆柱体。

（16）单击"默认"选项卡"修改"面板中的"复制"按钮 🗂，分别复制半径为 2 的圆柱体到圆角的中心。

（17）单击"三维工具"选项卡"实体编辑"面板中的"差集"按钮 🗗，将创建的弯管顶面与半径为 2 的圆柱体进行差集运算。对图形进行消隐。结果如图 13-76 所示。

（18）单击"默认"选项卡"绘图"面板中的"构造线"按钮 ╱，过弯管顶面边的中点分别绘制两条辅助线。结果如图 13-77 所示。

（19）选择菜单栏中的"修改"→"三维操作"→"三维旋转"命令，选取弯管顶面及辅助线，以 Y 轴为旋转轴，以辅助线的交点为旋转轴上的点，将实体旋转30°。命令行提示与操作如下：

```
命令：_3drotate
```

UCS 当前的正角方向：ANGDIR=逆时针　ANGBASE=0
选择对象：选择弯管顶面及辅助线
选择对象：✓
指定基点：辅助线的交点
拾取旋转轴：Y 轴
指定角的起点或键入角度：-30° ✓

（20）单击"默认"选项卡"修改"面板中的"移动"按钮✛，以弯管顶面辅助线的交点为基点，将其移动到弯管上部圆心处。结果如图 13-78 所示。

图 13-76　差集结果

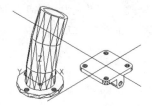
图 13-77　绘制辅助线

图 13-78　移动弯管顶面

（21）单击"三维工具"选项卡"实体编辑"面板中的"并集"按钮⬛，将弯管顶面及弯管与拉伸的直径为 24 的圆并集生成实体。

（22）单击"三维工具"选项卡"实体编辑"面板中的"差集"按钮⬚，将步骤（21）中并集生成的实体与拉伸的直径为 18 的圆进行差集运算。

（23）单击"默认"选项卡"修改"面板中的"删除"按钮✐，删除绘制的辅助线及辅助圆。

（24）单击"可视化"选项卡"渲染"面板中的"渲染到尺寸"按钮⬚，选择适当的材质对图形进行渲染。最终结果如图 13-71 所示。

练习提高　实例 176——绘制弹簧垫圈立体图

绘制弹簧垫圈立体图，其流程如图 13-79 所示。

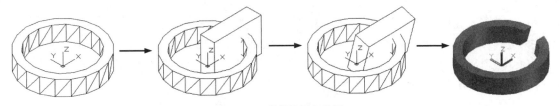
图 13-79　弹簧垫圈立体图

📋 **思路点拨：**

（1）绘制两个圆柱体并差集处理。
（2）绘制圆柱体并三维旋转。
（3）差集处理。

13.4 三维移动

在三维视图中，显示三维移动小控件以帮助在指定方向上按指定距离移动三维对象。使用三维移动小控件，可以自由移动选定的对象和子对象，或将移动约束到轴或平面。其执行方式如下。

- 命令行：3DMOVE。
- 菜单栏：选择菜单栏中的"修改"→"三维操作"→"三维移动"命令。
- 工具栏：单击"建模"工具栏中的"三维移动"按钮 。

完全讲解 实例 177——绘制角架立体图

本实例绘制如图 13-80 所示的角架立体图，主要练习使用"三维移动"命令。

图 13-80 角架立体图

操作步骤：

（1）建立新文件。启动 AutoCAD 2020，使用默认绘图环境。单击"快速访问"工具栏中的"新建"按钮 ，打开"选择样板"对话框，以"无样板打开-公制（毫米）"方式建立新文件；将新文件命名为"角架立体图.dwg"并保存。

（2）设置线框密度。在命令行中输入 ISOLINES 命令，默认值为 8，设置系统变量值为 10。

（3）设置视图方向。单击"可视化"选项卡"视图"面板中的"西南等轴测"按钮 ，切换到西南等轴测视图。

（4）绘制长方体。单击"三维工具"选项卡"建模"面板中的"长方体"按钮 ，绘制长方体，长方体角点坐标分别为（0,0,0）和（100,-50,5）。结果如图 13-81 所示。

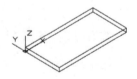

图 13-81 绘制长方体 1

（5）绘制长方体。单击"三维工具"选项卡"建模"面板中的"长方体"按钮 ，绘制长方体，长方体角点坐标分别为（0,0,5）和（5,-50,30）。结果如图 13-82 所示。

（6）移动实体。选择菜单栏中的"修改"→"三维操作"→"三维移动"命令，将其沿 X 轴方向移动 68。命令行提示与操作操作如下：

```
命令：_3dmove
选择对象：（选择步骤（5）绘制的长方体）
选择对象：
指定基点或 [位移(D)] <位移>：（选择点 1）
指定第二个点或 <使用第一个点作为位移>：（选择点 2）
```

（7）设置视图方向。单击"可视化"选项卡"视图"面板中的"前视"按钮 ，对视图进行切换。

（8）单击"默认"选项卡"绘图"面板中的"直线"按钮 ，绘制直线，形成封闭的三角形，如图 13-83 所示。命令行提示与操作如下：

```
命令：_line
指定第一个点：from ✓
基点：（长方体最上侧的左角点）
<偏移>：@0,-2✓
指定下一点或 [放弃(U)]：（捕捉两个长方体的交点，绘制竖直直线）
指定下一点或[退出(E)/放弃(U)]：70✓（指定水平直线的长度）
指定下一点或[关闭(C)/退出(X)/放弃(U)]：（点取直线的起点或者直接在命令行中输入C）
指定下一点或[关闭(C)/退出(X)/放弃(U)]：
```

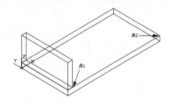
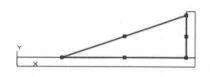

图 13-82 绘制长方体 2   图 13-83 绘制三角形

（9）单击"默认"选项卡"绘图"面板中的"面域"按钮◎，将三角形创建为面域。

（10）单击"默认"选项卡"修改"面板中的"拉伸"按钮◢，将绘制的三角形进行拉伸，拉伸的高度为 5。

（11）设置视图方向。单击"可视化"选项卡"视图"面板中的"西南等轴测"按钮◈，切换到西南等轴测视图。

（12）设置坐标系。在命令行中输入 UCS 命令，将坐标系返回默认世界坐标系。命令行提示与操作如下：

```
命令：UCS✓
当前 UCS 名称：*没有名称*
指定 UCS 的原点或 [面(F)/命名(NA)/对象(OB)/上一个(P)/视图(V)/世界(W)/X/Y/Z/Z 轴(ZA)] <世界>:✓
```

（13）绘制圆柱体。单击"三维工具"选项卡"建模"面板中的"圆柱体"按钮▣，绘制以（30，-15，0）为圆心，半径为 2.5，高为 5 的圆柱体 1。继续以（25，-17.5，0）为圆心，创建半径为 2.5，高为 5 的圆柱体 2。结果如图 13-84 所示。

（14）选择菜单栏中的"修改"→"三维操作"→"三维镜像"命令，镜像圆柱体。命令行提示与操作如下：

```
命令：_mirror3d
选择对象：（选择圆柱体 1 和圆柱体 2）
选择对象：✓
指定镜像平面（三点）的第一个点或 [对象(O)/最近的(L)/Z 轴(Z)/视图(V)/XY 平面(XY)/YZ 平面(YZ)/ZX 平面(ZX)/三点(3)] <三点>:（选择长方体左侧短边上的上侧的中点）
在镜像平面上指定第二点：（选择长方体左侧短边上的下侧的中点）
在镜像平面上指定第三点：（选择长方体右侧短边上的下侧的中点）
```

是否删除源对象？[是(Y)/否(N)] <否>:↙

（15）设置坐标系。在命令行中输入 UCS 命令，将坐标系绕 Y 轴旋转 90°。

（16）绘制圆柱体。单击"三维工具"选项卡"建模"面板中的"圆柱体"按钮 ⬜，绘制以 （-15,-15,95）为圆心，半径为 2.5，高为 5 的圆柱体 3。继续以（-15,-35,95）为圆心，创建半径为 2.5，高为 5 的圆柱体 4。结果如图 13-85 所示。

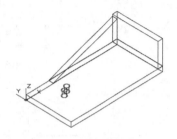
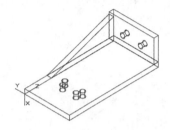

图 13-84　绘制圆柱体 1　　　　　　　　　图 13-85　绘制圆柱体 2

（17）差集运算 1。单击"三维工具"选项卡"实体编辑"面板中的"差集"按钮 ⬤，对圆柱体 1 和圆柱体 2 与大长方体进行差集操作，将圆柱体 3 和圆柱体 4 与小长方体进行差集运算。

（18）单击"三维工具"选项卡"实体编辑"面板中的"并集"按钮 ⬤，将所有实体进行并集操作。

（19）改变视觉样式。单击"视图"选项卡"视觉样式"面板中的"概念"按钮 ◨。最终结果如图 13-80 所示。

扫一扫，看视频

练习提高　实例 178——绘制阀盖立体图

利用"圆柱体""长方体""旋转""倒圆角""倒角""三维阵列""三维移动"命令绘制阀盖立体图，其流程图如图 13-86 所示。

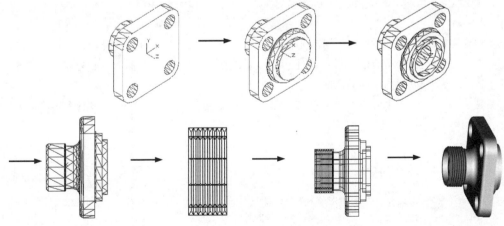

图 13-86　阀盖立体图

📋 **思路点拨：**

（1）绘制长方体和圆柱体，并进行布尔运算。
（2）倒圆角和倒角处理。
（3）利用"旋转""三维阵列"命令绘制螺纹。
（4）利用"三维移动"命令移动螺纹，并进行布尔运算。

13.5 剖 切 视 图

在 AutoCAD 中，可以利用剖切功能对三维造型进行剖切处理，这样便于用户观察三维造型内部结构。其执行方式如下：

- 命令行：SLICE（快捷命令：SL）。
- 菜单栏：选择菜单栏中的"修改"→"三维操作"→"剖切"命令。
- 功能区：单击"三维工具"选项卡"实体编辑"面板中的"剖切"按钮🗒。

完全讲解 实例 179——绘制半圆凹槽孔块立体图

本实例绘制如图 13-87 所示的半圆凹槽孔块立体图，主要利用"剖切"命令来实现。

扫一扫，看视频

🪑 **操作步骤：**

图 13-87 半圆凹槽孔块立体图

（1）设置线框密度。在命令行中输入 ISOLINES 命令，默认值为 8，设置系统变量值为 10。

（2）单击"可视化"选项卡"视图"面板中的"西南等轴测"按钮🔷，设置视图方向，在命令行中输入 UCS 命令，将坐标系绕 Y 轴旋转-90°。

（3）单击"三维工具"选项卡"建模"面板中的"圆柱体"按钮🗒，绘制底面圆心坐标为（0,0,0），底面半径为 20，高度为 50 的圆柱体，如图 13-88 所示。

（4）剖切圆柱体。单击"三维工具"选项卡"实体编辑"面板中的"剖切"按钮🗒，将步骤（3）绘制的圆柱体分别沿过点（0,0,0）的 YZ 平面方向进行剖切处理，如图 13-89 所示。命令行提示与操作如下：

```
命令: _slice
选择要剖切的对象：（选择球体）
选择要剖切的对象：✓
指定切面的起点或 [平面对象(O)/曲面(S)/Z 轴(Z)/视图(V)/XY(XY)/YZ(YZ)/ZX(ZX)/三点(3)] <三点>: yz✓
指定 YZ 平面上的点 <0,0,0>: 0,0,0✓
在所需的侧面上指定点或 [保留两个侧面(B)] <保留两个侧面>：（在圆柱体下侧单击）
```

（5）在命令行中输入 UCS 命令，将坐标系移动到圆柱体的左上角点。

（6）在命令行中输入 UCS 命令，将坐标系统绕 Y 轴旋转 180°。命令行提示与操作如下：

```
命令：UCS↙
当前 UCS 名称：*没有名称*
指定 UCS 的原点或 [面(F)/命名(NA)/对象(OB)/上一个(P)/视图(V)/世界(W)/X/Y/Z/Z 轴(ZA)] <世
界>：Y↙
指定绕 Y 轴的旋转角度 <90>：180↙
```

结果如图 13-90 所示。

 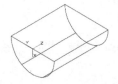 

图 13-88　绘制圆柱体　　　　图 13-89　剖切圆柱体　　　　图 13-90　移动和旋转坐标系

（7）单击"三维工具"选项卡"建模"面板中的"长方体"按钮，绘制长方体，如图 13-91 所示。命令行提示与操作如下：

```
命令：_box
指定第一个角点或 [中心(C)]：-5,0,0↙
指定其他角点或 [立方体(C)/长度(L)]：0,-40,10↙
命令：_box
指定第一个角点或 [中心(C)]：(选择点 1)
指定其他角点或 [立方体(C)/长度(L)]：L↙
指定长度：<正交 开>40↙
指定宽度：5↙
指定高度或 [两点(2P)] <11.0000>：-10↙
```

（8）差集处理。单击"三维工具"选项卡"实体编辑"面板中的"并集"按钮，将实体进行并集运算。

（9）消隐实体。单击"视图"选项卡"视觉样式"面板中的"隐藏"按钮，进行消隐处理。结果如图 13-92 所示。

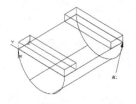 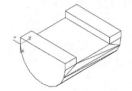

图 13-91　绘制长方体　　　　　　图 13-92　消隐处理

（10）改变视觉样式。单击"视图"选项卡"视觉样式"面板中的"概念"按钮。最终结果如图 13-87 所示。

练习提高　实例 180——绘制方向盘立体图

利用"长方体""倒圆角""倒角"等命令绘制方向盘立体图，其流程如图 13-93 所示。

图 13-93　方向盘立体图

思路点拨：

（1）绘制圆环体、球体和圆柱体。
（2）三维阵列圆柱体。
（3）剖切球体，进行并集处理。

第14章 三维实体编辑

内容简介

三维造型编辑是指对三维造型的结构单元本身进行编辑，从而改变造型形状和结构，是 AutoCAD 三维建模中最复杂的一部分内容。

本章将通过实例深入介绍三维实体编辑命令的使用方法。

14.1 复 制 边

复制边命令是指将三维实体上的选定边复制为二维圆弧、圆、椭圆、直线或样条曲线。其执行方式如下。

- 命令行：SOLIDEDIT。
- 菜单栏：选择菜单栏中的"修改"→"实体编辑"→"复制边"命令。
- 工具栏：单击"实体编辑"工具栏中的"复制边"按钮 。
- 功能区：单击"三维工具"选项卡"实体编辑"面板中的"复制边"按钮 。

完全讲解 实例181——绘制摇杆立体图

本实例绘制如图 14-1 所示的摇杆立体图。通过本实例，主要掌握"复制边"命令的灵活应用。

图 14-1 摇杆立体图

操作步骤：

（1）在命令行中输入 ISOLINES 命令，设置线框密度为 10。单击"可视化"选项卡"视图"面板中的"西南等轴测"按钮 ，切换到西南等轴测视图。

（2）单击"三维工具"选项卡"建模"面板中的"圆柱体"按钮 ，以坐标原点为圆心，分别创建半径为 30、15，高为 20 的圆柱体。

（3）单击"三维工具"选项卡"实体建模"面板中的"差集"按钮 ，将半径为 30 的圆柱体与半径为 15 的圆柱体进行差集运算。

（4）单击"三维工具"选项卡"建模"面板中的"圆柱体"按钮 ，以（150,0,0）为圆心，分别创建半径为 50、30，高为 30 的圆柱体及半径为 40，高为 10 的圆柱体。

（5）单击"三维工具"选项卡"实体建模"面板中的"差集"按钮，将半径为50的圆柱体与半径为30、半径为40的圆柱体进行差集运算。结果如图14-2所示。

（6）单击"三维工具"选项卡"实体编辑"面板中的"复制边"按钮。命令行提示与操作如下：

```
命令: _solidedit
实体编辑自动检查:  SOLIDCHECK=1
输入实体编辑选项 [面(F)/边(E)/体(B)/放弃(U)/退出(X)] <退出>: _edge
输入边编辑选项 [复制(C)/着色(L)/放弃(U)/退出(X)] <退出>: _copy
选择边或 [放弃(U)/删除(R)]: 如图14-2所示，选择左边R30圆柱体的底边↙
指定基点或位移: 0,0↙
指定位移的第二点: 0,0↙
输入边编辑选项 [复制(C)/着色(L)/放弃(U)/退出(X)] <退出>: C↙
选择边或 [放弃(U)/删除(R)]: 方法同前，选择如图14-2中右边R50圆柱体的底边
指定基点或位移: 0,0↙
指定位移的第二点: 0,0↙
输入边编辑选项 [复制(C)/着色(L)/放弃(U)/退出(X)] <退出>:↙
```

（7）单击"可视化"选项卡"视图"面板中的"仰视"按钮，切换到仰视图。单击"可视化"选项卡"视觉样式"面板中的"隐藏"按钮，进行消隐处理。

（8）单击"默认"选项卡"绘图"面板中的"构造线"按钮，分别绘制所复制的半径为30及半径为50圆的外公切线，并绘制通过圆心的竖直线。结果如图14-3所示。

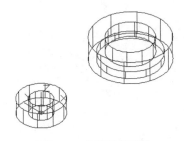
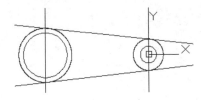

图14-2　差集运算结果　　　　　图14-3　绘制辅助构造线

（9）单击"默认"选项卡"修改"面板中的"偏移"按钮，将绘制的外公切线，分别向内偏移10，并将左边竖直线向右偏移45，将右边竖直线向左偏移25。偏移结果如图14-4所示。

（10）单击"默认"选项卡"修改"面板中的"修剪"按钮，对辅助线及复制的边进行修剪。单击"默认"选项卡"修改"面板中的"删除"按钮，删除多余的辅助线。结果如图 14-5 所示。

（11）单击"可视化"选项卡"视图"面板中的"西南等轴测"按钮，切换到西南等轴测视图。单击"默认"选项卡"绘图"面板中的"面域"按钮，分别将辅助线与圆及辅助线之间围成的两个区域创建为面域。

（12）单击"默认"选项卡"修改"面板中的"移动"按钮，将内环面域向上移动5。

（13）单击"三维建模"选项卡"建模"面板中的"拉伸"按钮，分别将外环及内环面域向上拉伸16及11。

（14）单击"三维工具"选项卡"实体编辑"面板中的"差集"按钮![],将拉伸生成的两个实体进行差集运算。结果如图 14-6 所示。

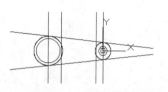

图 14-4　偏移辅助线

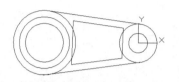

图 14-5　修剪辅助线及圆

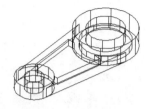

图 14-6　差集拉伸实体

（15）单击"三维工具"选项卡"实体编辑"面板中的"并集"按钮![],将所有实体进行并集运算。

（16）单击"三维工具"选项卡"实体编辑"面板中的"圆角边"按钮![],对实体中间内凹处进行倒圆角操作，圆角半径为 5。

（17）单击"三维工具"选项卡"实体编辑"面板中的"倒角边"按钮![],对实体左右两部分顶面进行倒角操作，倒角距离为 3。

（18）单击"可视化"选项卡"视觉样式"面板中的"隐藏"按钮![],进行消隐处理后的图形，如图 14-7 所示。

（19）选取菜单命令"修改"→"三维操作"→"三维镜像"命令，将实体进行镜像处理，命令行提示与操作如下：

```
命令：_ mirror3d
选择对象：选择实体✓
指定镜像平面（三点）的第一个点或[对象(O)/最近的(L)/Z 轴(Z)/视图(V)/XY 平面(XY)/YZ 平面
(YZ)/ZX 平面(ZX)/三点(3)] <三点>: XY✓
指定 XY 平面上的点 <0,0,0>: ✓
是否删除源对象？[是(Y)/否(N)] <否>:✓
```

镜像结果如图 14-8 所示。

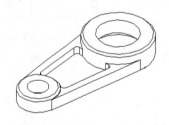

图 14-7　倒圆角及倒角后的实体

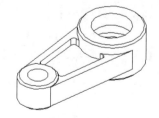

图 14-8　镜像后的实体

扫一扫，看视频

练习提高　实例 182——绘制泵盖立体图

利用"复制边"命令绘制泵盖立体图，其流程如图 14-9 所示。

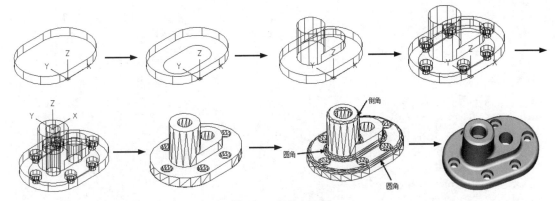

图 14-9 泵盖立体图

📋 **思路点拨：**

（1）绘制封闭多段线并拉伸。
（2）复制边并合并，偏移后拉伸。
（3）绘制一系列圆柱体，进行布尔运算。
（4）进行倒角边和倒圆边。

14.2 抽 壳

抽壳是用指定的厚度创建一个空的薄层，可以为所有面指定一个固定的薄层厚度。通过选择面可以将这些面排除在壳外。其执行方式如下。

- 命令行：SOLIDEDIT。
- 菜单栏：选择菜单栏中的"修改"→"实体编辑"→"抽壳"命令。
- 工具栏：单击"实体编辑"工具栏中的"抽壳"按钮🔲。
- 功能区：单击"三维工具"选项卡"实体编辑"面板中的"抽壳"按钮🔲。

完全讲解 实例 183——绘制凸台双槽竖槽孔块立体图

本实例绘制如图 14-10 所示的凸台双槽竖槽孔块立体图，主要练习使用"抽壳"命令。

扫一扫，看视频

🛠 **操作步骤：**

图 14-10 凸台双槽竖槽孔块立体图

（1）设置线框密度。在命令行中输入 ISOLINES 命令，默认值为 8，设置系统变量值为 10。

（2）设置视图方向。单击"可视化"选项卡"视图"面板中的"西南等轴测"按钮◈，切换到西南等轴测视图。

（3）单击"三维工具"选项卡"建模"面板中的"长方体"按钮▣，以（0,0,0）为角点，绘制另一角点坐标为（140,100,40）的长方体1。结果如图14-11所示。

（4）单击"三维工具"选项卡"实体编辑"面板中的"抽壳"按钮▣，对绘制的长方体进行抽壳。命令行提示与操作如下：

```
命令: _solidedit
实体编辑自动检查: SOLIDCHECK=1
输入实体编辑选项 [面(F)/边(E)/体(B)/放弃(U)/退出(X)] <退出>: _body
输入体编辑选项[压印(I)/分割实体(P)/抽壳(S)/清除(L)/检查(C)/放弃(U)/退出(X)] <退出>:
_shell
选择三维实体: (选择绘制的长方体)
删除面或 [放弃(U)/添加(A)/全部(ALL)]: (选择长方体的左底边作为删除面)
删除面或 [放弃(U)/添加(A)/全部(ALL)]: ↙
输入抽壳偏移距离: 20↙
```

结果如图14-12所示。

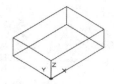 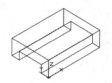

图 14-11　绘制长方体 1　　　　图 14-12　"抽壳"操作

（5）单击"三维工具"选项卡"建模"面板中的"长方体"按钮▣，以长方体的左上顶点为角点，绘制长度为140，宽度为100，高度为30的长方体2。结果如图14-13所示。

（6）单击"三维工具"选项卡"实体编辑"面板中的"并集"按钮▣，将上面绘制的两个长方体合并在一起。结果如图14-14所示。

（7）单击"三维工具"选项卡"建模"面板中的"长方体"按钮▣，绘制长方体3。命令行提示与操作如下：

```
命令: box
指定第一个角点或 [中心(C)]: C↙
指定中心: (长方体最上侧边的中点)
指定角点或 [立方体(C)/长度(L)]: L↙
指定长度: <正交 开> 70↙
指定宽度: 70↙
指定高度或 [两点(2P)] <30.0000>: 30↙
```

结果如图14-15所示。

（8）选择菜单栏中的"修改"→"三维操作"→"三维移动"命令，以长方体3下边的中点为基点，移动到长方体2最上侧边的中点，如图14-16所示。

（9）单击"三维工具"选项卡"建模"面板中的"长方体"按钮▣，以（85,0,0）和（55,40,100）为角点绘制长方体4，以（105,0,20）和（35,80,00）为角点，绘制长方体5。

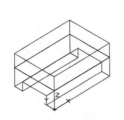
图 14-13 绘制长方体 2

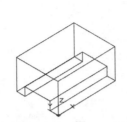
图 14-14 布尔合并运算

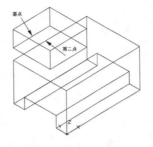
图 14-15 绘制长方体 3

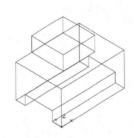
图 14-16 移动长方体

将视图转换到前视图。

（10）单击"三维工具"选项卡"建模"面板中的"圆柱体"按钮🗍，绘制一个底面中心点如图 14-17 所示（利用对象捕捉功能捕捉圆心位置），底面半径为 5，高度为-60 的圆柱体。

（11）单击"三维工具"选项卡"实体编辑"面板中的"并集"按钮🗍，将长方体 3 与长方体 1 和长方体 2 合并在一起。

（12）单击"三维工具"选项卡"实体编辑"面板中的"差集"按钮🗍，将长方体 4 和长方体 5 以及圆柱体从实体中减去。结果如图 14-18 所示。

（13）单击"视图"选项卡"视觉样式"面板中的"隐藏"按钮🗍，对实体进行消隐。结果如图 14-19 所示。

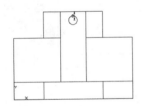
图 14-17 绘制圆柱体

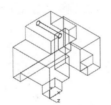
图 14-18 布尔操作

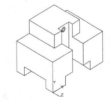
图 14-19 实体消隐

（14）关闭坐标系。选择菜单栏中的"视图"→"显示"→"UCS 图标"→"开"命令，完整显示图形。

（15）改变视觉样式。利用"材质浏览器"命令，对实体附着对应材质。单击"视图"选项卡"视觉样式"面板中的"概念"按钮▨。最终结果如图 14-10 所示。

扫一扫，看视频

练习提高 实例 184——绘制固定板立体图

利用"抽壳"命令绘制固定板立体图，其流程如图 14-20 所示。

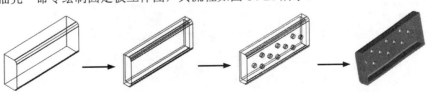
图 14-20 固定板立体图

📋 **思路点拨：**

（1）用"长方体"命令绘制基本图形轮廓并倒角。
（2）抽壳处理，并剖切生成对象。
（3）绘制圆柱体并进行三维矩形阵列。
（4）差集处理。

14.3 复 制 面

复制面命令是指将面复制为面域或体。如果指定两个点，使用第一个点作为基点，并相对于基点放置一个副本。其执行方式如下。

- 命令行：SOLIDEDIT。
- 菜单栏：选择菜单栏中的"修改"→"实体编辑"→"复制面"命令。
- 工具栏：单击"实体编辑"工具栏中的"复制面"按钮 。
- 功能区：单击"三维工具"选项卡"实体编辑"面板中的"复制面"按钮 。

完全讲解 实例185——绘制圆平榫立体图

本实例绘制如图 14-21 所示的圆平榫立体图，主要练习使用"复制面"命令。

扫一扫，看视频

🛠 **操作步骤：**

图 14-21 圆平榫立体图

（1）设置线框密度。在命令行中输入 ISOLINES 命令，默认值为 8，设置系统变量值为 10。

（2）设置视图方向。单击"可视化"选项卡"视图"面板中的"西南等轴测"按钮 ，切换到西南等轴测视图。

（3）单击"三维工具"选项卡"建模"面板中的"长方体"按钮 ，再以（0,0,0）为角点，绘制另一角点坐标为（80,50,15）的长方体 1，如图 14-22 所示。

（4）单击"三维工具"选项卡"实体编辑"面板中的"抽壳"按钮 ，对绘制的长方体进行抽壳。命令行提示与操作如下：

```
命令: _solidedit
实体编辑自动检查: SOLIDCHECK=1
输入实体编辑选项 [面(F)/边(E)/体(B)/放弃(U)/退出(X)] <退出>: _body
输入体编辑选项
[压印(I)/分割实体(P)/抽壳(S)/清除(L)/检查(C)/放弃(U)/退出(X)] <退出>: _shell
选择三维实体: (选择长方体1)
删除面或 [放弃(U)/添加(A)/全部(ALL)]: (选择前侧底边、右侧底边和后侧底边)
删除面或 [放弃(U)/添加(A)/全部(ALL)]:
输入抽壳偏移距离: 5✓
```

已开始实体校验。
已完成实体校验。
输入体编辑选项
[压印(I)/分割实体(P)/抽壳(S)/清除(L)/检查(C)/放弃(U)/退出(X)] <退出>:↙
实体编辑自动检查：　SOLIDCHECK=1
输入实体编辑选项 [面(F)/边(E)/体(B)/放弃(U)/退出(X)] <退出>:↙

结果如图 14-23 所示。

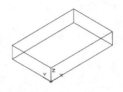　　　　　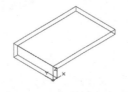

图 14-22　绘制长方体　　　　　　　图 14-23　"抽壳"操作

（5）单击"三维工具"选项卡"建模"面板中的"长方体"按钮🔲，再以（0,0,0）为角点，绘制另一角点坐标为（-20,50,15）的长方体 2。

（6）单击"三维工具"选项卡"实体编辑"面板中的"并集"按钮🔳，将之前绘制的两个长方体合并在一起。

（7）单击"可视化"选项卡"视图"面板中的"俯视"按钮🔲，将视图切换到俯视图。将坐标系调整到图形的左上方。

（8）单击"默认"选项卡"绘图"面板中的"圆"按钮⊙，绘制圆心坐标为（12.5,-12.5），半径为 5 的圆。结果如图 14-24 所示。

（9）单击"三维工具"选项卡"建模"面板中的"拉伸"按钮🔲，拉伸圆，设置拉伸高度为 15。

（10）单击"可视化"选项卡"视图"面板中的"西南等轴测"按钮✦，将当前视图设为西南等轴测视图。结果如图 14-25 所示。

（11）选择菜单栏中的"修改"→"三维操作"→"三维镜像"命令，将拉伸实体进行镜像操作。结果如图 14-26 所示。

（12）单击"三维工具"选项卡"实体编辑"面板中的"差集"按钮🔲，进行差集操作。

（13）单击"三维工具"选项卡"建模"面板中的"圆柱体"按钮🔲，绘制圆柱体 1，如图 14-27 所示。命令行提示与操作如下：

```
命令: _cylinder
指定底面的中心点或 [三点(3P)/两点(2P)/切点、切点、半径(T)/椭圆(E)]:（捕捉点 1）
指定底面半径或 [直径(D)]:（捕捉点 2）
指定高度或 [两点(2P)/轴端点(A)] <16.0000>: 30↙
```

（14）单击"三维工具"选项卡"建模"面板中的"圆柱体"按钮🔲，绘制以点 1 为圆心，底面半径为 20，高度为 30 的圆柱体 2。

（15）单击"三维工具"选项卡"建模"面板中的"长方体"按钮🔲，以圆柱体的中心为长方体的中心，绘制长度为 12，宽度为 50，高度为 5 的长方体 3。

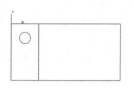
图 14-24 绘制圆

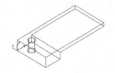
图 14-25 转换视图

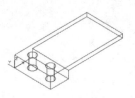
图 14-26 三维镜像实体

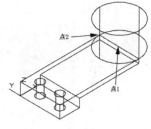
图 14-27 绘制圆柱体 1

（16）选择菜单栏中的"修改"→"三维操作"→"三维移动"命令，将长方体向 Z 轴方向移动-2.5。

```
命令：_3dmove
选择对象：（选择长方体 3）
选择对象：↙
指定基点或 [位移(D)] <位移>：（指定绘图区的一点）
指定第二个点或 <使用第一个点作为位移>：@0,0,-2.5↙
```

正在重生成模型。

（17）单击"三维工具"选项卡"实体编辑"面板中的"差集"按钮⬛，在圆柱体 1 中减去圆柱体 2 和长方体 3。结果如图 14-28 所示。

（18）单击"可视化"选项卡"视图"面板中的"东南等轴测"按钮⬙，将视图转换到东南等轴测视图，将坐标系转换到世界坐标系。

（19）单击"三维工具"选项卡"建模"面板中的"圆柱体"按钮⬛，绘制圆柱体，如图 14-29 所示。命令行提示与操作如下：

```
命令：_cylinder
指定底面的中心点或 [三点(3P)/两点(2P)/切点、切点、半径(T)/椭圆(E)]：102.5,25,15↙
指定底面半径或 [直径(D)] <1.5000>：1.5↙
指定高度或 [两点(2P)/轴端点(A)] <6.0000>：-5↙
```

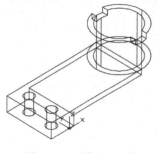
图 14-28 差集布尔运算

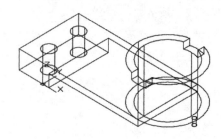
图 14-29 绘制圆柱体

（20）单击"三维工具"选项卡"实体编辑"面板中的"复制面"按钮⬛，选择步骤（19）绘制的圆柱体的底面，在原位置复制出一个面，并将复制的面进行拉伸，拉伸的高度为 10，倾斜度为 2°，如图 14-30 所示。命令行提示与操作如下：

```
命令: _solidedit
实体编辑自动检查: SOLIDCHECK=1
输入实体编辑选项 [面(F)/边(E)/体(B)/放弃(U)/退出(X)] <退出>: _face
输入面编辑选项[拉伸(E)/移动(M)/旋转(R)/偏移(O)/倾斜(T)/删除(D)/复制(C)/颜色(L)/材质(A)/放
弃(U)/退出(X)] <退出>: _copy
选择面或 [放弃(U)/删除(R)]: (选择圆柱体底面)
选择面或 [放弃(U)/删除(R)/全部(ALL)]: ✓
指定基点或位移: (指点一点)
指定位移的第二点: (与基点重合)
输入面编辑选项
[拉伸(E)/移动(M)/旋转(R)/偏移(O)/倾斜(T)/删除(D)/复制(C)/颜色(L)/材质(A)/放弃(U)/退出
(X)] <退出>: E✓
选择面或 [放弃(U)/删除(R)]: (选择复制得到的面)
选择面或 [放弃(U)/删除(R)/全部(ALL)]: ✓
指定拉伸高度或 [路径(P)]: 10✓
指定拉伸的倾斜角度 <0>: 2✓
已开始实体校验。
已完成实体校验。
```

（21）选择菜单栏中的"修改"→"三维操作"→"三维阵列"命令，选择步骤（14）绘制的
实体进行阵列，阵列个数为 6，如图 14-31 所示。命令行提示与操作如下：

```
命令: _3darray
选择对象: 找到 1 个
选择对象: ✓
输入阵列类型 [矩形(R)/环形(P)] <矩形>:P✓
输入阵列中的项目数目: 6✓
指定要填充的角度 (+=逆时针, -=顺时针) <360>:✓
旋转阵列对象? [是(Y)/否(N)] <Y>:✓
指定阵列的中心点: (选择步骤（14）创建的圆柱体的底面中心点)
指定旋转轴上的第二点: (选择步骤（14）创建的圆柱体的顶面中心点)
```

（22）单击"三维工具"选项卡"建模"面板中的"圆柱体"按钮 ▢，绘制一个圆柱体。

（23）单击"默认"选项卡"修改"面板中的"删除"按钮 ✎，删除左侧的三个阵列之后的实
体。结果如图 14-32 所示。

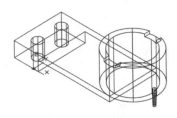　　　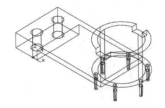　　　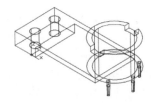

图 14-30　拉伸复制面　　　　　图 14-31　环形阵列　　　　　图 14-32　删除多余图形

（24）单击"三维工具"选项卡"实体编辑"面板中的"并集"按钮 ◢，将所有图形合并成一
个整体。

（25）关闭坐标系。选择菜单栏中的"视图"→"显示"→"UCS 图标"→"开"命令，完整显示图形。

（26）将视图切换到东南等轴测视图。单击"视图"选项卡"视觉样式"面板中的"概念"按钮 ▲。最终结果如图 14-21 所示。

练习提高 实例 186——绘制转椅立体图

利用"复制面"命令绘制转椅立体图，其流程如图 14-33 所示。

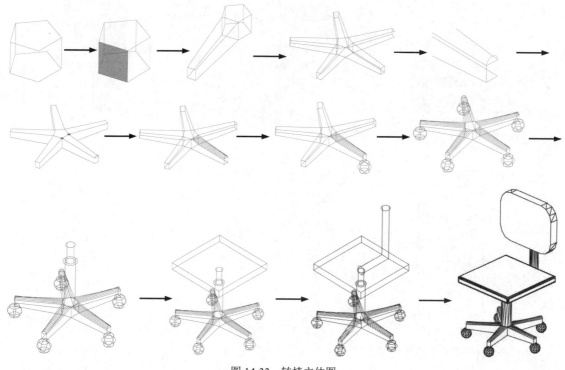

图 14-33 转椅立体图

📋 **思路点拨：**

（1）绘制正五边形并拉伸。

（2）复制正五棱柱一个侧面并拉伸。

（3）三维环形阵列。

（4）绘制圆弧和直线，以此为边界生成直纹曲面。

（5）绘制球体，并三维环形阵列。

（6）绘制一系列圆柱体和长方体，并倒圆角。

（7）布尔运算。

14.4　倾　斜　面

倾斜面命令是指以指定的角度倾斜三维实体上的面。倾斜角的旋转方向由选择基点和第二点的顺序决定。其执行方式如下。

- 命令行：SOLIDEDIT。
- 菜单栏：选择菜单栏中的"修改"→"实体编辑"→"倾斜面"命令。
- 工具栏：单击"实体编辑"工具栏中的"倾斜面"按钮🔲。
- 功能区：单击"三维工具"选项卡"实体编辑"面板中的"倾斜面"按钮🔲。

扫一扫，看视频

完全讲解　实例 187——绘制机座立体图

本实例绘制如图 14-34 所示的机座立体图，主要练习使用"倾斜面"命令。

图 14-34　机座立体图

🛋️**操作步骤：**

（1）在命令行中输入 ISOLINES 命令，将线框密度设置为 10。命令行提示与操作如下：

```
命令: ISOLINES
输入 ISOLINES 的新值 <4>: 10✓
```

（2）单击"可视化"选项卡"视图"面板中"西南等轴测"按钮❖，将当前视图方向设置为西南等轴测视图。

（3）单击"三维工具"选项卡"建模"面板中的"长方体"按钮▱，绘制指定角点为（0,0,0），长、宽、高为 80、50、20 的长方体。

（4）单击"三维工具"选项卡"建模"面板中的"圆柱体"按钮▱，绘制底面中心点在长方体底面右边中点，半径为 25，高度为 20 的圆柱体。使用同样方法，绘制底面中心点的坐标为（80,25,0），底面半径为 20，高度为 80 的圆柱体。

（5）单击"三维工具"选项卡"实体建模"面板中的"并集"按钮▱，选取长方体与两个圆柱体进行并集运算。结果如图 14-35 所示。

（6）设置用户坐标系。在命令行中输入 UCS 命令，新建坐标系。命令行提示与操作如下：

```
命令：UCS↙
当前 UCS 名称：*世界*
指定 UCS 的原点或 [面(F)/命名(NA)/对象(OB)/上一个(P)/视图(V)/世界(W)/X/Y/Z/Z 轴(ZA)] <世界>：（用鼠标点取实体顶面的左下顶点）
指定 X 轴上的点或 <接受>：↙
```

（7）单击"三维工具"选项卡"建模"面板中的"长方体"按钮 ▱，以（0,10）为角点，创建长为 80、宽为 30、高为 30 的长方体。结果如图 14-36 所示。

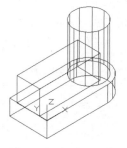

图 14-35　并集后的实体　　　　　　图 14-36　创建长方体

（8）单击"三维工具"选项卡"实体编辑"面板中的"倾斜面"按钮 ▱，对长方体的左侧面进行倾斜操作。命令行提示与操作如下：

```
命令：SOLIDEDIT↙
实体编辑自动检查：SOLIDCHECK=1
输入实体编辑选项 [面(F)/边(E)/体(B)/放弃(U)/退出(X)] <退出>：F↙
输入面编辑选项[拉伸(E)/移动(M)/旋转(R)/偏移(O)/倾斜(T)/删除(D)/复制(C)/颜色(L)/材质(A)/放弃(U)/退出(X)] <退出>：_taper↙
选择面或 [放弃(U)/删除(R)]：（如图 14-37 所示，选取长方体左侧面）
选择面或 [放弃(U)/删除(R)/全部(ALL)]：r↙
删除面或 [放弃(U)/添加(A)/全部(ALL)]：找到 2 个面，已删除 1 个。
删除面或 [放弃(U)/添加(A)/全部(ALL)]：↙
指定基点：_endp 于 （如图 14-37 所示，捕捉长方体端点 2）
指定沿倾斜轴的另一个点：_endp 于 （如图 14-37 所示，捕捉长方体端点 1）
指定倾斜角度：60↙
```

结果如图 14-38 所示。

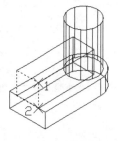

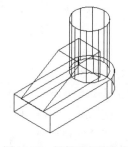

图 14-37　选取倾斜面　　　　　　图 14-38　倾斜面后的实体

（9）单击"三维工具"选项卡"实体建模"面板中的"并集"按钮 ，将创建的长方体与实体进行并集运算。

（10）方法同前，在命令行输入 UCS，将坐标原点移回到实体底面的左下顶点。

（11）单击"三维工具"选项卡"建模"面板中的"长方体"按钮 ，以（0,5）为角点，创建长为50、宽为40、高为5的长方体；继续以（0,20）为角点，创建长为30、宽为10、高为50的长方体。

（12）单击"三维工具"选项卡"实体建模"面板中的"差集"按钮 ，将实体与两个长方体进行差集运算。结果如图 14-39 所示。

（13）单击"三维工具"选项卡"建模"面板中的"圆柱体"按钮 ，捕捉半径为20的圆柱体顶面圆心为中心点，分别创建半径为15、高为-15及半径为10、高为-80的圆柱体。

（14）单击"三维工具"选项卡"实体建模"面板中的"差集"按钮 ，将实体与两个圆柱体进行差集运算。消隐处理后的图形，如图 14-40 所示。

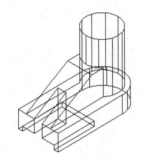
图 14-39　差集后的实体

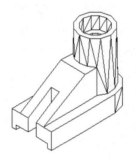
图 14-40　消隐后的实体

扫一扫，看视频

练习提高　实例 188——绘制基座立体图

利用"倾斜面"等命令绘制基座立体图，其流程如图 14-41 所示。

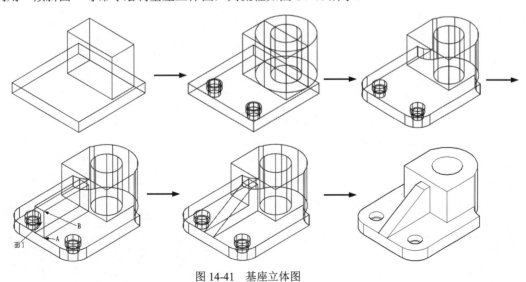
图 14-41　基座立体图

📋 **思路点拨：**

> （1）用"圆柱体""长方体"命令绘制基本外形，并进行倒圆角和布尔运算。
> （2）绘制长方体并进行倾斜面编辑。
> （3）并集处理。

14.5 旋 转 面

旋转面命令是指绕指定的轴旋转一个或多个面或实体的某些部分，可以通过旋转面来更改对象的形状。其执行方式如下。

- 命令行：SOLIDEDIT。
- 菜单栏：选择菜单栏中的"修改"→"实体编辑"→"旋转面"命令。
- 工具栏：单击"实体编辑"工具栏中的"旋转面"按钮 ⌐▦。
- 功能区：单击"三维工具"选项卡"实体编辑"面板中的"旋转面"按钮 ⌐▦。

扫一扫，看视频

完全讲解 实例 189——绘制斜轴支架立体图

本实例绘制如图 14-42 所示的斜轴支架立体图，主要练习使用"旋转面"命令。

图 14-42 斜轴支架立体图

🪑 **操作步骤：**

（1）在命令行中输入 ISOLINES 命令，设置线框密度为 10。

（2）单击"视图"选项卡"视图"面板中的"西南等轴测"按钮 ◈，将当前视图方向设置为西南等轴测视图。

（3）单击"三维工具"选项卡"建模"面板中的"长方体"按钮 ▣，以角点坐标为（0,0,0），长、宽、高分别为 80、60、10，绘制连接立板长方体。

（4）单击"三维工具"选项卡"实体编辑"面板中的"圆角"按钮 ▣，圆角半径为 10。选择要圆角的长方体进行圆角处理。

（5）单击"三维工具"选项卡"建模"面板中的"圆柱体"按钮 ▣，绘制底面中心点为（10,10,0），半径为 6，高度为 10 的圆柱体。结果如图 14-43 所示。

（6）单击"默认"选项卡"修改"面板中的"复制"按钮 ⁸⁸，选择步骤（5）绘制的圆柱体进行复制。结果如图 14-44 所示。

（7）单击"三维工具"选项卡"实体编辑"面板中的"差集"按钮 ▣，将长方体和圆柱体进行差集运算。

（8）在命令行中输入 UCS 命令，设置用户坐标系。命令行提示与操作如下：

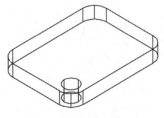
图 14-43 创建圆柱体

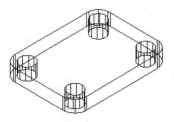
图 14-44 复制圆柱体

```
命令：UCS↙
当前 UCS 名称：*世界*
指定 UCS 的原点或 [面(F)/命名(NA)/对象(OB)/ 上一个(P)/视图(V)/世界(W)/X/Y/Z/Z 轴(ZA)]
<世界>：40,30,60↙
指定 X 轴上的点或 <接受>：↙
```

（9）单击"三维工具"选项卡"建模"面板中的"长方体"按钮，以坐标原点为中心点，分别创建长为 40、宽为 10、高为 100 及长为 10、宽为 40、高为 100 的长方体。结果如图 14-45 所示。

（10）在命令行中输入命令 UCS，移动坐标原点到（0,0,50），并将其绕 Y 轴旋转 90°。

（11）单击"三维工具"选项卡"建模"面板中的"圆柱体"按钮，以坐标原点为圆心，创建半径为 20、高为 25 的圆柱体。

（12）选择菜单栏中的"修改"→"三维操作"→"三维镜像"命令，选取圆柱体绕 XY 轴旋转。结果如图 14-46 所示。

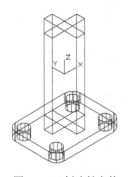
图 14-45 创建长方体

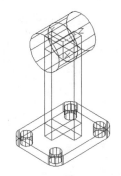
图 14-46 镜像圆柱体

（13）单击"三维工具"选项卡"实体编辑"面板中的"并集"按钮，选择两个圆柱体与两个长方体进行并集运算。

（14）单击"三维工具"选项卡"建模"面板中的"圆柱体"按钮，捕捉半径为 20 的圆柱体的圆心为圆心，创建半径为 10、高为 50 的圆柱体。

（15）单击"三维工具"选项卡"实体编辑"面板中的"差集"按钮，将并集后的实体与圆柱体进行差集运算。消隐处理后的图形，如图 14-47 所示。

（16）单击"三维工具"选项卡"实体编辑"面板中的"旋转面"按钮，旋转支架上部十字形底面。命令行提示与操作如下：

```
命令: _solidedit
实体编辑自动检查:SOLIDCHECK=1
输入实体编辑选项 [面(F)/边(E)/体(B)/放弃(U)/退出(X)] <退出>：Face↙
输入面编辑选项[拉伸(E)/移动(M)/旋转(R)/偏移(O)/倾斜(T)/删除(D)/复制(C)/颜色(L)/材质(A)/放
弃(U)/退出(X)] <退出>：_rotate↙
选择面或 [放弃(U)/删除(R)]：(如图14-48(a)所示，选择支架上部十字形底面)
指定轴点或 [经过对象的轴(A)/视图(V)/X轴(X)/Y轴(Y)/Z轴(Z)] <两点>：Y↙
指定旋转原点 <0,0,0>：_endp 于 (捕捉十字形底面的右端点)
指定旋转角度或 [参照(R)]：30↙
```

结果如图 14-48（b）所示。

（17）在命令行中输入 Rotate3D 命令，旋转底板。命令行提示与操作如下：

```
命令：Rotate3D↙
选择对象：(选取底板)
指定轴上的第一个点或定义轴依据 [对象(O)/最近的(L)/视图(V)/X轴(X)/Y轴(Y)/Z轴(Z)/两点(2)]：Y↙
指定 Y 轴上的点 <0,0,0>：_endp 于 (捕捉十字形底面的右端点)
指定旋转角度或 [参照(R)]：30↙
```

（18）设置视图方向。单击"视图"选项卡"视图"面板中的"前视"按钮🗗，将当前视图方向设置为主视图。消隐处理后的图形，如图 14-49 所示。

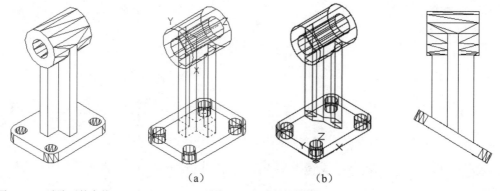

扫一扫，看视频

图 14-47 消隐后的实体　　　图 14-48 选择旋转面　　　图 14-49 切换视图

（19）采用"概念视觉样式"处理后的图形，西南等轴测视图后的结果如图 14-42 所示。

练习提高　实例 190——绘制箱体吊板立体图

绘制箱体吊板立体图，其流程如图 14-50 所示。

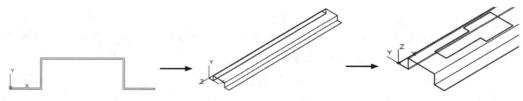

图 14-50 箱体吊板立体图绘制流程

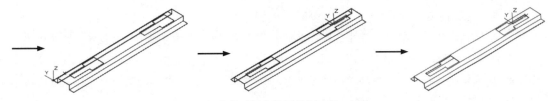

图 14-50 箱体吊板立体图绘制流程（续）

思路点拨：

（1）绘制多段线并拉伸。
（2）再次绘制多段线并拉伸。
（3）复制拉伸体，并进行旋转面操作。
（4）差集处理。

14.6 拉 伸 面

在 AutoCAD 中，可以利用剖切功能对三维造型进行剖切处理，这样便于用户观察三维造型内部结构。其执行方式如下。

● 命令行：SLICE（快捷命令：SL）。
● 菜单栏：选择菜单栏中的"修改"→"三维操作"→"剖切"命令。
● 功能区：单击"三维工具"选项卡"实体编辑"面板中的"剖切"按钮🗐。

完全讲解 实例191——绘制六角螺母立体图

本实例绘制如图 14-51 所示的六角螺母立体图，主要利用"拉伸面"命令来实现。

扫一扫，看视频

图 14-51 六角螺母立体图

操作步骤：

（1）设置线框密度。在命令行中输入 ISOLINES 命令，默认值为 4，设置系统变量值为 10。
（2）创建圆锥。单击"三维工具"选项卡"建模"面板中的"圆锥体"按钮△，在坐标原点创建圆锥体。命令行提示与操作如下：

```
命令：_cone
指定底面的中心点或 ［三点(3P)/两点(2P)/切点、切点、半径(T)/椭圆(E)］：0,0,0
指定底面半径或 ［直径(D)］<12.0000>：12
指定高度或 ［两点(2P)/轴端点(A)/顶面半径(T)］<57.8812>：20
```

（3）单击"可视化"选项卡"视图"面板中的"西南等轴测"按钮◈，切换到西南等轴测视图。结果如图 14-52 所示。
（4）绘制正六边形。单击"默认"选项卡"绘图"面板中的"多边形"按钮⬠，以圆锥底面圆心为中心点，内接圆半径为 12 绘制正六边形。

（5）拉伸正六边形。单击"三维工具"选项卡"建模"面板中的"拉伸"按钮，拉伸六边形，拉伸高度为 7。结果如图 14-53 所示。

（6）交集运算。单击"三维工具"选项卡"实体编辑"面板中的"交集"按钮，将圆锥体和正六棱柱体进行交集处理。结果如图 14-54 所示。

图 14-52　切换视图　　　　　　图 14-53　拉伸正六边形　　　　　图 14-54　交集运算后的实体

（7）对形成的实体进行剖切。单击"三维工具"选项卡"实体编辑"面板中的"剖切"按钮，剖切交集运算后的实体。命令行提示与操作如下：

```
命令: slice↙
选择要剖切的对象:（选取交集运算形成的实体，然后按 Enter 键）
指定切面的起点或 [平面对象(O)/曲面(S)/Z 轴(Z)/视图(V)/XY/YZ/ZX/三点(3)] <三点>: XY↙
指定 XY 平面上的点 <0,0,0>: _mid 于（捕捉曲线的中点，如图 14-55 所示点）
在要保留的一侧指定点或 [保留两侧(B)]:（向下取一点，保留下部）
```

结果如图 14-56 所示。

（8）单击"三维工具"选项卡"实体编辑"面板中的"拉伸面"按钮，拉伸实体底面。命令行提示与操作如下：

```
命令: solidedit
实体编辑自动检查: SOLIDCHECK=1
输入实体编辑选项 [面(F)/边(E)/体(B)/放弃(U)/退出(X)] <退出>: F↙
输入面编辑选项[拉伸(E)/移动(M)/旋转(R)/偏移(O)/倾斜(T)/删除(D)/复制(C)/颜色(L)/材质(A)/放
弃(U)/退出(X)] <退出>: E↙
选择面或 [放弃(U)/删除(R)]:（选取实体底面，然后按 Enter 键）
指定拉伸高度或 [路径(P)]: 2↙
指定拉伸的倾斜角度 <0>:
```

结果如图 14-57 所示。

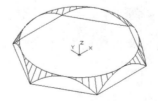
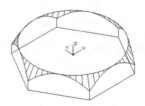

图 14-55　捕捉曲线中点　　　　图 14-56　剖切后的实体　　　　　图 14-57　拉伸底面

（9）在命令行中输入 MIRROR3D 命令，镜像实体。命令行提示与操作如下：

```
命令：MIRROR3D↙
选择对象：（选取实体）
指定镜像平面（三点）的第一个点或[对象(O)/最近的(L)/Z 轴(Z)/视图(V)/XY 平面(XY)/YZ 平面
(YZ)/ZX 平面(ZX)/三点(3)]<三点>：XY↙
指定 XY 平面上的点<0,0,0>：_endp 于（捕捉实体底面六边形的任意一个顶点）
是否删除源对象？[是(Y)/否(N)]<否>：↙
```

结果如图 14-58 所示。

（10）方法同前，单击"三维工具"选项卡"实体编辑"面板中的"并集"按钮 ，将镜像后的两个实体进行并集运算。

（11）切换视图。单击"可视化"选项卡"视图"面板上的"视图"下拉菜单中的"前视"按钮 ，切换到前视图。

（12）单击"默认"选项卡"绘图"面板中的"多段线"按钮 ，绘制螺纹牙型。命令行提示与操作如下：

```
命令：Pl↙
指定起点：（单击指定一点）
当前线宽为 0.0000
指定下一个点或[圆弧(A)/半宽(H)/长度(L)/放弃(U)/宽度(W)]：@2<-30↙
指定下一点或[圆弧(A)/闭合(C)/半宽(H)/长度(L)/放弃(U)/宽度(W)]：@2<-150↙
指定下一点或[圆弧(A)/闭合(C)/半宽(H)/长度(L)/放弃(U)/宽度(W)]：↙
```

结果如图 14-59 所示。

（13）单击"默认"选项卡"修改"面板中的"矩形阵列"按钮 ，阵列螺纹牙型，阵列行数为 25，行间距为 2，绘制螺纹截面。

（14）单击"默认"选项卡"绘图"面板中的"直线"按钮 ，绘制直线。命令行提示与操作如下：

```
命令：L↙
指定第一个点：（捕捉螺纹的上端点）
指定下一点或[放弃(U)]：@8<180↙
指定下一点或[放弃(U)]：@50<-90↙
指定下一点或[闭合(C)/放弃(U)]：（捕捉螺纹的下端点，然后按 Enter 键）
```

结果如图 14-60 所示。

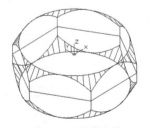
图 14-58 镜像实体

图 14-59 螺纹牙型

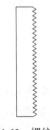
图 14-60 螺纹截面

（15）单击"默认"选项卡"绘图"面板中的"面域"按钮▣，将绘制的螺纹截面形成面域，然后单击"三维工具"选项卡"建模"面板中的"旋转"按钮●，以螺纹截面左边线为轴旋转螺纹截面。结果如图 14-61 所示。

（16）在命令行中输入 3DMOVE 命令，将螺纹移动到圆柱中心。结果如图 14-62 所示。

（17）单击"三维工具"选项卡"实体编辑"面板中的"差集"按钮●，将螺母与螺纹进行差集运算。

（18）单击"可视化"选项卡"视图"面板上的"视图"下拉菜单中的"西南等轴测"按钮◈，切换到西南等轴测视图。单击"视图"选项卡"视觉样式"面板中的"隐藏"按钮●，进行消隐处理，如图 14-63 所示。

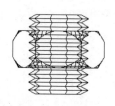

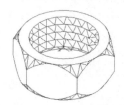

图 14-61　螺纹　　　　　图 14-62　创建螺纹　　　　　图 14-63　消隐后的螺母

练习提高　实例 192——绘制双叶孔座立体图

利用"长方体""拉伸""拉伸面"等命令绘制双叶孔座立体图，其流程如图 14-64 所示。

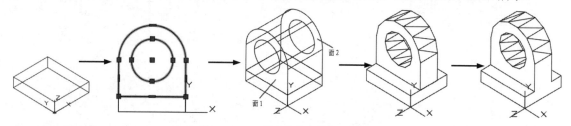

图 14-64　双叶孔座立体图绘制流程

思路点拨：

（1）绘制长方体。
（2）绘制多段线并拉伸。
（3）拉伸面，进行并集处理。

14.7　删　除　面

使用删除面命令可以删除圆角和倒角，并在稍后进行修改，如果更改生成无效的三维实体，将不删除面。其执行方式如下。

● 命令行：SOLIDEDIT。

- 菜单栏：选择菜单栏中的"修改"→"实体编辑"→"删除面"命令。
- 工具栏：单击"实体编辑"工具栏中的"删除面"按钮 。
- 功能区：单击"三维工具"选项卡"实体编辑"面板中的"删除面"按钮 。

完全讲解　实例 193——绘制镶块立体图

本实例绘制如图 14-65 所示的镶块立体图，主要练习使用"删除面"命令。

扫一扫，看视频

操作步骤：

（1）启动 AutoCAD，使用默认设置画图。

图 14-65　镶块立体图

（2）在命令行中输入 ISOLINES 命令，设置线框密度为 10。单击"视图"
选项卡"视图"面板中的"西南等轴测"按钮，切换到西南等轴测视图。

（3）单击"三维工具"选项卡"建模"面板中的"长方体"按钮，以坐标原点为角点，创建
长为 50，宽为 100，高为 20 的长方体。

（4）单击"三维工具"选项卡"建模"面板中的"圆柱体"按钮，以长方体右侧面底边中点
为圆心，创建半径为 50，高为 20 的圆柱体。

（5）单击"三维工具"选项卡"实体编辑"面板中的"并集"按钮，
将长方体与圆柱体进行并集运算。结果如图 14-66 所示。

（6）单击"三维工具"选项卡"实体编辑"面板中的"剖切"按钮，
以 ZX 为剖切面，分别指定剖切面上的点为（0,10,0）及（0,90,0），对实体
进行对称剖切，保留实体中部。结果如图 14-67 所示。

图 14-66　并集后的实体

（7）单击"默认"选项卡"修改"面板中的"复制"按钮，如
图 14-68 所示，将剖切后的实体向上复制一个。

（8）单击"三维工具"选项卡"实体编辑"面板中的"拉伸面"按钮，选取实体前端面，如
图 14-69 所示，拉伸高度为-10。继续将实体后侧面拉伸-10。结果如图 14-70 所示。

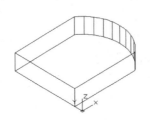

图 14-67　剖切后的实体　　图 14-68　复制实体　　图 14-69　选取拉伸面　图 14-70　拉伸面操作后的实体

（9）单击"三维工具"选项卡"实体编辑"面板中的"删除面"按钮，选择如图 14-71 所示
的面为删除面。命令行提示与操作如下：

```
命令: _solidedit
实体编辑自动检查: SOLIDCHECK=1
输入实体编辑选项 [面(F)/边(E)/体(B)/放弃(U)/退出(X)] <退出>: _face
```

输入面编辑选项[拉伸(E)/移动(M)/旋转(R)/偏移(O)/倾斜(T)/删除(D)/复制(C)/颜色(L)/材质(A)/放弃(U)/退出(X)] <退出>: _delete
选择面或 [放弃(U)/删除(R)]：（选择如图 14-72 所示的面）
选择面或 [放弃(U)/删除(R)/全部(ALL)]：
已开始实体校验。
已完成实体校验。
输入面编辑选项
[拉伸(E)/移动(M)/旋转(R)/偏移(O)/倾斜(T)/删除(D)/复制(C)/颜色(L)/材质(A)/放弃(U)/退出(X)] <退出>:
实体编辑自动检查：SOLIDCHECK=1
输入实体编辑选项 [面(F)/边(E)/体(B)/放弃(U)/退出(X)] <退出>:

继续将实体后部对称侧面删除。结果如图 14-72 所示。

图 14-71　选取删除面

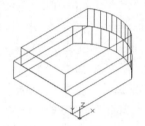

图 14-72　删除面操作后的实体

（10）单击"三维工具"选项卡"实体编辑"面板中的"拉伸面"按钮，将实体顶面向上拉伸40。结果如图 14-73 所示。

（11）单击"三维工具"选项卡"建模"面板中的"圆柱体"按钮，以实体底面左边中点为圆心，创建半径为 10，高为 20 的圆柱体。同理，以半径为 10 的圆柱体顶面圆心为中心点继续创建半径为 40，高为 40 及半径为 25，高为 60 的圆柱体。

（12）单击"三维工具"选项卡"实体编辑"面板中的"并集"按钮，将两个实体进行并集运算。

（13）单击"三维工具"选项卡"实体编辑"面板中的"差集"按钮，将实体与 3 个圆柱体进行差集运算。结果如图 14-74 所示。

（14）在命令行输入 UCS 命令，将坐标原点移动到（0,50,40），并将其绕 Y 轴旋转 90°。

（15）单击"三维工具"选项卡"建模"面板中的"圆柱体"按钮，以坐标原点为圆心，创建半径为 5，高为 100 的圆柱体。结果如图 14-75 所示。

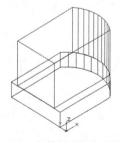

图 14-73　拉伸顶面操作后的实体

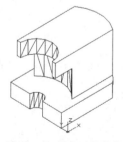

图 14-74　差集后的实体

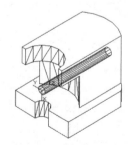

图 14-75　创建圆柱体

（16）单击"三维工具"选项卡"实体编辑"面板中的"差集"按钮 🔲，将实体与圆柱体进行差集运算。采用"概念视觉样式"后的结果如图 14-65 所示。

练习提高　实例 194——绘制圆顶凸台双孔块立体图

利用"拉伸""拉伸面""删除面"命令绘制圆顶凸台双孔块立体图，其流程如图 14-76 所示。

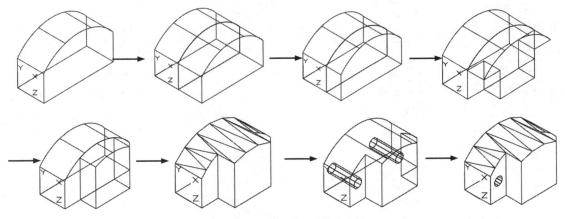

图 14-76　圆顶凸台双孔块立体图

📋 思路点拨：

（1）绘制多段线并拉伸。
（2）复制拉伸体并两次拉伸面。
（3）删除面，并进行并集处理。
（4）绘制圆柱体，并进行差集运算。

14.8　着　色　面

着色面命令用于修改面的颜色。着色面还可用于亮显复杂三维实体模型内的细节。其执行方式如下。

- 命令行：SOLIDEDIT。
- 菜单栏：选择菜单栏中的"修改"→"实体编辑"→"着色面"命令。
- 工具栏：单击"实体编辑"工具栏中的"着色面"按钮 🖫。
- 功能区：单击"三维工具"选项卡"实体编辑"面板中的"着色面"按钮 🖫。

完全讲解　实例 195——绘制轴套立体图

本实例绘制如图 14-77 所示的轴套立体图，主要练习使用"着色面"命令。

图 14-77　轴套立体图

操作步骤：

（1）设置线框密度。在命令行中输入 ISOLINES 命令，设置线框密度为 10。

（2）设置视图方向。选择菜单栏中的"视图"→"三维视图"→"西南等轴测"命令，将当前视图设置为西南等轴测视图。

（3）创建圆柱体。单击"三维工具"选项卡"建模"面板中的"圆柱体"按钮 ⬚，以坐标原点（0,0,0）为底面中心点，创建半径分别为 6 和 10，轴端点为（@11,0,0）的圆柱体。消隐后的结果如图 14-78 所示。

（4）差集处理。单击"三维工具"选项卡"实体编辑"面板中的"差集"按钮 ⬚，将创建的两个圆柱体进行差集处理。结果如图 14-79 所示。

（5）倒角处理。单击"三维工具"选项卡"实体编辑"面板中的"倒角边"按钮 ⬚，对孔两端进行倒角处理，倒角距离为 1。结果如图 14-80 所示。

（6）设置视图方向。选择菜单栏中的"视图"→"动态观察"→"自由动态观察"命令，将当前视图调整到能够看到轴孔的位置。结果如图 14-81 所示。

 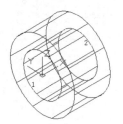 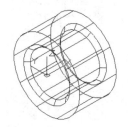 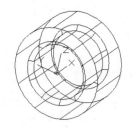

图 14-78　创建圆柱体　　图 14-79　差集处理　　图 14-80　倒角处理　　图 14-81　设置视图方向

（7）着色处理。单击"三维工具"选项卡"实体编辑"面板中的"着色面"按钮 ⬚，对相应的面进行着色处理。命令行提示与操作如下：

```
命令：_solidedit
实体编辑自动检查：SOLIDCHECK=1
输入实体编辑选项 [面(F)/边(E)/体(B)/放弃(U)/退出(X)] <退出>：_face
输入面编辑选项
[拉伸(E)/移动(M)/旋转(R)/偏移(O)/倾斜(T)/删除(D)/复制(C)/颜色(L)/材质(A)/放弃(U)/退出
(X)] <退出>：_color
选择面或 [放弃(U)/删除(R)]：拾取倒角面，弹出如图 14-82 所示的"选择颜色"对话框，在该对话框中
选择红色为倒角面颜色
选择面或 [放弃(U)/删除(R)/全部(ALL)]：
输入面编辑选项
[拉伸(E)/移动(M)/旋转(R)/偏移(O)/倾斜(T)/删除(D)/复制(C)/颜色(L)/材质(A)/放弃(U)/退出
(X)] <退出>：
实体编辑自动检查：SOLIDCHECK=1
输入实体编辑选项 [面(F)/边(E)/体(B)/放弃(U)/退出(X)] <退出>：
```

重复"着色面"命令，对其他面进行着色处理。最终结果如图 14-77 所示。

图 14-82　"选择颜色"对话框

扫一扫，看视频

练习提高　实例 196——绘制双头螺柱立体图

利用"扫掠""复制""着色面"命令绘制双头螺柱立体图，其流程如图 14-83 所示。

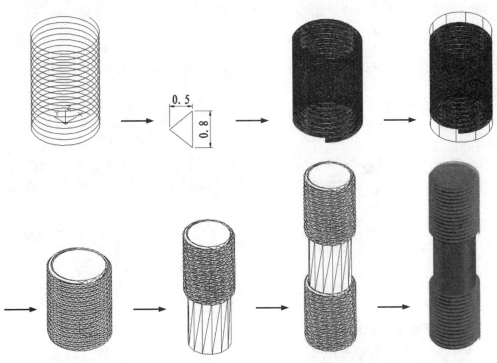

图 14-83　双头螺柱立体图

思路点拨：

（1）绘制螺旋线和三角形并扫掠。

（2）绘制圆柱体，并进行并集处理。

（3）复制螺纹，并进行并集处理。

（4）着色面处理。

14.9　三　维　装　配

与其他三维 CAD 软件相比，虽然 AutoCAD 没有设置专门的三维装配功能，但我们可以通过手工移动各个三维零件，达到三维装配的效果。下面通过几个实例来进行练习。

完全讲解　实例 197——绘制箱体三维总成图

本实例绘制如图 14-84 所示的箱体三维总成图。

扫一扫，看视频

操作步骤：

图 14-84　箱体三维总成图

1. 设置线框密度

在命令行中输入 ISOLINES 命令，设置线框密度为 10。

2. 设置视图方向

单击"可视化"选项卡"视图"面板中的"西南等轴测"按钮，设置模型显示方向。

3. 装配底板

（1）单击"快速访问"工具栏中的"打开"按钮，打开"选择文件"对话框，打开"底板立体图.dwg"文件。

（2）选择菜单栏中的"视图"→"三维视图"→"平面视图"→"当前"命令，进入 XY 平面。

（3）单击"视图"选项卡"视口工具"面板中的"UCS 图标"按钮，打开坐标系，如图 14-85 所示。

（4）复制底板零件。在绘图区右击，在弹出的快捷菜单中选择"剪贴板"下拉菜单中的"带基点复制"命令，复制底板零件，基点为坐标原点，在绘图区右击，在弹出的快捷菜单中选择"剪贴板"下拉菜单中的"粘贴"命令，插入点坐标为（0, 0, 0）。结果如图 14-86 所示。

图 14-85　底板立体图

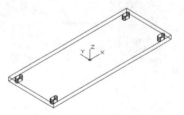

图 14-86　插入底板

4. 装配后箱板

（1）单击"快速访问"工具栏中的"打开"按钮，打开"选择文件"对话框，打开"后箱板立体图.dwg"文件。

（2）在绘图区右击，在弹出的快捷菜单中选择"剪贴板"下拉菜单中的"带基点复制"命令，复制后箱板零件，基点为如图 14-87 所示的中点 B 点。

（3）选择菜单栏中的"窗口"→"03 箱体总成立体图"命令，切换到装配体文件窗口。

（4）在命令行中输入 UCS 命令，绕 X 轴旋转 90°，建立新的用户坐标系。

（5）在绘图区右击，在弹出的快捷菜单中选择"剪贴板"下拉菜单中的"粘贴"命令，插入点为（0,26,169）。结果如图 14-88 所示。

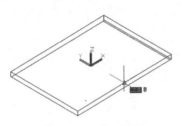

图 14-87　三维后箱板　　　　　　　图 14-88　插入后箱板

5. 装配侧板

（1）单击"快速访问"工具栏中的"打开"按钮，打开"选择文件"对话框，打开"侧板立体图.dwg"文件。

（2）在绘图区右击，在弹出的快捷菜单中选择"剪贴板"下拉菜单中的"带基点复制"命令，复制侧板零件，基点为如图 14-89 所示的顶点 A 点。

（3）选择菜单栏中的"窗口"→"箱体总成立体图"命令，切换到装配体文件窗口。

（4）在命令行中输入 UCS 命令，绕 Y 轴旋转 90°，建立新的用户坐标系。

（5）在绘图区右击，在弹出的快捷菜单中选择"剪贴板"下拉菜单中的"粘贴"命令，插入点为（-134,26,-330）。消隐结果如图 14-90 所示。

图 14-89　三维侧板　　　　　　　图 14-90　插入侧板

6. 装配油管座

（1）单击"快速访问"工具栏中的"打开"按钮，打开"选择文件"对话框，打开"油管座立体图.dwg"文件。

（2）在绘图区右击，在弹出的快捷菜单中选择"剪贴板"下拉菜单中的"带基点复制"命令，复制如图 14-91 所示的油管座零件，基点为（0, 0, 0）。

（3）选择菜单栏中的"窗口"→"03 箱体总成立体图"命令，切换到装配体文件窗口。

（4）在命令行中输入 UCS 命令，绕 Y 轴旋转-90°，建立新的用户坐标系。

（5）在绘图区右击，在弹出的快捷菜单中选择"剪贴板"下拉菜单中的"粘贴"命令，插入点为（-74,451, 169），如图 14-92 所示。

图 14-91　三维油管座　　　　　　　　　　图 14-92　插入油管座

7. 装配吊耳板

（1）单击"快速访问"工具栏中的"打开"按钮，打开"选择文件"对话框，打开"吊耳板立体图.dwg"文件。

（2）选择菜单栏中的"视图"→"三维视图"→"平面视图"→"当前"命令，进入 XY 平面。

（3）在绘图区右击，在弹出的快捷菜单中选择"剪贴板"下拉菜单中的"带基点复制"命令，复制吊耳板零件，基点为如图 14-93 所示的插入端点 A 点。

（4）选择菜单栏中的"窗口"→"03 箱体总成立体图"命令，切换到装配体文件窗口。

（5）在绘图区右击，在弹出的快捷菜单中选择"剪贴板"下拉菜单中的"粘贴"命令，插入点坐标为（-355,481,-131）、（-355,481,99）。结果如图 14-94 所示。

（6）选择菜单栏中的"修改"→"三维操作"→"三维镜像"命令，镜像侧板与两个吊耳板。镜像结果如图 14-95 所示。

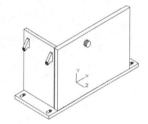

图 14-93　复制吊耳板零件　　　图 14-94　插入吊耳板零件　　　图 14-95　镜像侧板与两个吊耳板

8. 装配安装板

（1）单击"快速访问"工具栏中的"打开"按钮，打开"选择文件"对话框，打开"安装板30 立体图.dwg"文件。

（2）选择菜单栏中的"视图"→"三维视图"→"平面视图"→"当前"命令，进入 XY 平面，如图 14-96 所示。

（3）在绘图区右击，在弹出的快捷菜单中选择"剪贴板"下拉菜单中的"带基点复制"命令，复制安装板零件，基点为坐标原点。

（4）选择菜单栏中的"窗口"→"03 箱体总成立体图"命令，切换到装配体文件窗口。

（5）在绘图区右击，在弹出的快捷菜单中选择"剪贴板"下拉菜单中的"粘贴"命令，插入点坐标为（-74,281,169）。结果如图 14-97 所示。

图 14-96　三维安装板

图 14-97　插入安装板零件

9. 装配轴承座

（1）单击"快速访问"工具栏中的"打开"按钮，打开"选择文件"对话框，打开"轴承座立体图.dwg"文件。

（2）单击工具栏中的"视图"→"三维视图"→"平面视图"→"当前"命令，进入 XY 平面，如图 14-98 所示。

（3）在绘图区右击，在弹出的快捷菜单中选择"剪贴板"下拉菜单中的"带基点复制"命令，复制轴承座零件，基点为坐标原点。

（4）选择菜单栏中的"窗口"→"03 箱体总成立体图"命令，切换到装配体文件窗口。

（5）在绘图区右击，在弹出的快捷菜单中选择"剪贴板"下拉菜单中的"粘贴"命令，插入点坐标为（108,281,169）。结果如图 14-99 所示。

图 14-98　三维轴承座

图 14-99　插入轴承座零件

10. 装配筋板

（1）单击"快速访问"工具栏中的"打开"按钮，打开"选择文件"对话框，打开"筋板立体图.dwg"文件。

（2）在绘图区右击，在弹出的快捷菜单中选择"剪贴板"下拉菜单中的"带基点复制"命令，复制筋板零件，基点为如图 14-100 所示的中点 A 点。

（3）选择菜单栏中的"窗口"→"03 箱体总成立体图"命令，切换到装配体文件窗口。

（4）在绘图区右击，在弹出的快捷菜单中选择"剪贴板"下拉菜单中的"粘贴"命令，插入点坐标为（208,281,169）。结果如图 14-101 所示。

图 14-100　三维筋板

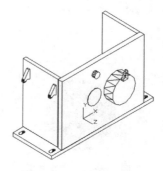

图 14-101　插入筋板零件

（5）选择菜单栏中的"修改"→"三维操作"→"三维阵列"命令，绕过插入点（208,281,169）的旋转轴旋转筋板。结果如图 14-102 所示。

（6）选择菜单栏中的"修改"→"三维操作"→"三维阵列"命令，选择筋板作为阵列对象，阵列类型为环形，项目数为 3，阵列中心点为（108,281,169）、（108,281,0）。

（7）单击"视图"选项卡"视觉样式"面板中的"隐藏"按钮，对实体进行消隐。结果如图 14-103 所示。

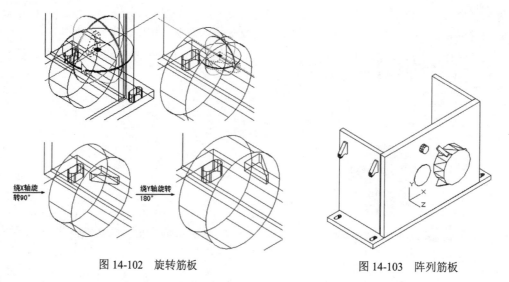

图 14-102　旋转筋板　　　　　　　　　图 14-103　阵列筋板

（8）单击"三维工具"选项卡"实体编辑"面板中的"并集"按钮，合并所有插入零件。

11. 绘制装配孔

（1）绘制圆柱体。单击"三维工具"选项卡"建模"面板中的"圆柱体"按钮🛢，绘制 7 个圆柱体，参数设置如下。

① 圆柱体 1：圆心为（108,281,245），半径为 65，高度为-120；

② 圆柱体 2：圆心为（-74,281,171），半径为 35，高度为-100；

③ 圆柱体 3：圆心为（-74,451,194），半径为 11，高度为-37.5；

④ 圆柱体 4：圆心为（-342,14,-169），半径为 8，高度为 50；

⑤ 圆柱体 5：圆心为（-342,248,-169），半径为 8，高度为 47

⑥ 圆柱体 6：圆心为（-295,44,169），半径为 18，高度为-100；

⑦ 圆柱体 7：圆心为（-295,44,169），半径为 26，高度为-2。

圆柱体绘制结果如图 14-104 所示。

（2）选择菜单栏中的"视图"→"三维视图"→"平面视图"→"当前"命令，进入 XY 平面。

（3）在绘图区右击，在弹出的快捷菜单中选择"剪贴板"下拉菜单中的"复制"命令，捕捉圆柱体 4 圆心为基点，沿正 X 向复制圆柱体 4，位移为 114、228、343；沿正 Y 向复制圆柱体 4，间距为 93、186、282、375、468。结果如图 14-105 所示。

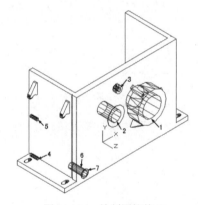

图 14-104　绘制圆柱体 1

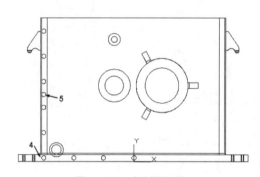

图 14-105　复制圆柱体 1

（4）单击"默认"选项卡"修改"面板中的"镜像"按钮 ⚠ ，向右侧镜像步骤（3）绘制的复制结果与圆柱体 5。结果如图 14-106 所示。

（5）单击"三维工具"选项卡"实体编辑"面板中的"差集"按钮 🗗 ，从实体中减去所有圆柱体。

（6）单击"可视化"选项卡"视图"面板中的"西南等轴测"按钮 ◈ ，设置模型显示方向。消隐结果如图 14-107 所示。

（7）单击"视图"选项卡"导航"面板上的"动态观察"下拉列表中的"自由动态观察"按钮 ◈ ，旋转实体到适当角度，方便观察。消隐结果如图 14-108 所示。

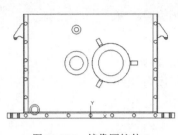

图 14-106 镜像圆柱体 1

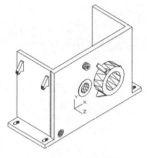

图 14-107 消隐结果

（8）设置坐标系。在命令行中输入 UCS 命令，将坐标原点移动到如图 14-109 所示的点 A 处，并将坐标系绕 X 轴旋转-90°。结果如图 14-110 所示。

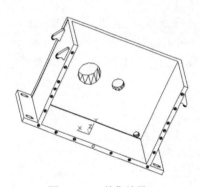

图 14-108 差集结果 1

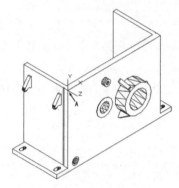

图 14-109 移动坐标系

（9）绘制圆柱体。单击"三维工具"选项卡"建模"面板中的"圆柱体"按钮 ，绘制两个圆柱体，参数设置如下。

① 圆柱体 8：圆心为（12,15,0），半径为 5，高度为-25；

② 圆柱体 9：圆心为（281,12.5,0），半径为 6，高度为-215。

圆柱体绘制结果如图 14-111 所示。

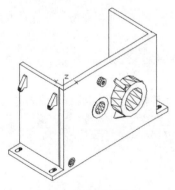

图 14-110 旋转坐标系 1

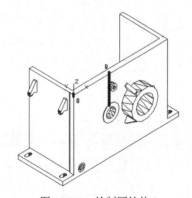

图 14-111 绘制圆柱体 2

（10）选择菜单栏中的"视图"→"三维视图"→"平面视图"→"当前"命令，进入 XY 平面。

（11）在绘图区右击，在弹出的快捷菜单中选择"剪贴板"下拉菜单中的"复制"命令，捕捉圆柱体 8 的圆心为基点，沿正 X 向复制圆柱体 8，位移为 114、228、343；沿正 Y 向复制圆柱体 8，位移为 111、225。结果如图 14-112 所示。

（12）单击"默认"选项卡"修改"面板中的"镜像"按钮 ⚠，向右侧镜像圆柱体 8 及复制结果，如图 14-113 所示。

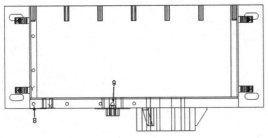
图 14-112　复制圆柱体 2

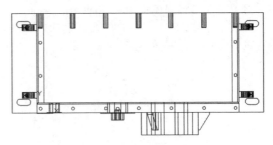
图 14-113　镜像圆柱体 2

（13）单击"三维工具"选项卡"实体编辑"面板中的"差集"按钮 🗗，从实体中减去步骤（12）绘制的圆柱体。

（14）单击"可视化"选项卡"视图"面板中的"西南等轴测"按钮 ✪，设置模型显示方向。消隐结果如图 14-114 所示。

（15）设置坐标系。在命令行中输入 UCS 命令，将坐标系绕 X 轴旋转 90°。结果如图 14-115 所示。

（16）绘制圆柱体。单击"三维工具"选项卡"建模"面板中的"圆柱体"按钮 🛢，绘制两个圆柱体，参数设置如下。

① 圆柱体 10：圆心为（233,-250,2），半径为 6，高度为-32；

② 圆柱体 11：圆心为（463,-168,76），半径为 6，高度为-32。

圆柱体绘制结果如图 14-116 所示。

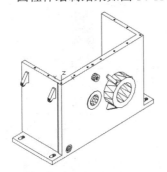
图 14-114　差集结果 2

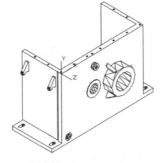
图 14-115　旋转坐标系 2

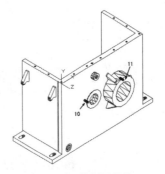
图 14-116　绘制圆柱体 3

（17）复制、镜像圆柱体。选择菜单栏中的"修改"→"三维操作"→"三维阵列"命令，阵列圆柱体 10、圆柱体 11，阵列中心点分别为 {（281,-250,0），（281,-250,10）}{（463,-250,0），（463,

−250,10）}，阵列项目数为 6。

（18）差集运算。单击"三维工具"选项卡"实体编辑"面板中的"差集"按钮 ，从实体中减去步骤（17）阵列的圆柱体。结果如图 14-117 所示。

（19）绘制圆柱体。单击"三维工具"选项卡"建模"面板中的"圆柱体"按钮 ，绘制圆柱体 12，参数设置如下。

圆柱体 12：圆心为（463,−250,−28），半径为 67，高度为−3.2。

圆柱体绘制结果如图 14-118 所示。

（20）差集运算。单击"三维工具"选项卡"实体编辑"面板中的"差集"按钮 ，从实体中减去步骤（19）绘制的圆柱体 12。结果如图 14-119 所示。

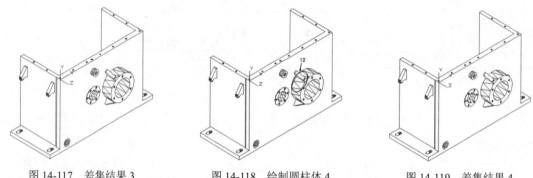

图 14-117　差集结果 3　　　　图 14-118　绘制圆柱体 4　　　　图 14-119　差集结果 4

（21）单击"视图"选项卡"视口工具"面板中的"UCS 图标"按钮 ，取消坐标系显示。

（22）单击"视图"选项卡"视觉样式"面板中的"概念"按钮 。最终结果如图 14-84 所示。

扫一扫，看视频

练习提高　实例 198——绘制减速器齿轮组件装配立体图

绘制减速器齿轮组件三维装配图，其流程如图 14-120 所示。

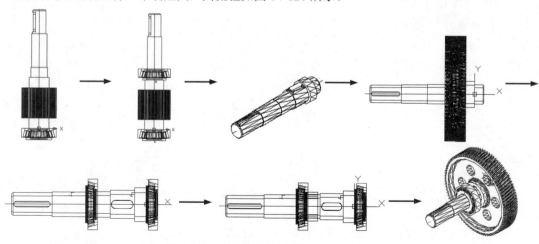

图 14-120　减速器齿轮组件三维装配图

📋 **思路点拨：**

> 依次插入各个零件。

完全讲解　实例 199——绘制变速器试验箱三维总成图

本实例绘制如图 14-121 所示的变速器试验箱三维总成图。

图 14-121　变速器试验箱三维总成图

🛠 **操作步骤：**

1. 设置线框密度

在命令行中输入 ISOLINES 命令，设置线框密度为 10。

2. 设置视图方向

单击"可视化"选项卡"视图"面板中的"西南等轴测"按钮❖，设置模型显示方向。

3. 装配箱体总成

（1）单击"快速访问"工具栏中的"打开"按钮，打开"选择文件"对话框，打开"箱体总成立体图.dwg"文件。

（2）单击"视图"选项卡"视口工具"面板中的"UCS 图标"按钮，显示坐标系。

（3）在命令行中输入 UCS 命令，绕 X 轴旋转-90°，建立新的用户坐标系。

（4）在绘图区右击，在弹出的快捷菜单中选择"剪贴板"下拉菜单中的"带基点复制"命令，复制箱体总成零件，基点为如图 14-122 中的点 A。

（5）选择菜单栏中的"窗口"→"试验箱体总成立体图"命令，切换到装配体文件窗口。

（6）在绘图区右击，在弹出的快捷菜单中选择"剪贴板"下拉菜单中的"粘贴"命令，插入点坐标为（0,0,0）。消隐结果如图 14-123 所示。

图 14-122　箱体总成立体图　　　　图 14-123　插入箱体总成

4. 装配箱板总成

（1）单击"快速访问"工具栏中的"打开"按钮，打开"选择文件"对话框，打开"箱板总成立体图.dwg"文件。

（2）单击"视图"选项卡"视口工具"面板中的"UCS 图标"按钮 ⬚，显示坐标系，如图 14-124 所示。

（3）在命令行中输入 UCS 命令，绕 Y 轴旋转 180°，建立新的用户坐标系，如图 14-125 所示。

（4）在绘图区右击，在弹出的快捷菜单中选择"剪贴板"下拉菜单中的"带基点复制"命令，复制箱板总成零件，基点为如图 14-125 所示的坐标原点，坐标为（0,0,0）。

（5）选择菜单栏中的"窗口"→"试验箱体总成立体图"命令，切换到装配体文件窗口。

（6）在绘图区右击，在弹出的快捷菜单中选择"剪贴板"下拉菜单中的"粘贴"命令，插入点为（355,338,531）。消隐结果如图 14-126 所示。

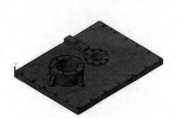
图 14-124　箱板总成立体图

图 14-125　旋转坐标系

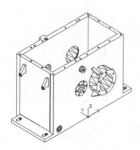
图 14-126　插入箱板总成零件

5. 装配密封垫

（1）单击"快速访问"工具栏中的"打开"按钮 ⬚，打开"选择文件"对话框，打开"密封垫 12 立体图.dwg"文件。

（2）在绘图区右击，在弹出的快捷菜单中选择"剪贴板"下拉菜单中的"带基点复制"命令，复制密封垫零件，基点为如图 14-127 中的坐标原点。

（3）选择菜单栏中的"窗口"→"试验箱体总成立体图"命令，切换到装配体文件窗口。

（4）在命令行中输入 UCS 命令，绕 X 轴旋转 90°，建立新的用户坐标系。

（5）在绘图区右击，在弹出的快捷菜单中选择"剪贴板"下拉菜单中的"粘贴"命令，插入点为（-74,281,2），如图 14-128 所示。

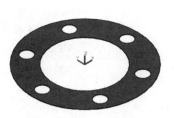
图 14-127　密封垫零件

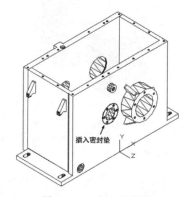
图 14-128　插入密封垫

6．装配配油套

（1）单击"快速访问"工具栏中的"打开"按钮，打开"选择文件"对话框，打开"配油套立体图.dwg"文件。

（2）单击"视图"选项卡"视口工具"面板中的"UCS图标"按钮，打开坐标系。

（3）在绘图区右击，在弹出的快捷菜单中选择"剪贴板"下拉菜单中的"带基点复制"命令，复制前端盖零件，基点为如图 14-129 所示的坐标原点。

（4）选择菜单栏中的"窗口"→"试验箱体总成立体图"命令，切换到装配体文件窗口。

（5）在命令行中输入 UCS 命令，绕 Y 轴旋转 180°，建立新的用户坐标系。

（6）在绘图区右击，在弹出的快捷菜单中选择"剪贴板"下拉菜单中的"粘贴"命令，插入点为（74,281,-12），如图 14-130 所示。

图 14-129　配油套零件

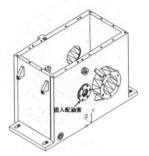

图 14-130　插入配油套

7．装配密封垫

（1）单击"快速访问"工具栏中的"打开"按钮，打开"选择文件"对话框，打开"密封垫11立体图.dwg"文件，如图 14-131 所示。

（2）在绘图区右击，在弹出的快捷菜单中选择"剪贴板"下拉菜单中的"带基点复制"命令，复制密封垫零件，基点为如图 14-131 所示的坐标原点。

（3）选择菜单栏中的"窗口"→"试验箱体总成立体图"命令，切换到总装配体文件窗口。

（4）在绘图区右击，在弹出的快捷菜单中选择"剪贴板"下拉菜单中的"粘贴"命令，插入点为（74,281,-12.5），如图 14-132 所示。

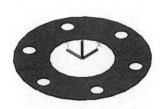

图 14-131　密封垫零件

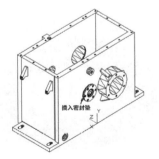

图 14-132　插入密封垫

8. 装配后端盖

（1）单击"快速访问"工具栏中的"打开"按钮▷，打开"选择文件"对话框，打开"后端盖立体图.dwg"文件。

（2）在绘图区右击，在弹出的快捷菜单中选择"剪贴板"下拉菜单中的"带基点复制"命令，复制后端盖零件，基点为如图 14-133 所示的坐标原点。

（3）选择菜单栏中的"窗口"→"试验箱体总成立体图"命令，切换到总装配体文件窗口。

（4）在命令行中输入 UCS 命令，绕 Y 轴旋转 180°，建立新的用户坐标系。

（5）在绘图区右击，在弹出的快捷菜单中选择"剪贴板"下拉菜单中的"粘贴"命令，插入点为（-74,281,12.5），如图 14-134 所示。

图 14-133　后端盖零件

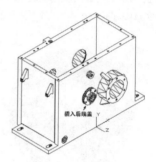

图 14-134　插入后端盖

9. 装配端盖

（1）新建图层 1。单击"默认"选项卡"图层"面板中的"图片特性"按钮，新建图层 1。

（2）单击"快速访问"工具栏中的"打开"按钮▷，打开"选择文件"对话框，打开"端盖立体图.dwg"文件。

（3）在绘图区右击，在弹出的快捷菜单中选择"剪贴板"下拉菜单中的"带基点复制"命令，复制端盖零件，基点为如图 14-135 所示的坐标原点。

（4）选择菜单栏中的"窗口"→"试验箱体总成立体图"命令，切换到总装配体文件窗口。

（5）在绘图区右击，在弹出的快捷菜单中选择"剪贴板"下拉菜单中的"粘贴"命令，插入点为（108,281,76），如图 14-136 所示。

图 14-135　端盖零件

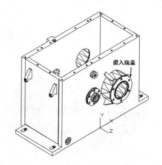

图 14-136　插入端盖

10．装配支撑套

（1）单击"快速访问"工具栏中的"打开"按钮，打开"选择文件"对话框，打开"支撑套立体图.dwg"文件，如图 14-137 所示。

（2）在绘图区右击，在弹出的快捷菜单中选择"剪贴板"下拉菜单中的"带基点复制"命令，复制支撑套零件，基点为坐标原点。

（3）选择菜单栏中的"窗口"→"试验箱体总成立体图"命令，切换到总装配体文件窗口。

（4）在绘图区右击，在弹出的快捷菜单中选择"剪贴板"下拉菜单中的"粘贴"命令，插入点为（108,281,8.5），如图 14-138 所示。

 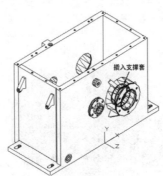

图 14-137　支撑套零件　　　　　　　　图 14-138　插入支撑套

11．装配轴

（1）单击"快速访问"工具栏中的"打开"按钮，打开"选择文件"对话框，打开"轴立体图.dwg"文件，如图 14-139 所示。

（2）在绘图区右击，在弹出的快捷菜单中选择"剪贴板"下拉菜单中的"带基点复制"命令，复制油管座零件，基点为坐标原点。

（3）选择菜单栏中的"窗口"→"试验箱体总成立体图"命令，切换到总装配体文件窗口。

（4）在绘图区右击，在弹出的快捷菜单中选择"剪贴板"下拉菜单中的"粘贴"命令，插入点为（108,281,158），如图 14-140 所示。

 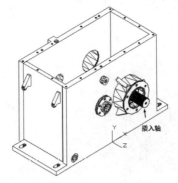

图 14-139　轴零件　　　　　　　　　图 14-140　插入轴

12．装配联接盘

（1）单击"快速访问"工具栏中的"打开"按钮 📂，打开"选择文件"对话框，打开"联接盘立体图.dwg"文件，如图 14-141 所示。

（2）在绘图区右击，在弹出的快捷菜单中选择"剪贴板"下拉菜单中的"带基点复制"命令，复制联接盘零件，基点为坐标原点。

（3）选择菜单栏中的"窗口"→"试验箱体总成立体图"命令，切换到总装配体文件窗口。

（4）在命令行中输入 UCS 命令，绕 Y 轴旋转 180°，建立新的用户坐标系。

（5）在绘图区右击，在弹出的快捷菜单中选择"剪贴板"下拉菜单中的"粘贴"命令，插入点为（-108,281,-187），如图 14-142 所示。

图 14-141　联接盘零件

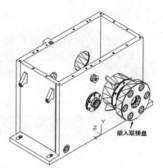

图 14-142　插入联接盘

13．装配输出齿轮

（1）单击"快速访问"工具栏中的"打开"按钮 📂，打开"选择文件"对话框，打开"输出齿轮立体图.dwg"文件。

（2）在绘图区右击，在弹出的快捷菜单中选择"剪贴板"下拉菜单中的"带基点复制"命令，复制输出齿轮零件，基点为如图 14-143 所示的坐标原点。

（3）选择菜单栏中的"窗口"→"试验箱体总成立体图"命令，切换到总装配体文件窗口。

（4）在绘图区右击，在弹出的快捷菜单中选择"剪贴板"下拉菜单中的"粘贴"命令，插入点坐标为（-108,281,35）。结果如图 14-144 所示。

图 14-143　输出齿轮

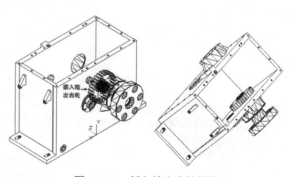

图 14-144　插入输出齿轮零件

（5）单击"三维工具"选项卡"实体编辑"面板中的"并集"按钮 ，合并装配零件端盖、支撑套、轴、联接盘。

🔊 提示：

由于步骤（5）选择的合并零件互相遮盖，可在"图层特性管理器"选项板中新建图层，并将不适用的零件置于新建图层上，关闭新建图层，即可单独显示所需零件，如图 14-145 所示，进行合并操作。

（6）选择菜单栏中的"修改"→"三维操作"→"三维镜像"命令，镜像合并结果。命令行提示与操作如下：

```
命令：_mirror3d
选择对象：（选择合并后的实体）
选择对象：✓
指定镜像平面 （三点） 的第一个点或[对象(O)/最近的(L)/Z 轴(Z)/视图(V)/XY 平面(XY)/YZ 平面(YZ)/ZX 平面(ZX)/三点(3)] <三点>：✓
在镜像平面上指定第一点：0,0,186.5✓
在镜像平面上指定第二点：10,0,186.5✓
在镜像平面上指定第三点：0,10,186.5✓
是否删除源对象？[是(Y)/否(N)] <否>：✓
```

消隐结果如图 14-146 所示。

（7）选择菜单栏中的"修改"→"三维操作"→"三维移动"命令，将镜像结果向右移动 64。命令行提示与操作如下：

```
命令：_3dmove
选择对象：找到 1 个
选择对象：✓
指定基点或 [位移(D)] <位移>：0,0,0✓
指定第二个点或 <使用第一个点作为位移>：-64,0,0✓
```

消隐结果如图 14-147 所示。

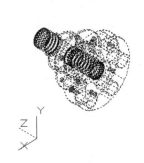
图 14-145　选择合并对象

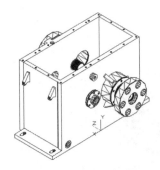
图 14-146　镜像合并结果

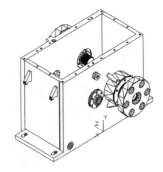
图 14-147　移动结果

14. 装配输入齿轮

（1）单击"快速访问"工具栏中的"打开"按钮 ，打开"选择文件"对话框，打开"输入齿轮立体图.dwg"文件，如图 14-148 所示。

（2）在绘图区右击，在弹出的快捷菜单中选择"剪贴板"下拉菜单中的"带基点复制"命令，复制输入齿轮零件，基点为坐标原点。

（3）选择菜单栏中的"窗口"→"试验箱体总成立体图"命令，切换到总装配体文件窗口。

（4）在命令行中输入 UCS 命令，绕 Y 轴旋转 180°，建立新的用户坐标系。

（5）在绘图区右击，在弹出的快捷菜单中选择"剪贴板"下拉菜单中的"粘贴"命令，插入点坐标为（172,281,-303）。结果如图 14-149 所示。

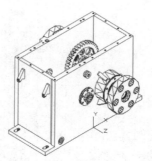

图 14-148　输入齿轮　　　　　　　图 14-149　插入输入齿轮零件

15. 装配密封垫

（1）单击"快速访问"工具栏中的"打开"按钮，打开"选择文件"对话框，打开"密封垫2立体图.dwg"文件，如图 14-150 所示。

（2）在绘图区右击，在弹出的快捷菜单中选择"剪贴板"下拉菜单中的"带基点复制"命令，复制密封垫零件，基点为坐标原点。

（3）选择菜单栏中的"窗口"→"试验箱体总成立体图"命令，切换到总装配体文件窗口。

（4）在绘图区右击，在弹出的快捷菜单中选择"剪贴板"下拉菜单中的"粘贴"命令，插入点坐标为（-80,281,-383.5）。结果如图 14-151 所示。

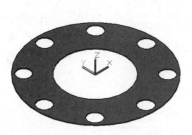

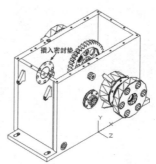

图 14-150　密封垫零件　　　　　　图 14-151　插入密封垫零件

16. 装配花键套

（1）单击"快速访问"工具栏中的"打开"按钮，打开"选择文件"对话框，打开"花键套立体图.dwg"文件。

（2）在绘图区右击，在弹出的快捷菜单中选择"剪贴板"下拉菜单中的"带基点复制"命令，复制花键套零件，基点为如图 14-152 所示的坐标原点。

（3）选择菜单栏中的"窗口"→"试验箱体总成立体图"命令，切换到总装配体文件窗口。

（4）在绘图区右击，在弹出的快捷菜单中选择"剪贴板"下拉菜单中的"粘贴"命令，插入点坐标为（−80,281,−389.5）。结果如图 14-153 所示。

图 14-152　花键套零件

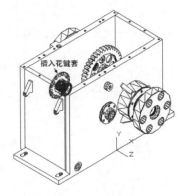

图 14-153　插入花键套零件

17．装配前端盖

（1）单击"快速访问"工具栏中的"打开"按钮，打开"选择文件"对话框，打开"前端盖立体图.dwg"文件。

（2）在绘图区右击，在弹出的快捷菜单中选择"剪贴板"下拉菜单中的"带基点复制"命令，复制前端盖零件，基点为如图 14-154 所示的坐标原点。

（3）选择菜单栏中的"窗口"→"试验箱体总成立体图"命令，切换到总装配体文件窗口。

（4）在命令行中输入 UCS 命令，绕 Y 轴旋转 180°，建立新的用户坐标系。

（5）在绘图区右击，在弹出的快捷菜单中选择"剪贴板"下拉菜单中的"粘贴"命令，插入点坐标为（80,281,397.5）。结果如图 14-155 所示。

图 14-154　前端盖零件

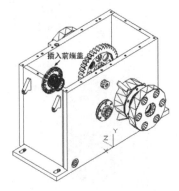

图 14-155　插入前端盖零件

18. 装配螺堵

（1）单击"快速访问"工具栏中的"打开"按钮 📂，打开"选择文件"对话框，打开"螺堵 15 立体图.dwg"文件。

（2）在绘图区右击，在弹出的快捷菜单中选择"剪贴板"下拉菜单中的"带基点复制"命令，复制螺堵零件，基点为如图 14-156 所示的坐标原点。

（3）选择菜单栏中的"窗口"→"试验箱体总成立体图"命令，切换到总装配体文件窗口。

图 14-156　螺堵零件

（4）在命令行中输入 UCS 命令，将坐标系返回世界坐标系，再移动到 A 点，绕 Z 轴旋转 180°，建立新的用户坐标系，如图 14-157 所示。

（5）在绘图区右击，在弹出的快捷菜单中选择"剪贴板"下拉菜单中的"粘贴"命令，插入点坐标为（435,15,-25）。结果如图 14-158 所示。

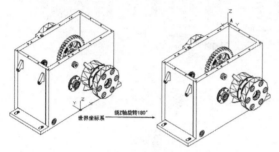

图 14-157　设置坐标系

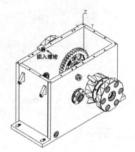

图 14-158　插入螺堵零件

19. 装配螺堵

（1）单击"快速访问"工具栏中的"打开"按钮 📂，打开"选择文件"对话框，打开"螺堵 16 立体图.dwg"文件。

（2）选择菜单栏中的"编辑"→"带基点复制"命令，复制螺堵零件，基点为如图 14-159 所示的坐标原点。

（3）选择菜单栏中的"窗口"→"试验箱体总成立体图"命令，切换到总装配体文件窗口。

（4）在绘图区右击，在弹出的快捷菜单中选择"剪贴板"下拉菜单中的"粘贴"命令，插入点坐标为（429,360.5,-22）。结果如图 14-160 所示。

图 14-159　螺堵零件

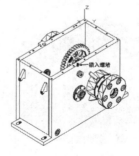

图 14-160　插入螺堵零件

20．装配密封垫

（1）单击"快速访问"工具栏中的"打开"按钮，打开"选择文件"对话框，打开"密封垫14立体图.dwg"文件。

（2）在绘图区右击，在弹出的快捷菜单中选择"剪贴板"下拉菜单中的"带基点复制"命令，复制密封垫零件，基点为如图 14-161 所示的坐标原点 A。

（3）选择菜单栏中的"窗口"→"试验箱体总成立体图"命令，切换到总装配体文件窗口。

（4）在绘图区右击，在弹出的快捷菜单中选择"剪贴板"下拉菜单中的"粘贴"命令，插入点坐标为（0,0,0）。结果如图 14-162 所示。

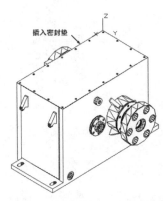

图 14-161　密封垫零件　　　　图 14-162　插入密封垫零件

21．装配箱盖

（1）单击"快速访问"工具栏中的"打开"按钮，打开"选择文件"对话框，打开"箱盖立体图.dwg"文件。

（2）在绘图区右击，在弹出的快捷菜单中选择"剪贴板"下拉菜单中的"带基点复制"命令，复制箱盖零件，基点为如图 14-163 所示的坐标原点。

（3）选择菜单栏中的"窗口"→"试验箱体总成立体图"命令，切换到总装配体文件窗口。

（4）在绘图区右击，在弹出的快捷菜单中选择"剪贴板"下拉菜单中的"粘贴"命令，插入点坐标为（0,0,0.5）。结果如图 14-164 所示。

22．渲染结果

（1）单击"可视化"选项卡"材质"面板中的"材质浏览器"按钮，打开"材质浏览器"选项板，选择附着材质，如图 14-165 所示，选择材质，右击，在弹出的快捷菜单中选择"指定给当前选择"命令，完成材质选择。

（2）单击"可视化"选项卡"渲染"面板中的"渲染到尺寸"按钮，打开"前端盖"对话框。

（3）选择菜单栏中的"视图"→"视觉样式"→"着色"命令，显示模型显示样式。最终结果如图 14-121 所示。

图 14-163　箱盖零件

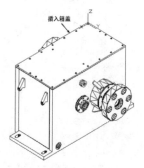

图 14-164　插入箱盖零件

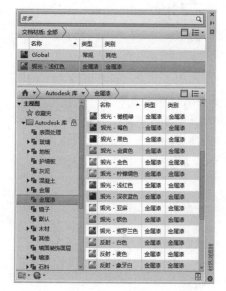

图 14-165　"材质浏览器"选项板

练习提高　实例 200——绘制减速器总装立体图

绘制减速器总装立体图，其流程如图 14-166 所示。

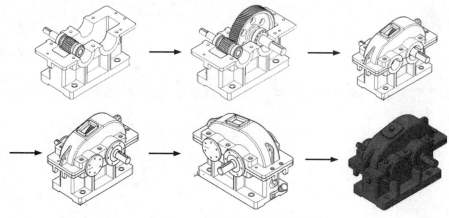

图 14-166　减速器总装立体图

思路点拨：

依次插入各个零件。